KB003531

마술보다 재미난

과학실험

과학문화총서 시리즈 2 — 이 책은 과학의 대중화를 위해 한국과학문화재단에서 기획한 '과학문화총서 시리즈' 두번째이며, 과학문화재단의 지원을 받아 발간되었습니다.

마술보다 재미난

과 학 실 험

편저자 : 윤 실 (이학박사)
그 림 : 김승옥

전파과학사

머리말

과학이란 세상에서 일어나는 온갖 자연현상에 대해 의문을 가지고 그 해답을 찾아내는 학문입니다. 과학을 좋아하는 청소년은 이 과목이 무엇보다 재미있기 때문에 즐겁게 공부합니다.

과학자는 어떤 문제를 발견했을 때 실험이나 관찰을 통해 그것을 확실하게 증명하고, 의문을 해결하도록 연구하는 사람들입니다. 전파과학사의 <어린이 과학문화 총서>는 여러분을 그러한 과학자로 이끌어가는 책입니다. 총서의 제1권 <혼자서 해보는 어린이 과학실험>에 이어 발간하는 제2권 <마술보다 재미난 과학실험>에 실린 모든 실험, 관찰, 공작들은 집이나 야외에서 할 수 있는 것들이며, 실험을 위해 돈을 들여 사야할 것은 거의 없습니다.

실험상의 주의

1. 각 실험을 할 때는 먼저 전체를 읽어 실험 내용을 완전히 이해한 다음, 준비물을 차리고 순서(실험 방법)에 따라 합니다.
2. 실험에 쓰이는 '준비물'은 전부 옆에 가져다 놓은 뒤에 시작합니다. 준비물은 이 책에서 지정한 것과 똑같지 않은 것으로 응용하여 할 수 있습니다.
3. '실험 방법'은 순서를 잘 지켜야 하며, 안전에 주의해야 합니다. 만일 손수 하기 어렵거나 위험한 일이라고 생각되면 부모님의 도움을 받도록 해야 합니다.
4. '실험 결과'에서는 실험의 답을 쓴 것도 있지만, 일부는 직접 실험하여 그 해답을 여러분이 찾아내야 합니다.
5. 과학실험이나 공작은 정확해야 하므로 길이, 무게, 부피 등을 측정할 때는 세심하게 합니다.
6. 실험한 내용과 결과 및 의문사항 등은 기록으로 남기도록 합니다. 여러분이 오늘 가진 의문이 뒷날 매우 중요한 연구과제가 될 수 있기 때문입니다.
7. 수학적으로 풀어야 할 것에 대해서는 스스로 할 수 있는 범위까지 해보도록 합니다. 과학자는 수학도 잘 해야 하는 이유를 여러분을 실험 중에 알게 될 것입니다.

내용의 구성

청소년들이 하는 과학 실험, 관찰, 공작은 첫째로 쉬운 방법으로 짧은 시간에 재미있게 해볼 수 있어야 하며, 학교 실험실까지 가지 않고도 집에서 구하는 재료로 할 수 있어야 합니다. 또한 실험 내용은 독자들로 하여금 과학에 대한 탐구심을 더욱 불러일으키도록 해야 하며, 관찰 대상은 주변에서 쉽게 보거나 채집할 수 있는 것이어야 도움이 됩니다.
이 책은 바로 그러한 목적에 알맞도록 지었으며, 여기에 소개된 갖가지 실험, 관찰, 공작은 하나하나가 과학논문처럼 기록되어 있습니다.

이 책의 실험 내용은 다음과 같이 5개의 항목으로 구성했습니다.

1. **제목과 부제목** - 실험의 제목과 실험을 하는 이유를 간단히 나타냅니다.
2. **준비물** - 실험, 관찰, 공작에 필요한 재료를 모두 표시합니다.
3. **실험 목적** - 무엇을 알기 위해서 이 실험을 하는지 그 목적을 나타냅니다. 과학논문의 '서론'과 비슷합니다.
3. **실험 방법** - 실험을 성공적으로 해가는 과정을 순서대로 보여줍니다.
4. **실험 결과** - 실험을 통해 알게 된 사실(결과)을 말해줍니다.
5. **연구** - 실험과 연관된 중요한 내용을 추가로 설명하면서, 실험 후 새롭게 생길 수 있는 의문들도 적었습니다. 독자들은 이 외에도 더 많은 질문이 생길 것이며, 이들 의문에 대한 답은 실험을 계속하여 알아내거나, 상급학년으로 오르면서 차츰 배우게 될 것입니다.

이 책에 소개된 실험과 공작 내용을 별도 노트를 준비하거나, 컴퓨터 파일을 만들어 기록해 두는 습관을 가진다면, 그것은 진정한 과학자의 태도입니다. 그리고 이 책의 내용보다 더 좋은 방법으로 할 수 있는 실험 방안을 고안해내는 것 또한 과학자의 정신입니다.

이 책에 실린 실험, 관찰, 공작의 자랑

1. 어려워 보이던 자연의 법칙과 원리를 쉽게 이해할 수 있으며, 한번 익힌 것은 영구히 잊지 않도록 머리 속에 기억됩니다.

2. 온갖 현상을 과학자처럼 관찰하고 생각하는 능력과 태도를 가지게 합니다.
3. 많은 궁리를 깊이 함으로써 창조력이 넘치는 훌륭한 발명 발견 능력을 가진 과학자로 성장하게 합니다.
4. 실험은 할수록 더 많은 의문을 가지게 하며, 동시에 더 많은 것을 알고 싶어 하는 지식욕을 가지게 됩니다.
5. 문제들을 깊이 분석하고, 논리적으로 생각하고, 추리하고, 파헤치는 능력을 기릅니다.
6. 계획성 있는 버릇을 갖게 하며, 무슨 일을 하더라도 높은 해결능력을 가진 사람이 됩니다.
7. 손수 만들고 실험한다는 것은 스스로 공부하고 일하는 독립정신을 길러줍니다.
8. 실험한 내용을 노트나 컴퓨터에 기록하는 습관은, 일을 정확하고 정직하게 처리하는 훌륭한 과학자의 정신과 태도를 길러줍니다.
9. 자연을 관찰하고 환경에 대한 지식을 가지면서 자연스럽게 훌륭한 환경보호자가 됩니다.
10. 실험, 관찰, 공작을 해보는 동안 저절로 훌륭한 솜씨를 가지게 되고, 각종 안전사고와 위생 등에 대한 지식을 가지게 하여, 자신과 가족을 보호하도록 합니다.

부모님에게

이 책은 각 항목마다 과학지식과 원리를 지도하는 동시에 다른 많은 과학적 아이디어와 의문 사항을 제공합니다. 이것은 청소년들로 하여금 과학에 대한 흥미를 더욱 북돋우고, 동시에 장차 과학자가 될 꿈을 갖게 하는 것을 목적하고 있습니다.

그러므로 부모님은 이 책의 내용대로 실험하고 관찰하는 자녀들의 안전을 지켜주는 동시에, 실험한 것을 기록하는 습관을 자녀들이 가지도록 장려하기 바랍니다. 왜냐하면 그것이 논리적으로 생각하고 정리하는 과학자의 기본 정신이기도 하려니와, 그렇게 하는 동안에 더 많은 과학적 의문과 아이디어를 이끌어낼 수 있기 때문입니다. 또한 그러한 기록 훈련을 통해 자녀는 논리적으로 생각하고 결론에 이르는 논술 능력을 자연스럽게 향상시켜갈 것입니다.

차례

머리말 ······ 5

재미난 실험, 신기한 트릭

1. 엽서 한 장으로 만드는 무한히 긴 목걸이 ······ 14
2. 투명 글씨로 축하 카드 만들기 ······ 16
3. 촛불 위에 터지는 작은 불꽃놀이 ······ 18
4. 잘 뜨는 비행기의 날개를 만들어보자 ······ 20
5. 헬리콥터의 회전날개를 만들어보자 ······ 22
6. 바람에 잘 돌아가는 바람개비 만들기 ······ 24
7. 요요처럼 연속 회전하는 헬리콥터 프로펠러 ······ 27
8. 종이와 치약 상자로 만든 모형비행기 ······ 30
9. 공중에서 떨어지지 않는 유리구슬 ······ 33
10. 자전거 바퀴살처럼 돌아가는 동심원 ······ 34
11. 윙크하는 그림을 만들기 ······ 36
12. 두 점이 하나만 보이고 하나는 사라진다 ······ 38
13. 우리 가족의 지문을 만들어보자 ······ 40
14. 우유팩으로 만든 돛단배 ······ 42
15. 물 안에서도 젖지 않는 종이의 마술 ······ 44
16. 잘 나는 종이비행기 만들기 ······ 45
17. 책으로 무지개다리를 만들어보자 ······ 48
18. 우리 집 앞의 교통량 측정 ······ 50
19. 혼돈 속에서 질서 찾기 ······ 52
20. 뚜껑을 열 때 안전포장을 확인하자 ······ 54

21. 천연염료로 물들이기 실험 ······ 56
22. 우주왕복선을 운반하는 풍선 로켓 만들기 ······ 58
23. 풍선 로켓과 풍선 비행기 만들기 ······ 60
24. 스티로폼으로 프로펠러 비행기를 만들어보자 ······ 62

2 공기와 물의 성질

25. 유리컵 주변에 서리를 만들어보자 ······ 66
26. 유리병 안에 비가 내리게 해보자 ······ 68
27. 찬물은 왜 더운물 아래로 내려가나? ······ 70
28. 입김을 불어 파도를 만들어보자 ······ 72
29. 물의 표면장력을 이용하는 요술 실험 ······ 74
30. 물 위를 헤엄치는 바늘 만들기 ······ 76
31. 종이로 습도를 재는 간단한 장치를 만들어보자 ······ 78
32. 사각형 비누방울을 만들 수 있을까? ······ 80
33. 철사 끝으로 물의 표면장력을 확인해보자 ······ 82
34. 바늘을 끌고 가는 비누 막의 미스터리 ······ 84
35. 베르누이의 원리를 확인하는 3가지 실험 ······ 86
36. 물병 속에서 떠오르고 가라앉는 점안기 ······ 88
37. 물방울로 고배율 볼록렌즈 만들기 ······ 90
38. 같은 양의 음료수를 담은 병은 무게도 같을까? ······ 92
39. 책을 들어올리는 고무풍선 기중기 ······ 94

3 빛과 소리의 신비

40. 투명, 불투명, 반투명을 구분해보자 ······ 96
41. 영화관의 대형 스크린에 비치는 영상의 실체 ······ 98
42. 3가지 빛이 만드는 색의 변화를 실험해보자 ······ 100
43. 빈 봉지를 밟으면 왜 폭음이 나나? ······ 102
44. 수만 가지 그림이 나오는 삼면경 만들기 ······ 104

45. 숟가락으로 크고 작은 종소리 만들기 ········ 106
46. 대나무자로 저음과 고음을 울려보자 ········ 108
47. 유리컵으로 타악기를 만들어보자 ········ 110
48. 숟가락과 나이프가 연주하는 음악 ········ 112
49. 스트로로 만든 파이프 오르간 소리 ········ 114
50. 고무 밴드로 현악기를 만들어보자 ········ 116
51. 이빨과 턱뼈도 소리를 전달한다 ········ 118
52. 소라껍데기에서는 무슨 소리가 들리는가? ········ 120
53. 물속으로 전해지는 소리를 들어보자 ········ 122
54. 종이컵으로 성능 좋은 전화기 만들기 ········ 124
55. 바람소리를 내는 나무토막을 만들어보자 ········ 126
56. 큰 항아리와 작은 항아리의 울림소리 차이 ········ 128
57. 눈이 내리는 날은 왜 적막하게 느껴지나? ········ 130
58. 천이나 종이를 찢으면 왜 큰 소리가 날까? ········ 132

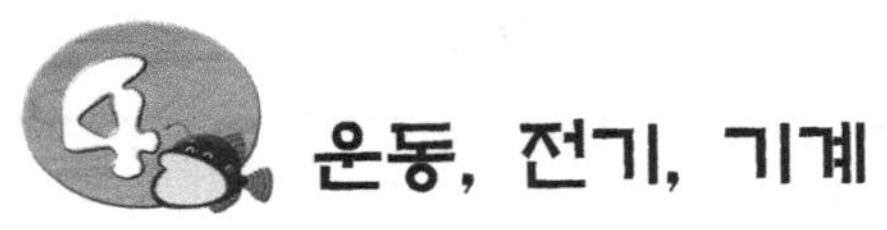

4 운동, 전기, 기계

59. 바람의 힘으로 달리는 풍선 호버크래프트 ········ 134
60. 굴림대로 무거운 물체를 운반하는 원리 ········ 136
61. 에너지를 주고받는 두 개의 고무공 ········ 138
62. 관성의 원리를 확인해보자 ········ 140
63. 볼베어링으로 회전판을 만들어보자 ········ 142
64. 톱니바퀴를 만들어 기능을 관찰해보자 ········ 144
65. 비탈길의 원리를 이용한 나사못 ········ 146
66. 자기부상 열차를 만들어보자 ········ 148
67. 정전기로 이쑤시개를 움직여보자 ········ 150
68. 전기 없이도 번쩍이는 형광등 ········ 152
69. 입맞추는 고무풍선 만들기 ········ 154
70. 긴 막대는 짧은 것보다 천천히 쓰러진다 ········ 156
71. 곡예는 왜 높은 장대 위에서 할까? ········ 158
72. 쇠톱의 탄성을 이용하여 저울을 만들어보자 ········ 160
73. 고구마 실린더로 쏘는 딱총 만들기 ········ 162

74. 우주선 안이 춥지 않게 하는 방법 ········ 164
75. 분자의 운동 속도를 비교해보자 ········ 166
76. 저절로 들썩들썩 춤추는 동전의 마술 ········ 168
77. 위쪽으로 흘러가는 물 ········ 170
78. 스트로로 음료수를 더 빨리 마시는 트릭 ········ 172
79. 풍선으로 얼굴 인형 만들기 ········ 174
80. 물비누 병에서 실끈이 튀어나오는 트릭 ········ 176
81. 병 안에서 벌레처럼 춤추는 국수 가락 ········ 178
82. 약을 담는 캡슐이 벌레처럼 살아서 움직인다 ········ 180

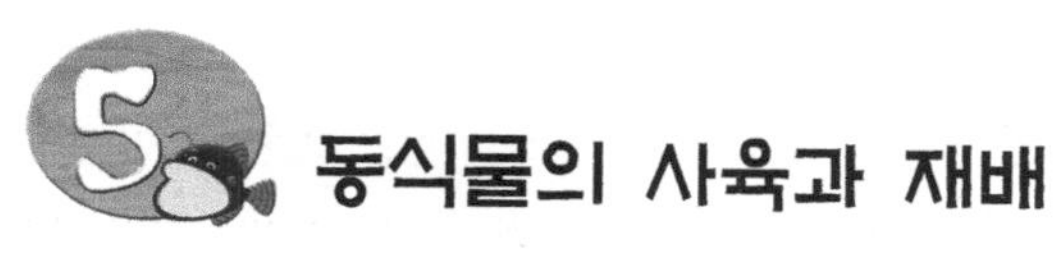

동식물의 사육과 재배

83. 나뭇잎의 무늬를 원색으로 프린트해보자 ········ 182
84. 맴돌고 나면 왜 어지러운가? ········ 184
85. 베란다용 미니 비닐하우스 만들기 ········ 186
86. 흙으로 물재배 배양액 만들기 ········ 188
87. 파인애플을 화분에 길러보자 ········ 190
88. 자기 이름이 새파랗게 자라는 묘판을 만들어보자 ········ 192
89. 콩의 씨를 배게 심으면 어떻게 되나? ········ 194
90. 수생식물에서 나오는 산소를 모아보자 ········ 196
91. 뿌리가 자라는 모습을 자연 그대로 관찰하기 ········ 198
92. 예쁜 꽃을 눌러 압화를 만들어보자 ········ 200
93. 새의 둥지가 얼마나 훌륭한지 관찰해보자 ········ 202
94. 유리병에 지렁이를 길러보자 ········ 204
95. 물이 잘 빠지는 흙을 찾아내보자 ········ 206
96. 달팽이의 생활을 살펴보자 ········ 208
97. 개미를 길러 땅 속의 집을 살펴보자 ········ 210
98. 여러 종류의 거미집 표본 만들기 ········ 212
99. 곤충을 채집하는 포충망 만들기 ········ 214
100. 방안에서 야생동물의 소리 녹음하기 ········ 216
101. 동식물이 함께 사는 미니 환경 만들기 ········ 218
102. 수족관을 만들어 수생동식물 기르기 ········ 220

103. 뿌리는 완전히 썩은 영양분만 흡수한다 ········ 222
104. 바위를 가르는 뿌리의 힘은 왜 큰가? ········ 224
105. 유리컵으로 작은 글씨를 크게 보는 방법 ········ 226

6 지구와 우주

106. 우리 집에 세운 샛바람 기상관측소 ········ 228
107. 태양의 이동을 추적해보자 ········ 230
108. 지구가 회전하는 증거를 보이는 푸코진자 ········ 232
109. 멀리 있는 별은 희미하게 보인다 ········ 234
110. 정지위성은 왜 멈추어 있는 듯이 보일까? ········ 236
111. 태양의 표면에서 변화가 일어나는 이유 ········ 238
112. 지구는 얼마나 빨리 돌고 있을까? ········ 240
113. 뉴턴의 제1 운동법칙을 실험해보자 ········ 242
114. 절약해야 할 화석시대의 에너지 ········ 244
115. 위로 올라가며 넘어지는 도미노 블록 ········ 246
116. 호수의 물 온도를 측정해보자 ········ 248
117. 수성, 목성, 해왕성의 공전 속도를 비교해보자 ········ 251

1

재미난 실험, 신기한 트릭

엽서 한 장으로 만드는 무한히 긴 목걸이

- 엽서 구멍 속으로 머리가 들어간다 -

준비물
- 엽서 크기의 질긴 종이 1장
- 안전 나이프
- 자와 연필

엽서 크기의 종이 안쪽을 가위나 칼로 잘라 구멍을 낸다면, 아무리 해도 종이 자체보다 큰 구멍은 낼 수 없다고 생각된다. 그러나 목이 들어가고도 남을 큰 구멍을 내어 예쁜 목걸이를 만들어보자.

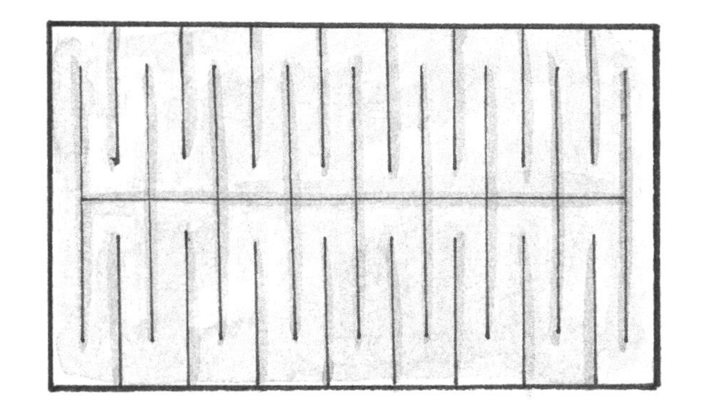

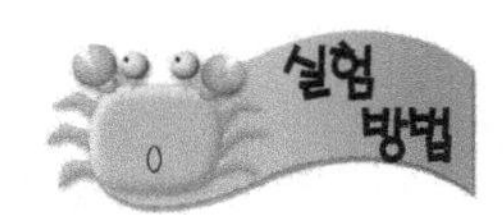

1. 엽서 크기의 백지 위에 자와 연필을 이용하여 그림과 같이 연필선을 그린다.

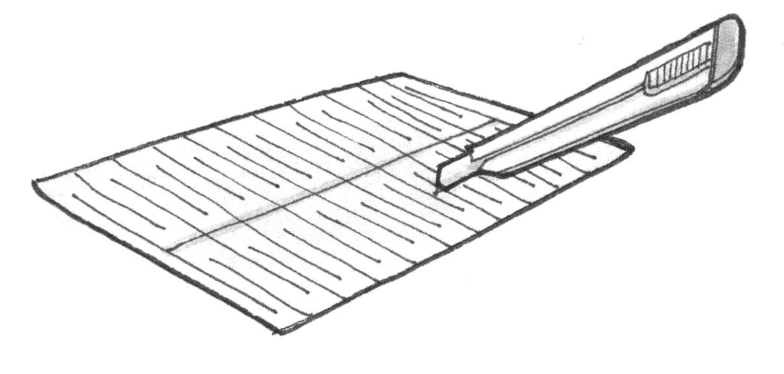

2. 이 종이를 유리판 위에 놓고, 연필선에 따라 안전 나이프로 자른다.
3. 펼쳐보자. 얼마나 큰 구멍이 열리는가? 보다 큰 구멍을 내려면 어떻게 해야 하나?

종이 안에 그리는 선과 선 사이의 거리를 짧게 하여 만든다면, 무한히 큰 구멍도 낼 수 있음을 알 수 있다.

이 실험은 엽서보다 작은 종이로도 할 수 있다. 종이가 너무 얇으면 쉽게 찢어질 염려가 있다. 이 방법을 이용하여 종이 디자이너들은 여러 가지 모양과 색상의 장식품을 만들기도 한다. 종이 목걸이를 만들 때 색이 아름답고 질긴 종이를 선택한다.

1. 사각형 대신 동그란 원 안에 같은 방법으로 연필선을 디자인하여 목걸이를 만들어보자.
2. 색종이를 잘라 목걸이를 만들어보자. 다른 색깔로 여러 개 만들어 하나의 화환처럼 만들면 아름다운 목걸이가 될 것이다. 친구에게, 가족에게 선물할 수 있도록 잘 연구하여 만들어보자.

실험2 투명 글씨로 축하 카드 만들기

- 물에 젖어야만 나타나는 글씨 -

준비물
- 같은 크기의 종이 2장
- 끝이 뭉툭한 연필
- 물

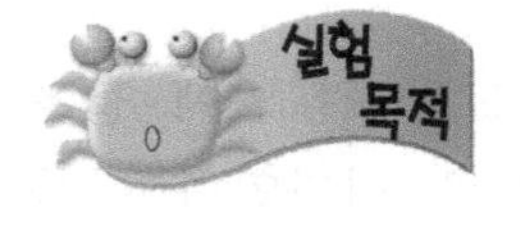

아무런 글씨도 그림도 보이지 않던 백지를 물에 적시는 순간 "생일 축하해요!" 라든가 "어머니 사랑해요!"라는 글씨가 나타난다. 친구와 가족에게 보낼 사랑의 선물을 만들어보자.

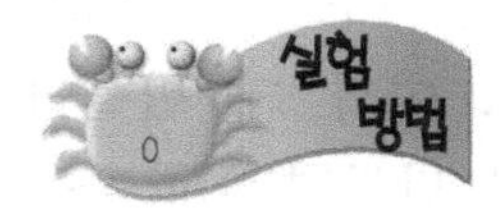

1. 한 장의 종이를 물에 적신 다음, 그것을 책상 위에 놓인 유리판 위에 펴서 깐다.
2. 마른 종이를 젖은 종이 위에 정확히 겹치도록 덮는다.
3. 마른 종이 위에 쓰고 싶은 글과 간단한 그림을 그린다.
4. 마른 종이를 들어내고 아래의 젖은 종이를 보면, 글과 그림의 윤곽이 나타나 있다.
5. 이 종이를 말려보자. 글씨가 보이는가?

6. 종이를 물에 적셔보자. 글과 그림이 다시 나타나는가?

종이가 젖어 있는 동안은 글과 그림이 보이지만, 종이가 마르면 아무것도 보이지 않는 백지이다. 그러나 이것을 다시 물에 적시면 글과 그림이 그대로 재현된다.

젖은 종이 위에 생긴 눌린 자국은 다른 부분과 정도가 다르게 빛을 산란하기 때문에 글씨이든 그림이든 형체가 드러나 보인다. 그러나 종이가 마르면 아무것도 보이지 않다가, 다시 젖으면 눌린 자국은 남아 있으므로 모습을 나타내게 된다.

마른 종이 위에 글과 그림을 그릴 때 끝이 뭉툭한 연필을 사용하는 것은, 덧종이가 찢어지는 것도 방지하지만, 아래에 놓인 종이 표면에 긁힌 자국이 보이지 않도록 하기 위한 것이다. 투명글씨로 부모님이나 친구에게 보낼 생일 축하 카드를 만들어보자.

촛불 위에 터지는 작은 불꽃놀이

- 오렌지 껍질에서 나오는 유액의 작용 -

준비물
- 촛불
- 오렌지나 레몬의 껍질
- 밀가루 조금

촛불이 타고 있는 것을 보고 있으면, 가끔 작은 불꽃이 튀는 것을 본다. 그 이유를 알아보기 위해 촛불 위에서 소규모 불꽃놀이를 연출해보자.

1. 화재 위험이 없는 안전한 곳에서 촛불을 켠다.
2. 오렌지 껍질을 굽혀서 손가락으로 누르면 즙액이 분수처럼 튀어나온

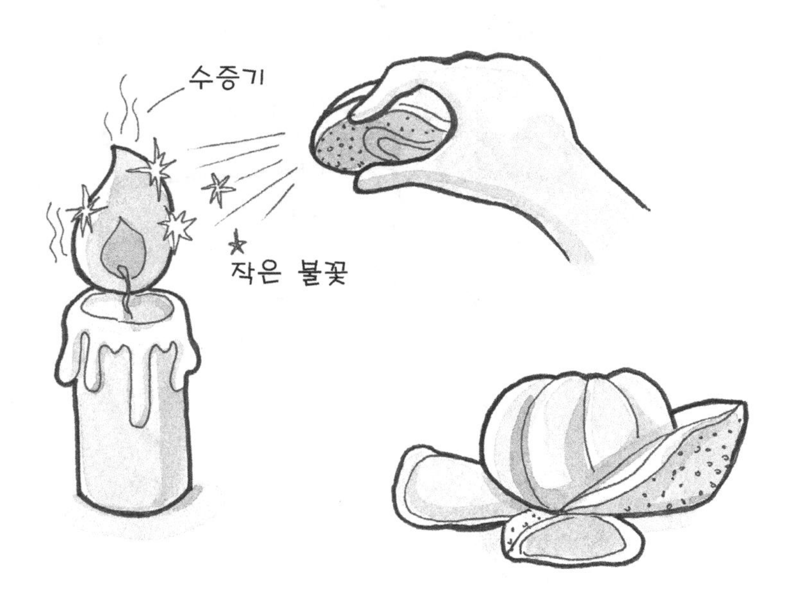

다. 이 즙액을 촛불을 향해 쏘아보자. 어떤 현상이 나타나는가?

3. 촛불 위에 아주 입자가 고운 밀가루를 조금 뿌려보자. 어떤 현상이 나타나는가?

● **주의** - 눈의 안전을 위해 보안경을 쓰고 실험한다. 보안경 만드는 법은 <어린이 과학문화 총서> 제1권 참조

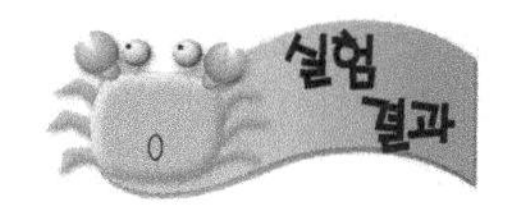

오렌지껍질에서 나온 즙액의 작은 방울이 튀면 촛불 위에 불꽃이 번쩍인다. 밀가루가 촛불 속으로 날려들어도 불꽃이 생긴다.

물체는 뜨거워지면 빛을 낸다. 그 빛은 물질의 종류에 따라 다르다. 불꽃놀이 때 온갖 색이 어울려 아름다운 모양이 될 수 있는 것은, 그 안에 다른 빛을 내는 여러 종류의 물질이 포함되어 있기 때문이다.

혼자서 조용히 불타던 촛불에서 작은 불꽃이 가끔 튀는 것은, 불꽃 속으로 공기 중의 먼지가 날아들어 한순간 타기 때문이다. 오렌지 껍질에서는 유액과 물방울이 동시에 튀어나온다. 유액은 불꽃 속을 지나면서 다른 색의 빛을 내고, 물방울은 증기가 된다.

그리고 밀가루는 먼지 역할을 하여 작은 불꽃을 내는 것이다. 먼지나 밀가루는 워낙 미세하기 때문에 산소와 쉽게 접촉하여 폭발하듯이 타면서 빛을 낸다. 그러나 입자가 큰 먼지라면 쉽게 빛을 내며 타지 못한다.

잘 뜨는 비행기의 날개를 만들어보지

- 비행기를 뜨게 하는 힘, 베르누이의 원리 -

준비물
- 백지 (가로 20, 세로 7센티미터)
- 종이 클리프
- 자와 연필, 접착테이프

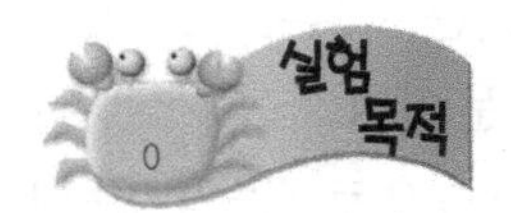

비행기 날개는 편평하지 않고, 윗면이 둥그스름하게 만들어져 있다. 비행기 날개의 윗면을 볼록하게 만드는 이유를 실험으로 확인해보자.

1. 그림1과 같이 자와 연필을 이용하여 백지 위에 가로 20센티미터, 세로 7센티미터인 직사각형을 그려 가위로 잘라낸다.

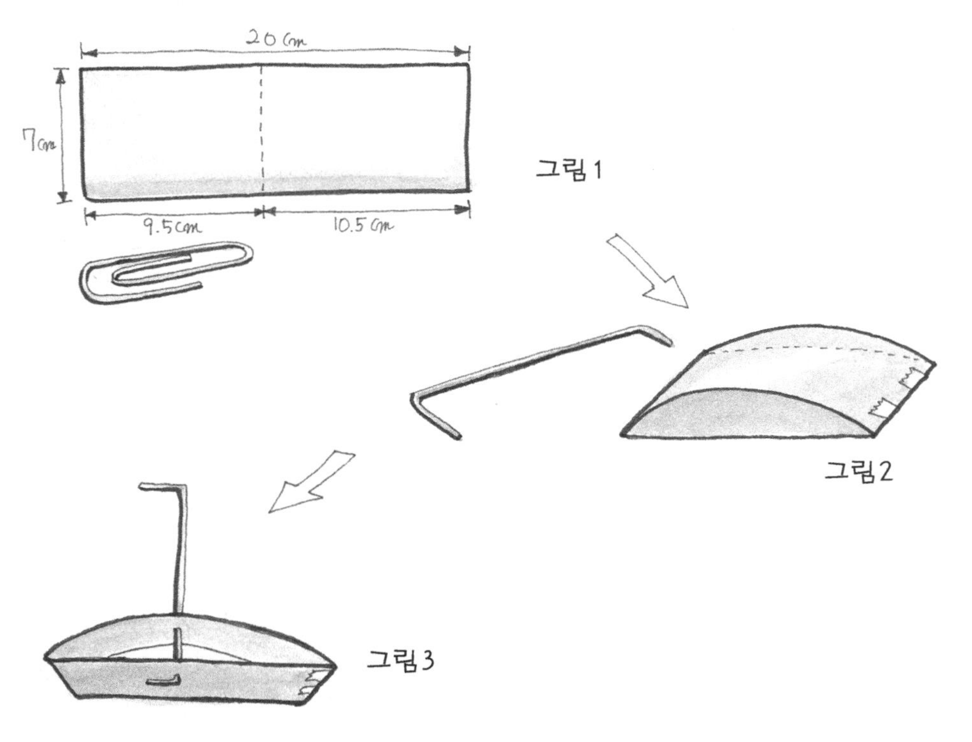

2. 길이 9.5센티미터 되는 곳을 접으면, 한쪽은 길이가 10.5센티미터가 된다.
3. 접은 직사각형의 끝 부분을 접착테이프로 붙이면, 그림2처럼 짧은 부분은 편평하고, 긴 종이는 1.5센티미터쯤 위로 불룩하게 된다. 이때 한쪽이 조금 더 볼록하도록 만든다. 이것은 비행기 날개의 일부를 절단해본 모습니다.
4. 종이클립을 그림2와 같이 펴서 'ㄷ'자 모양으로 한다.
5. 그림3과 같이 날개의 중앙에 클립을 꽂는다. 이때 종이날개의 무게 중심이 되는 곳에 클립을 끼우는 것이 이상적이다.
6. 종이 날개를 들고 등이 볼록한 쪽을 앞으로 하여 입으로 바람을 불어보자. 어떤 현상이 나타나는가?

종이 날개를 들고 날개 앞쪽을 향해 입 바람을 불면 날개는 클립의 기둥을 따라 위로 떠오른다.

연구

종이 날개 앞에서 입 바람을 불면 윗면의 불룩한 쪽으로 바람이 더 빠르게 흐르게 된다. 바람이 빠르게 지나는 곳은 느린 곳보다 기압이 낮아진다. 이것을 '베르누이의 원리'라 부른다.

날개의 등이 불룩한 윗부분으로는 편평한 아랫면보다 바람이 빠르게 지나감에 따라 기압이 낮아져 날개는 위로 떠오르게 된다. 이처럼 날개가 떠오르는 힘을 **양력**(揚力)이라 한다.

그림4

1. 비행기 날개의 불룩한 모양은 어떻게 만드는 것이 양력을 더 좋게 할까?

헬리콥터의 회전날개를 만들어보자

– 수직으로 떠오르고 비행하는 항공기 –

준비물
- 엽서 정도로 두터운 종이 (가로 40센티미터, 세로 3센티미터)
- 지우개꼭지가 있는 연필
- 압침 1개

헬리콥터의 프로펠러는 '회전날개'라 부른다. 회전날개는 돌아가는 각도에 따라 상승 또는 하강하게 되고, 동시에 전후진하거나 좌우로 방향을 바꾸며 날게 된다. 연필과 종이로 헬리콥터의 회전날개를 만들어보자.

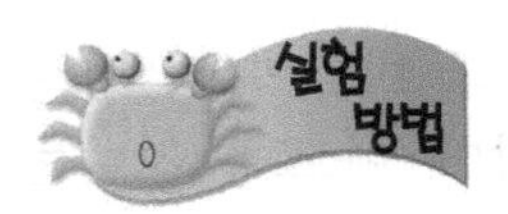

1. 엽서 두께의 종이를 그림1과 같이 가로 40센티미터, 세로 3센티미터 길이로 잘라 종이 날개를 만든다. (연필이 짧으면 종이날개를 작게 만들어도 좋다.)
2. 종이 날개의 중심에 압침을 꽂고, 날개를 V자 형태로 휜다.
3. 이것을 연필의 지우개꼭지에 수직으로 꽉 눌러 꽂아 회전날개를 만든다.
4. 회전날개의 축인 연필을 두 손바닥 사이에 끼우고 비벼서 휙 돌려 날려보자. 회전날개는 어떻게 비행하는가?

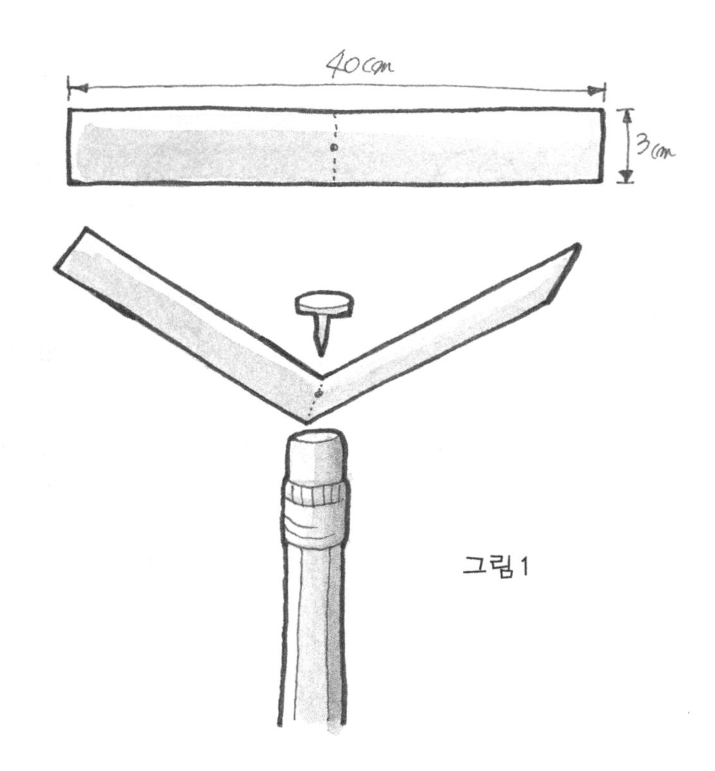

그림 1

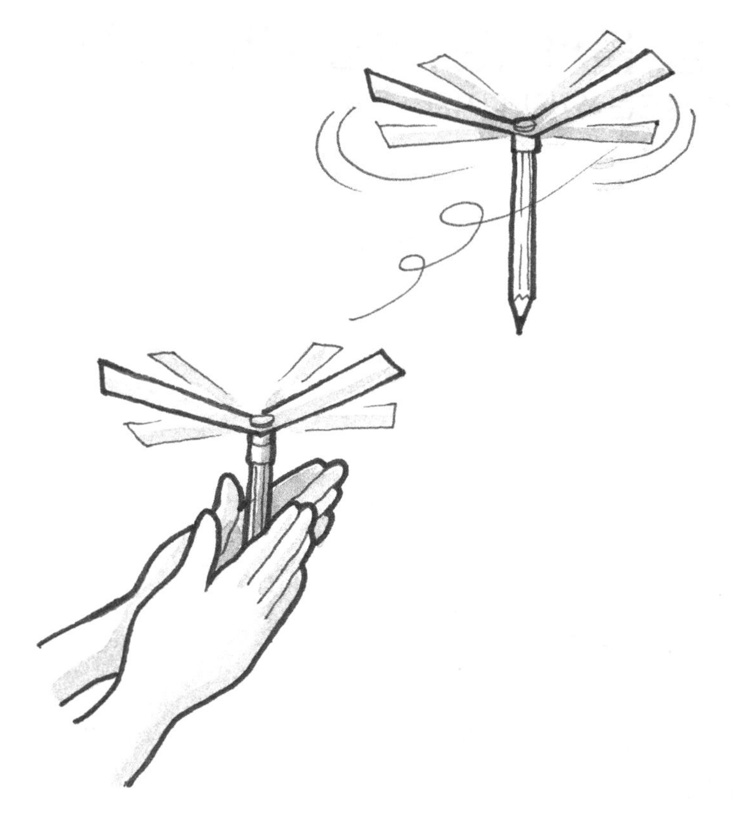

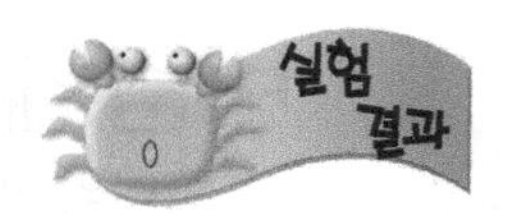

연필 회전날개는 붕 떠올랐다가 빙빙 돌며 천천히 낙하한다.

헬리콥터는 동체 위에 커다란 회전날개가 있고 뒤에 작은 꼬리날개가 있다. 헬리콥터의 회전날개는 날개 아래보다 위쪽의 공기가 더 빨리 움직이기 때문에 상부의 기압이 낮아져 양력이 생긴다. 그런데 회전날개가 돌면 헬리콥터 동체가 함께 돌게 되므로, 이것을 막아 균형을 잡아주는 것이 꼬리날개이다. 헬기는 회전날개의 방향을 바꿈으로써 전후진과 방향전환도 할 수 있다.

연필로 만든 회전날개는 여러 차례 시험해보는 동안 잘 비벼 날리는 요령을 터득하게 된다. 이 연필 헬리콥터는 잘 날지는 못하지만 천천히 낙하한다. 높은 2층 난간에서 날리면 비행 모습을 더 잘 관찰할 수 있다.

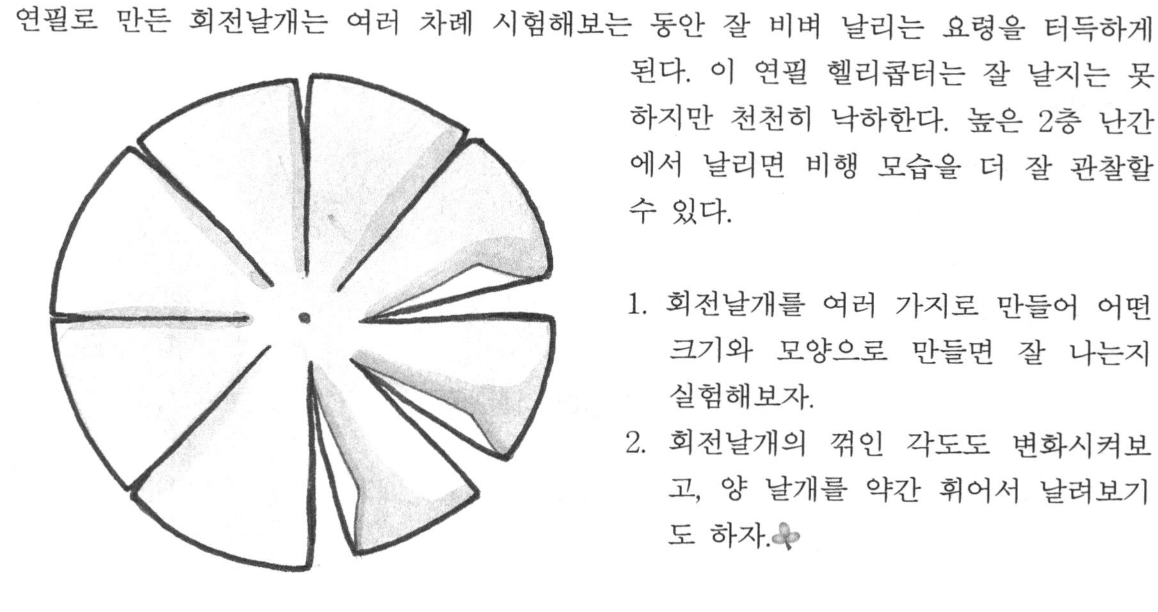

1. 회전날개를 여러 가지로 만들어 어떤 크기와 모양으로 만들면 잘 나는지 실험해보자.
2. 회전날개의 꺾인 각도도 변화시켜보고, 양 날개를 약간 휘어서 날려보기도 하자.

바람에 잘 돌아가는 바람개비 만들기

- 카드종이로 만드는 4가지 디자인 -

준비물
- 지우개꼭지가 있는 연필 4자루
- 카드 두께의 종이
- 압침 4개
- 자, 가위

비행기의 프로펠러, 선박의 스크루, 풍차의 회전날개, 환풍기나 선풍기의 날개 등은 바람이나 물에 의해 효과적으로 돌아간다. 종이카드를 이용하여 잘 돌아가는 바람개비를 만들어보자.

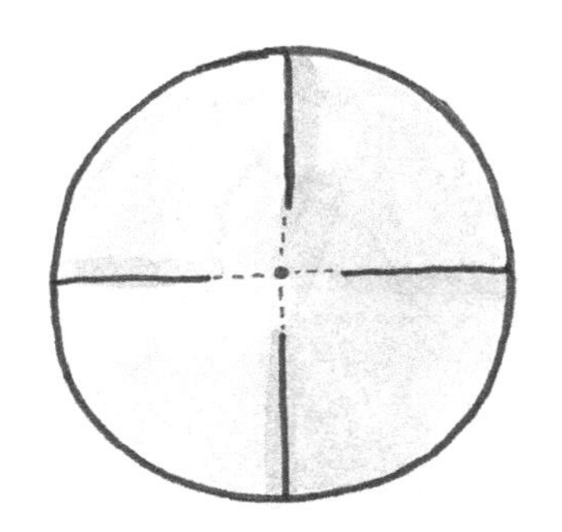

바람개비-1 만들기

1. 카드 위에 직경 15센티미터 정도의 원을 그림1처럼 그린다. 컴퍼스가 없으면 비슷한 크기의 쟁반을 엎어놓고 가장자리를 따라 원을 그린다.
2. 원을 가위로 잘라내고, 직각이 되도록 두 번 접어 중심을 찾아 연필로 표시한다.
3. 오른쪽 그림처럼 가위로 잘라 네 날개를 휘어 바람개비를 만든다.
4. 바람개비를 연필꼭지에 압침으로 꽂는다. 이때 잘 돌 수 있도록 약간 헐렁하게 꽂아야 한다 (그림1).

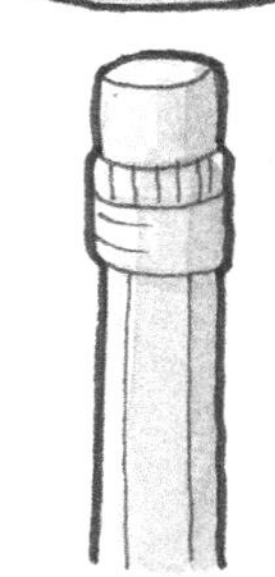

그림 1

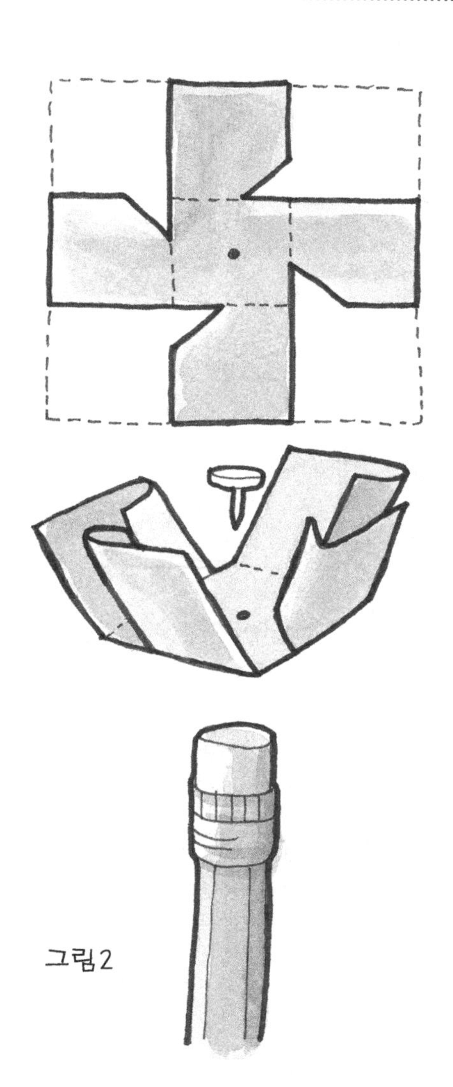
그림2

바람개비-2 만들기

1. 가로, 세로 15센티미터 정도의 정사각형을 그림2 처럼 그린다.
2. 중심점을 찾아 연필로 표시를 한다.
3. 점선은 잘라내고 아래 그림처럼 네 날개를 휘어서 회전날개를 만든다.
4. 압침으로 연필꼭지에 꽂아 완성한다.
5. 연필을 한손으로 잡고 휘돌려보면서 잘 돌아가도록 날개의 각도를 조절한다 (그림2).

바람개비-3 만들기

1. 가로 20센티미터, 세로 5센티미터 정도의 직사각형을 그림3처럼 그린다.
2. 두 날개를 V자 형태로 휘어 압침으로 연필꼭지에 고정한다.
3. 날개를 약간 비틀어 잘 돌아가는 각도를 찾는다 (그림3).

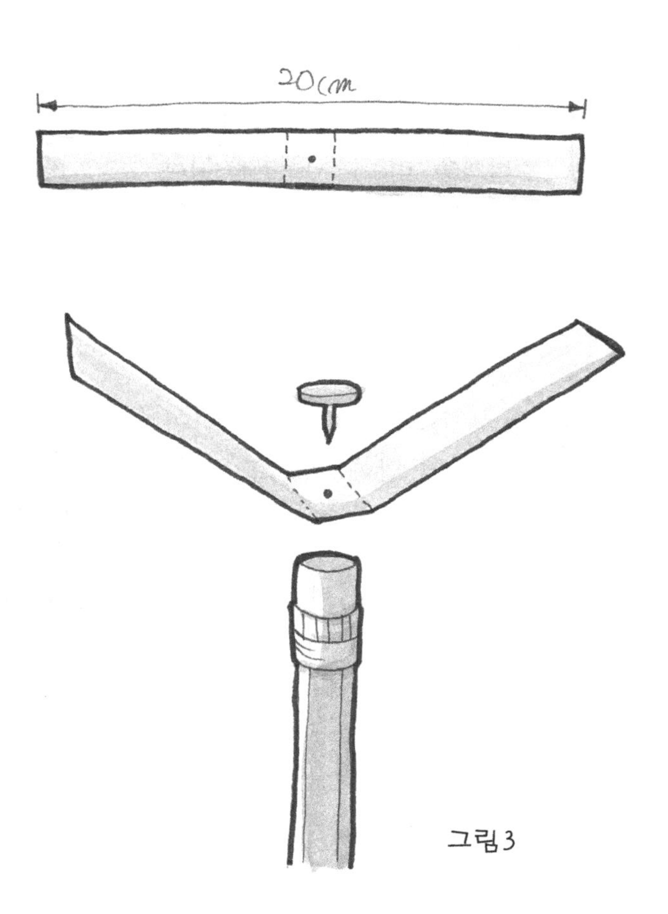

그림3

바람개비-4 만들기

1. 가로, 세로 각 15센티미터 정도의 정

사각형을 연필로 그린 다음 그림4처럼 대각선을 긋는다.

2. 가위로 굵은 선까지 자른다.
3. 4개의 날개 한쪽을 차례로 접어 중앙에서 압침에 꽂기 전에, 압침 끼울 자리를 연필로 표시하고, 압침으로 미리 작은 구멍을 낸다.
4. 오른쪽 그림처럼 네 날개를 접어서 압침에 끼우면 모양 좋은 바람개비가 된다. 이것을 연필 지우개에 꽂아 완성한다 (그림4).

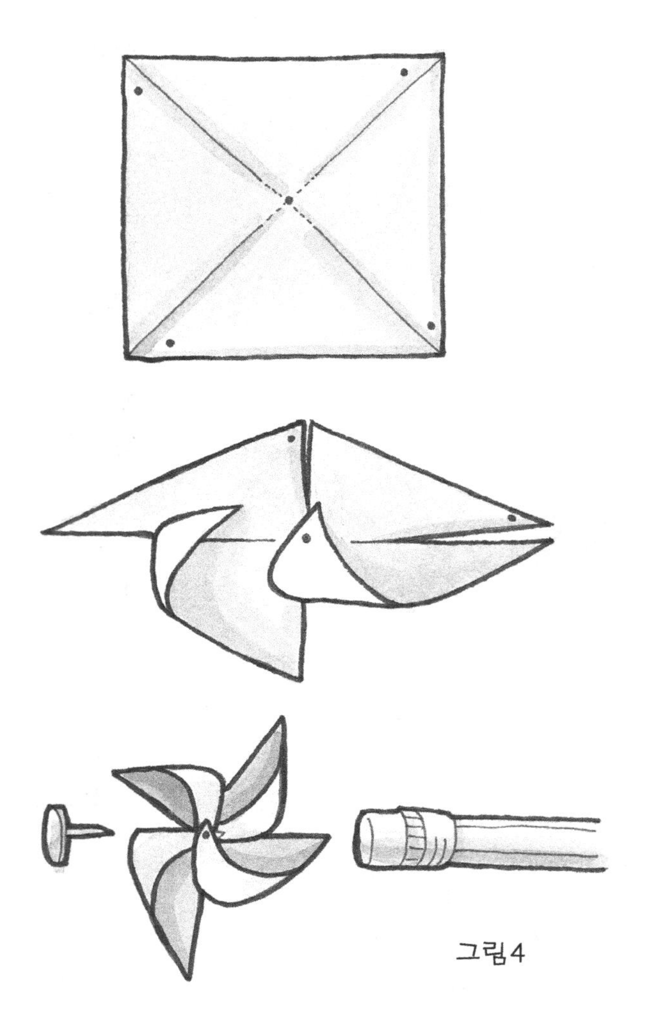
그림4

디자인이 다른 네 종류의 바람개비를 완성했다. 날개를 비트는 모양에 따라 바람의 힘에 의해 회전하는 성능이 달라진다.

연구 공작 솜씨를 발휘하여 잘 돌아가는 바람개비를 만들어보자. 이것을 자전거 앞에 매달고 달린다면 잘 회전할 것이다. 아름답게 색칠을 한 바람개비도 만들 수 있을 것이다. 바람개비는 디자인이 여러 가지가 있다.

1. 물속에서 돌아가는 스크루의 회전날개에 대해서도 조사해보자.

요요처럼 연속 회전하는 헬리콥터 프로펠러

- 실을 당기면 공중으로 날아가는 회전날개 만들기 -

준비물
- 지우개가 달린 연필
- 한 변의 길이가 15센티미터인 정사각형 종이 카드
- 50센티미터 정도의 질긴 실
- 노트 크기의 백지 1장
- 풀과 접착테이프

실험6에서 만든 회전 날개의 연필 축에 실을 감아 원통 속에 넣고 빨리 돌리면 어떤 현상이 나타날까? 이 바람개비는 과거의 어린이들이 가지고 놀던 비행장난감의 하나이다.

1. 실험6의 그림2와 같은 회전날개를 만든다.
2. 이번에는 회전날개가 저절로 회전하지 않도록 압침을 꽉 눌러 지우개에 고정한다.
3. 연필의 몸통 윗부분에 그림과 같이 실을 감는다. 이때 실의 끝부분을 연필의 몸통에 단단히 매어야 한다.
4. 종이를 연필 둘레에 감아 연필 굵기보다 약간 큰 원통을 만든다. 이때 풀칠을 하면서 감으면 단단한 종이 파이프가 된다.
5. 연필 몸통에 실을 감은 후, 이것을 종이 파이프에 꽂고 실을 당겨보자. 실을 당겼다 놓았다 하면, 요요처럼 되감기면서 연속하여 돌아갈 것이다.

1. 실험6의 그림2와 같은 방법으로 회전날개를 만든다.
2. 연필 둘레에 감는 실의 끝을 몸통에 매지 않고 감는다. 이때 실은 아래에서 위쪽으로 오르면서 감는다.
3. 이렇게 준비한 회전날개를 원통에 꽂은 다음, 실을 확 당겨보자. 회전날개는 어떤 비행을 하는가?

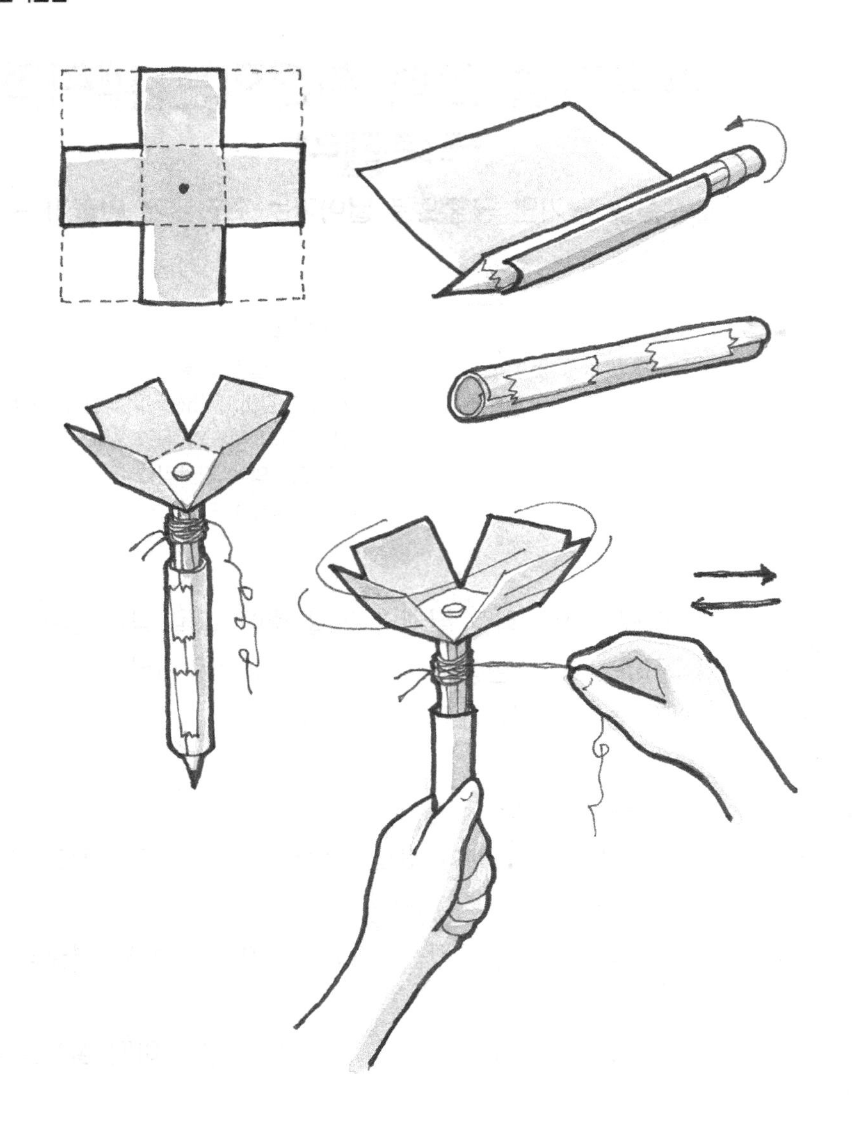

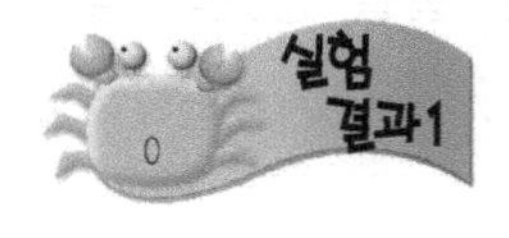

적당한 힘으로 실을 당기면 회전날개는 다르륵! 소리를 내면서 돌아간다. 감긴 실이 다 풀리면 돌아가던 힘의 관성에 의해 이번에는 실이 반대 방향으로 감긴다. 회전이 멈추기 직전에 다시 당기면 회전날개는 반대방향으로 힘차게 반복하여 돌아간다.

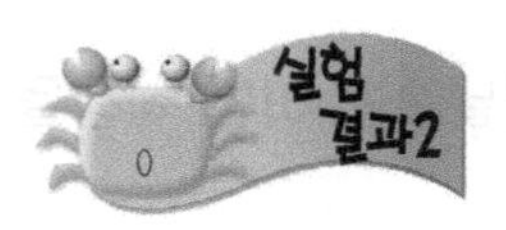

회전날개의 연필 축에 감긴 실을 당기면, 회전날개는 빠르게 회전하면서 원통에서 벗어나 헬리콥터의 로터처럼 공중으로 날아올랐다가 천천히 내려오게 된다.

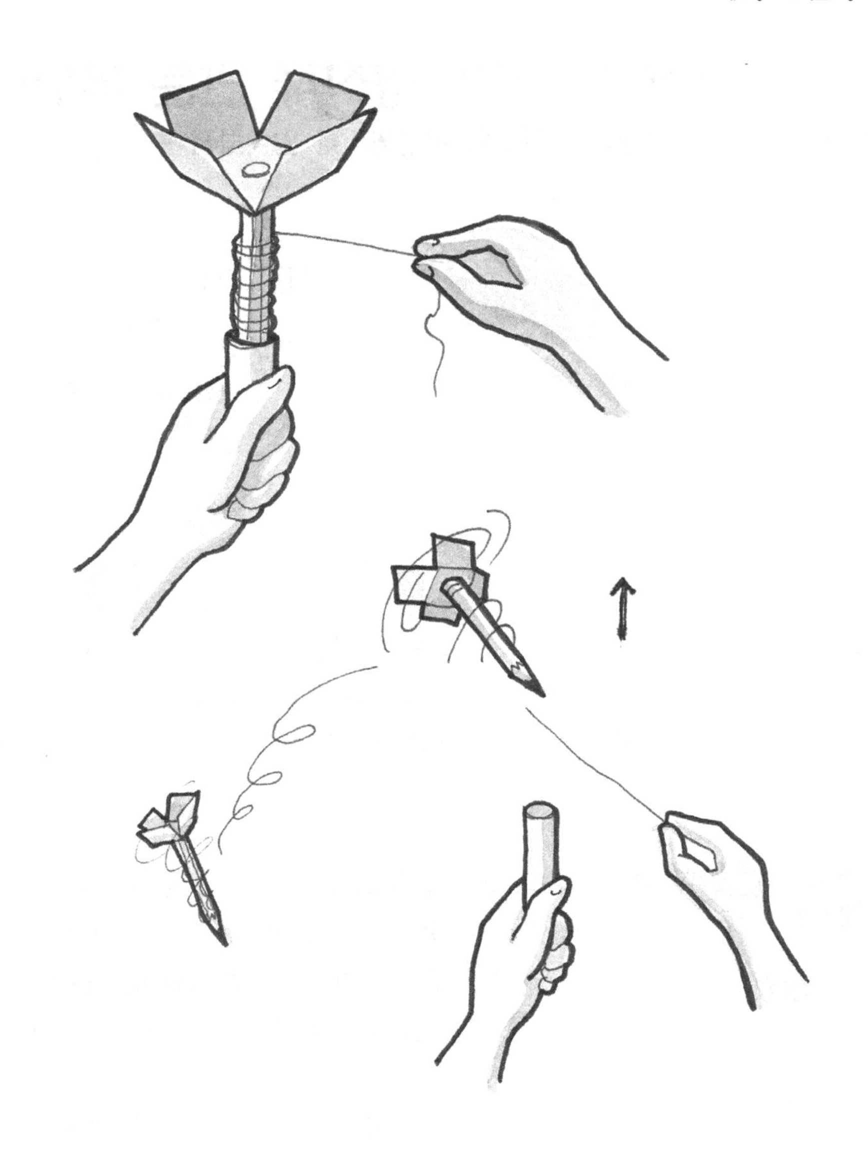

연구 실험1에서 회전날개가 감기고 풀리고 반복하는 것은 요요의 운동 모습과 같다. 이 장난감은 날개의 모양에 크게 영향을 받지 않는다. 그러나 이 실험에서는 실험5에서 손바닥으로 비벼 날릴 때처럼, 날개가 적당한 각도로 휘어 있어야 잘 날아오른다. 한편, 연필에 감는 실을 너무 높이 또는 너무 아래까지 감으면 동작이 안 될 수 있다. 또한 실 대신 굵은 끈을 사용하면 동작이 잘 되지 않는다. 여러 가지로 연구해보자.

1. V자 모양의 두 날개 등 다른 모양의 회전날개를 만들어 같은 실험을 해보자.

종이와 치약 상자로 만든 모형비행기

- 항공기의 구조와 비행원리를 알아보자 -

준비물
- 작은 치약 상자
- 두터운 종이
- 자, 연필, 가위, 풀, 종이클립

비행기의 기본 구조는 어떤 모양인가? 비행기는 어떻게 오르내리고 방향을 바꾸는지 그 원리를 알아보자. 이 모형비행기는 그림을 보고 스스로 적당한 크기와 모양으로 만들어야 한다.

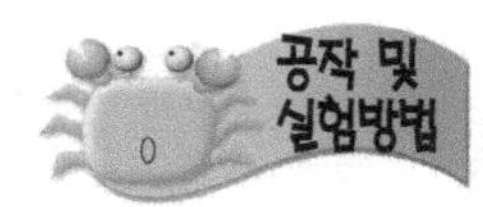

1. 빈 치약 상자의 입구를 풀로 붙여 열리지 않게 한다.
2. 엽서 두께의 두꺼운 종이를 이용하여 주날개와 꼬리날개를 만든다.
3. 가위로 자르고 접어서, 주날개와 꼬리날개 그리고 방향타에 보조날개를 만든다.
4. 비행기의 무게 중심에 철사나 종이클립을 그림2처럼 끼워 비행기가 바람에 따라 자유롭게 움직이도록 한다.
5. 선풍기 앞에서 이 종이비행기를 들고, 보조날개를 여러 가지로 조정하면서 방향전환을 실험해보자. 앞뒤 날개와 방향타의 보조날개를 동시에 조정한다.

주날개와 꼬리날개의 보조날개를 아래위로 접고, 수직꼬리날개의 방향타를 좌우로 조정하는데 따라 비행기는 좌 또는 우로 방향을 바꾼다. 또한 주날개와 수평꼬리날개의 보조날개를 조정하면 상승 또는 하강하게 된다.

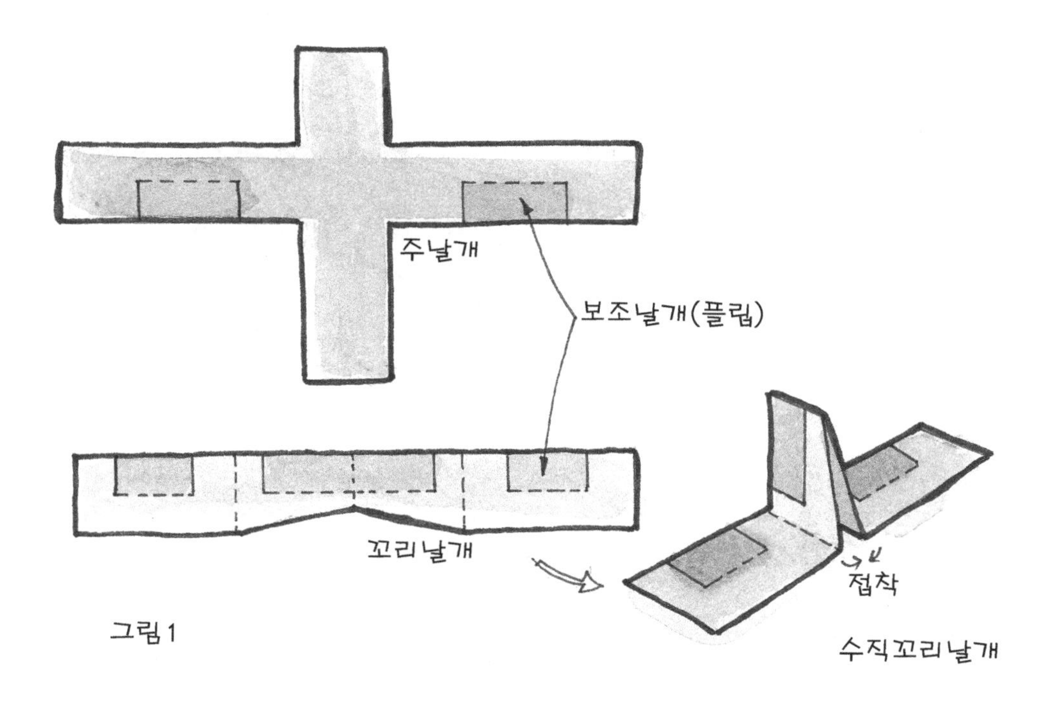
주날개
보조날개(플립)
꼬리날개
접착
그림 1
수직꼬리날개

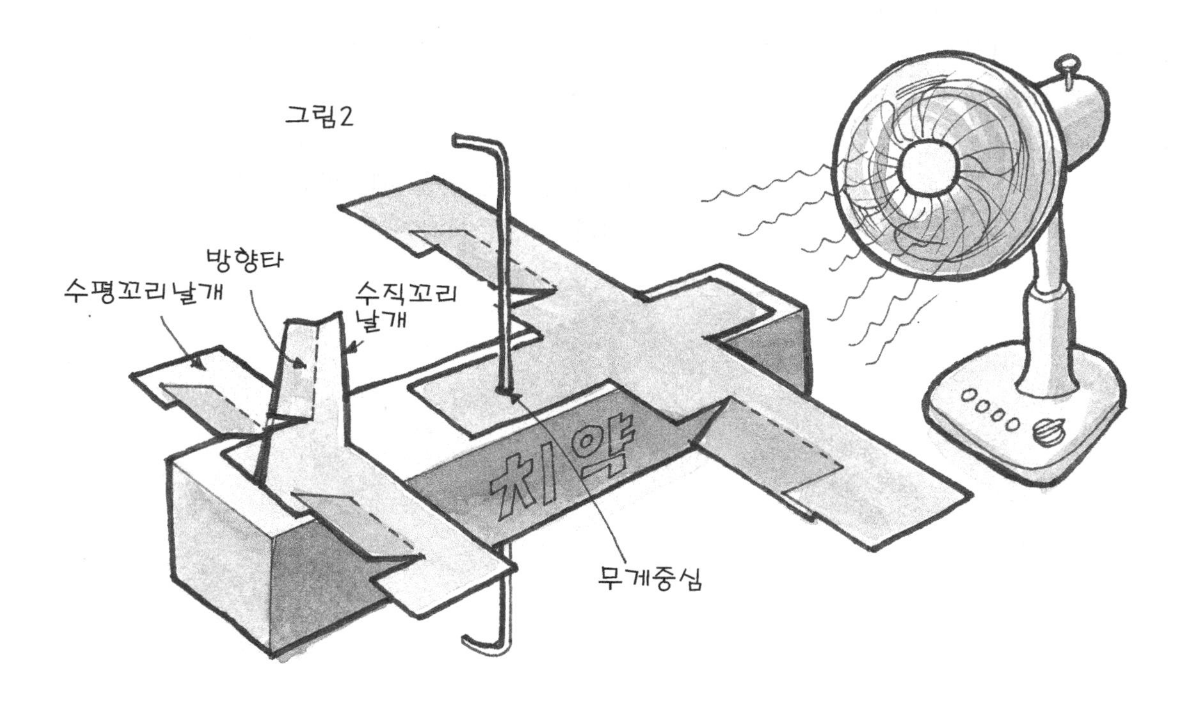
그림 2
방향타
수평꼬리날개
수직꼬리
날개
치약
무게중심

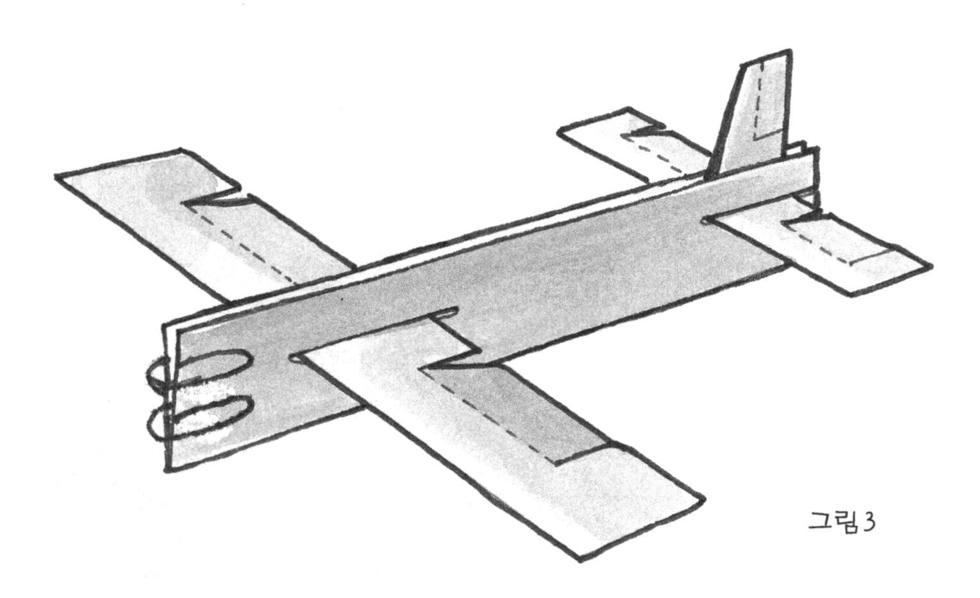

그림3

이 공작과 실험은 일반적인 비행기의 비행원리를 알아보도록 만든 모형 비행기이다. 날개를 크게 디자인하여 조보날개를 큼직하게 만들면 실험하기가 쉬울 것이다.

1. 이륙 또는 착륙할 때, 보조날개를 어느 쪽으로 각각 휘어야 하는가?
2. 비행기가 좌우로 선회할 때 보조날개와 방향타는 어떻게 조절해야 하는가?
3. 전투기처럼 빙빙 돌며 곡예비행을 할 때는 이들을 어떻게 해야 할까?
4. 위의 그림3과 같은 모양으로 종이비행기를 만들어 날려보자. 동체 앞에 종이클립을 한 개 또는 몇 개를 끼워 무게중심을 잡고 가볍게 던졌을 때, 직선방향으로 멀리 오래도록 날아가는 근사한 비행기를 자신이 설계하여 만들어보자.

공중에서 떨어지지 않는 유리구슬

- 원심력을 이용한 트릭 -

준비물
- 원통형의 대형 플라스틱 음료수병
- 유리구슬

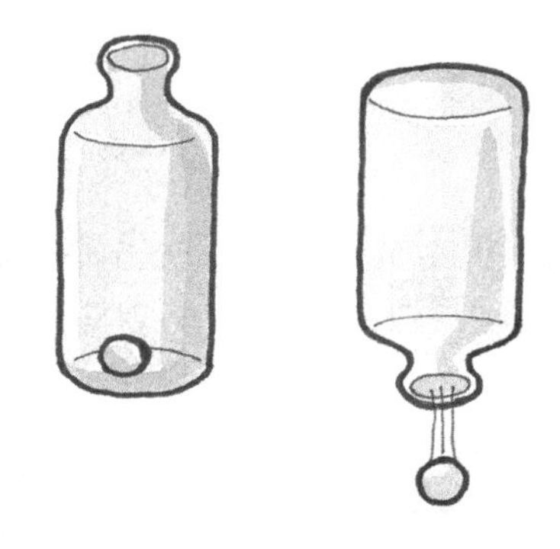

플라스틱 음료수병 안에 유리구슬 하나를 넣고 친구에게 "이 음료수통을 거꾸로 세워도 유리구슬이 빠져나오지 않도록 할 수 있겠니?" 하고 물어보자. 친구는 어떤 반응을 보일까?

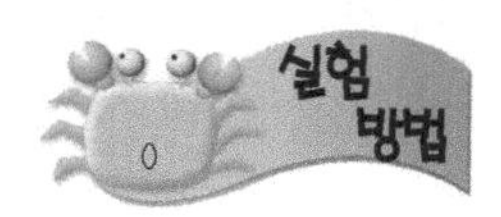

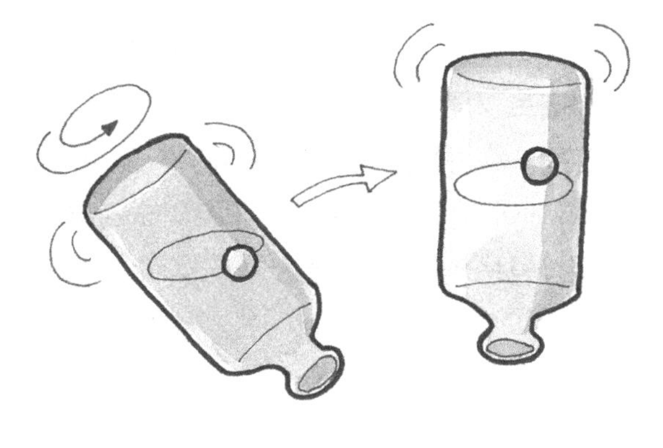

음료수병을 거꾸로 세우는 순간 유리구슬은 그대로 입구로 굴러 내리고 만다. 만일 친구가 할 수 없다고 말한다면,

1. 구슬이 담긴 음료수통의 입 쪽을 한손으로 잡고 빙빙 돌린다. 그러면 유리구슬은 원심력이 생겨 음료수통 안벽을 따라 회전하기 시작한다.
2. 회전속도를 높여 가며 천천히 거꾸로 세우면서 계속 돌린다면, 유리구슬은 입구로 빠져나오지 않고 공중에서 떠돌게 된다.

연구 물체가 회전할 때 생기는 원심력이 커지면 지구가 끌어당기는 힘조차 이길 수 있다. 음료수병을 천천히 돌리기도 하고 빨리 돌려보면서 유리구슬의 움직임을 관찰해보자.

자전거 바퀴살처럼 돌아가는 동심원

- 눈의 착시현상을 확인해보자 -

준비물
- 연필과 자
- 원을 그릴 컴퍼스
- 중심이 같은 원을 다른 크기로 여러 개 그린 동심원 그림

우리 눈은 본 것을 매우 정밀하게 관찰하기도 하지만, 때로는 잘못 판단하는 경우가 있다. 눈의 **착시현상**을 확인해보자.

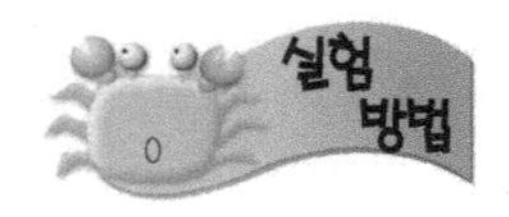

1. 그림의 '가'와 '나' 직선에는 화살표가 위는 밖으로, 아래는 안으로 그려져 있다. 자를 이용하지 않고 눈으로만 보아서 '가'와 '나' 중 어느 것이 길게 보이는가?
2. 실재로 자를 이용하여 재어보자. 길이가 같은가 다른가?
3. 그림2의 동심원이 그려진 페이지를 펴고, 책 전체를 두 손으로 든다.
4. 책 페이지를 눈 가까이 대고 아주 작은 원을 만들면서 좌측 또는 우측으로 빙빙 돌려보자.
4. 동심원은 어떤 모양을 보이는가?

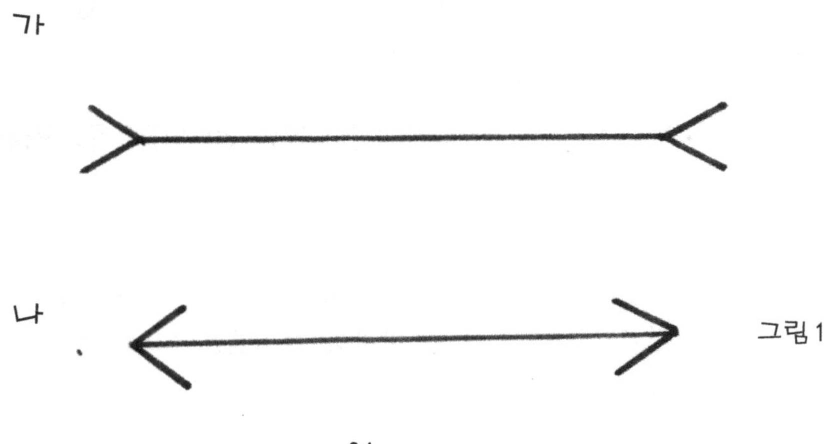

그림1

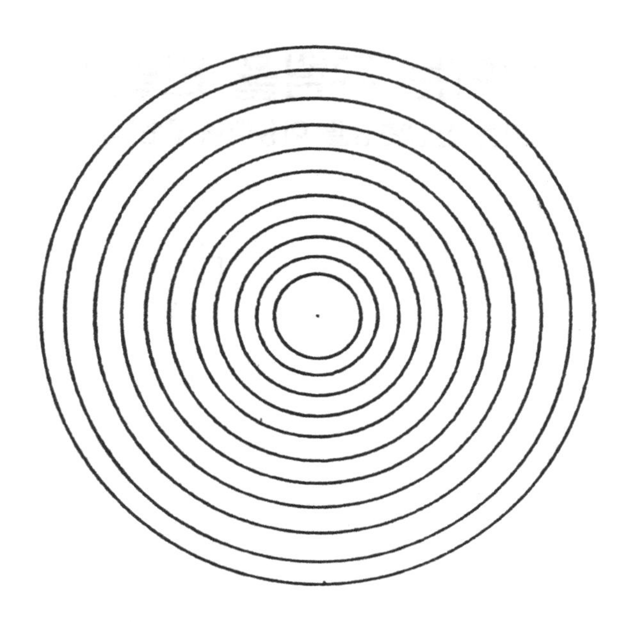

그림2

1. 그림의 직선은 위쪽의 것이 눈에는 길게 보인다. 그러나 두 직선의 길이는 같다.
2. 그림2에서 동심원을 돌리면서 보면, 마치 자전거바퀴나 프로펠러가 돌아가는 것처럼 보인다.

1. 눈이 잘못 보는 현상을 '**착시**'라고 말한다. 선의 양쪽 끝에 그려진 화살표의 방향에 따라 우리 눈은 한쪽은 길고 한쪽은 짧게 착시하는 것이다.
2. 우리의 눈은 잠시 본 것이라도 곧 사라지지 않고 그 영상이 얼마동안 남아 있다. 이것을 '**잔상 현상**'이라 한다. 그림2의 동심원을 눈앞에서 돌리면 각 원의 모습이 잔상으로 남게 되어 마치 바퀴살이 도는 것 같은 착시를 일으키게 된다.

3. 선풍기나 프로펠러가 빠르게 회전하는 것을 보면, 그들이 회전하는 속도에 따라 회전 방향이 앞으로 보이던 것이 뒤로 돌아가는 것처럼 바뀌어 보이기도 한다. 이러한 현상 역시 잔상에 의한 착시이다.

윙크하는 그림을 만들기

- 영화는 잔상현상을 이용하여 만든다 -

준비물
- 가위
- 연필
- 자
- 접착테이프(스카치테이프)
- 흰 종이 (가로 10센티, 세로 5센티미터) 2매

영화는 잔상이라고 하는 눈의 착시현상을 이용하여 만든 것이다. 간단한 그림으로 윙크하는 사람을 만들어보자.

1. 가로 5센티미터, 세로 10센티미터 크기의 직사각형 종이 두 장을 가위로 잘라낸다.
2. 한 종이의 아래쪽에 가장자리로부터 2.5센티미터 되는 곳에 연필선을 긋는다.
3. 이 종이의 위와 아래에 접착테이프를 사용하여 책상 위에 붙인다.
4. 이 종이의 중간 부분에 한쪽 눈은 뜨고 한쪽 눈은 감은 얼굴 그림을 그린다.
5. 얼굴을 그린 종이 위에 다른 흰 종이를 가지런하게 얹어놓고, 위 자락 끝에 접착테이프를 붙여 덧붙인 종이가 움직이지 않게 한다.
6. 밑에서 투영된 선을 따라 덧붙인 종이에 덧그림(복사그림)을 그린다. 이때 눈은 두 눈을 모두 뜨고 있도록 그려야 한다.
7. 덧그린 종이의 아래 자락에 그림과 같이 연필을 감고 접착테이프를 붙여 손잡이를 만든다.
8. 연필 손잡이를 위로 들었다 놓았다 해보자. 얼굴의 눈은 마치 윙크를 하는 것처럼 보이지 않는가?

덧댄 종이를 들면 눈을 감고, 내려덮으면 눈을 뜨는 윙크하는 재미난 그림이 된다. 동생에게, 친구에게 마술처럼 보여주자.

연구 우리 눈은 금방 본 물체의 모습을 약 16분의 1초 동안 그대로 기억한다. 이때 영상이 기억에 남아있는 시간을 '**잔상 시간**'이라 한다. 만일 잔상 시간 이내에 연속된 다른 상이 보이면, 우리 눈은 두 장면을 포개어 느끼게 된다. 이런 잔상 성질을 이용하여 영화는 1초에 연속된 화면이 30차례 이상 지나가도록 하여 움직이는 활동사진으로 보이게 한다.

두 점이 하나만 보이고 하나는 사라진다

– 눈의 맹점이 존재하는 곳을 확인해보자 –

준비물
- 흰 종이　- 자　- 연필

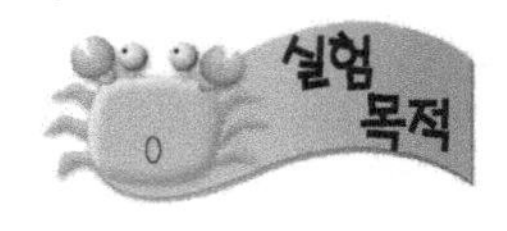

우리 눈에서 카메라의 필름처럼 상이 형성되는 곳을 망막이라 한다. 망막은 안구의 뒤편에 펼쳐져 있는데, 망막의 한곳 '맹점'에 맺힌 상은 보이지 않는다. 종이에 그린 두 개의 점 중에 하나가 사라지는 실험으로 맹점의 존재를 확인해보자.

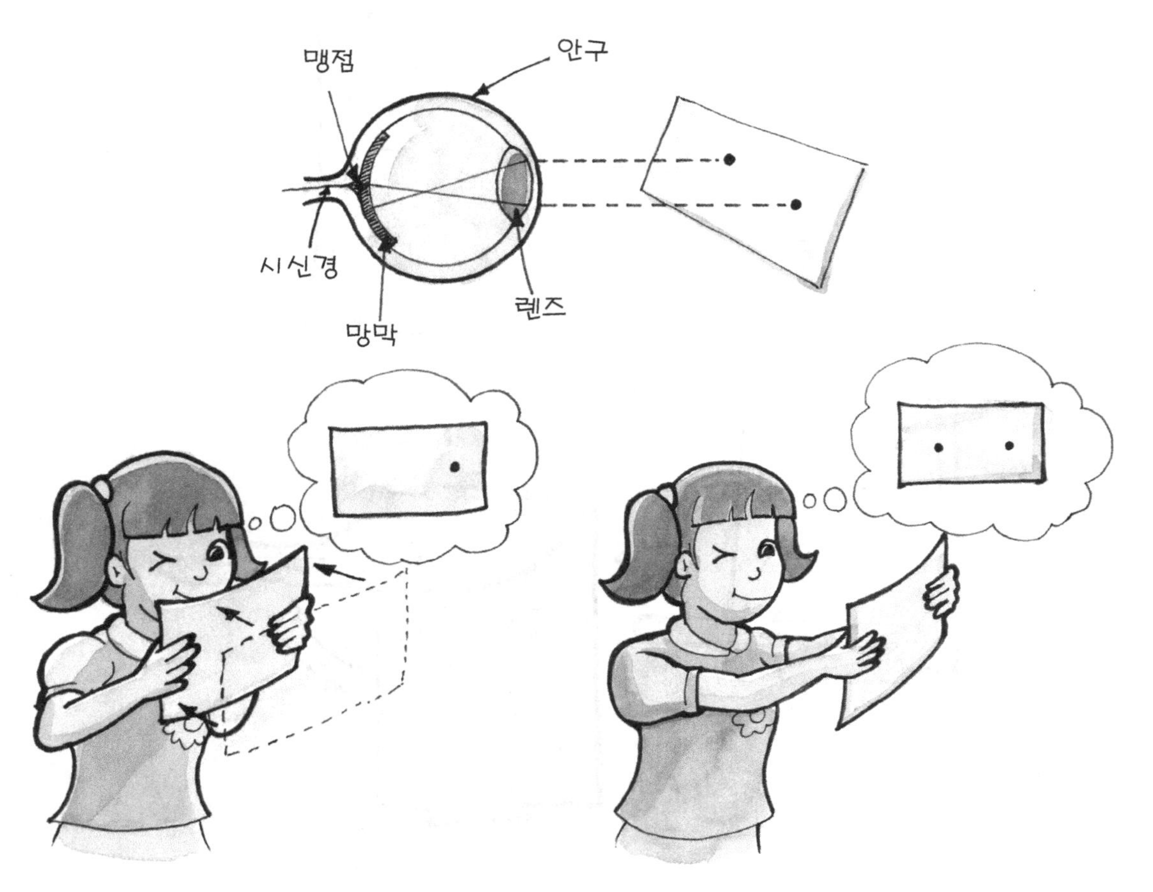

1. 흰 종이에 10센티미터 간격을 두고 직경 6밀리미터의 검은색 원을 각각 그린다.
2. 그림 종이를 두 팔을 펴서 잡고 바라보자. 두 점이 잘 보일 것이다.
3. 오른쪽 눈은 감고. 왼눈으로만 오른쪽 점을 바라보자. 두 점이 잘 보이는가?
4. 잘 보인다면 그림을 눈 가까이 천천히 가져와보자.
5. 왼쪽 점이 한순간 사라져버리는 지점에서 종이를 멈춘다.
6. 왼쪽 눈을 감고 왼쪽 점만 바라보며 같은 실험을 해보자.

실험 결과

눈에 보이는 물체는 동공의 렌즈를 지나 망막에서 좌우가 바뀐 상으로 맺히게 된다. 그러나 우리의 시신경은 뒤바뀐 상을 똑바르게 느끼도록 되어 있다. 실험에서 두 점을 그린 종이가 눈앞으로 약 30센티미터 쯤 떨어진 곳에 오면, 한 눈에 보이던 두 점 중 하나가 사라지게 된다.

오른쪽 눈을 감고 왼눈으로만 보아도 두 점을 볼 수 있다. 그러나 30센티미터 정도의 거리에 오면 왼쪽에 있는 점이 사라진다. 이것은 왼쪽 점의 상이 안구 뒤편에 있는 시신경 다발이 모여 뇌로 들어가는 입구에 온 때문이다. 이 자리에는 시신경이 없기 때문에 여기에 맺힌 상은 보이지 않는다. 이 자리를 **'맹점'**이라 한다.

우리는 어떤 이유로 무슨 일을 늘 지나쳐버리거나 잘못하거나 할 때, 그에 대해 '맹점'이라는 말을 쓴다. 일반 생활 언어 속의 맹점이란 말은 눈의 구조에서 나온 용어이다.

우리 가족의 지문을 만들어보자

- 지문은 사람마다 모양이 다르다 -

준비물
- 연필
- 흰 종이
- 투명 스카치테이프
- 볼록렌즈나 확대경

손가락의 지문은 열손가락이 다 다르고, 모든 사람이 각기 다른 모양의 지문을 가지고 있다고 한다. 나의 열 손가락 지문을 만들어보자. 그리고 가족들의 검지 지문을 채취하여 확대경으로 비교해보자.

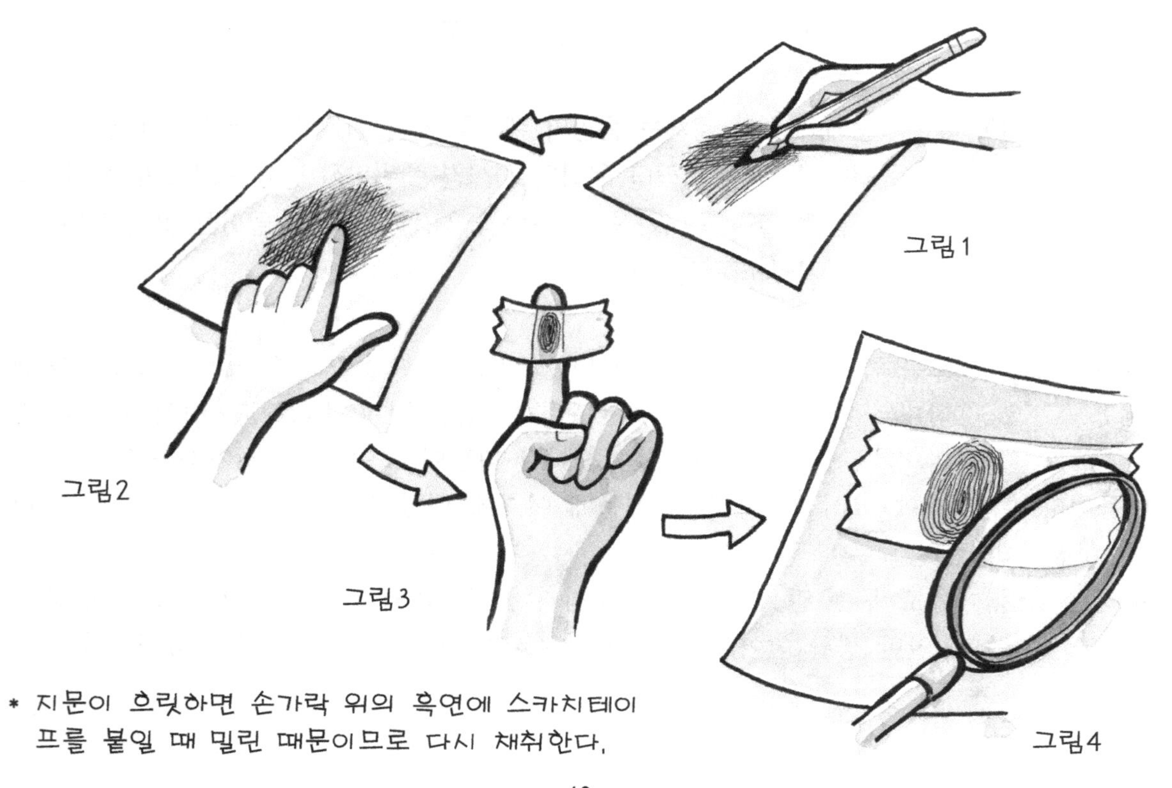

* 지문이 흐릿하면 손가락 위의 흑연에 스카치테이프를 붙일 때 밀린 때문이므로 다시 채취한다.

1. 흰 종이에 연필을 20여 차례 문질러 검은 흑연 무늬를 그림1처럼 만든다.
2. 흑연무늬 위에 검지를 살짝 눌러 흑연이 손가락 끝에 묻도록 한다 (그림2).
3. 길이 2.5센티미터 정도로 자른 스카치테이프를 흑연이 묻은 손가락 위에 덮었다가 떼어낸다 (그림3).
4. 흑연이 묻은 스카치테이프를 흰 종이에 붙이고 누구의, 어느 손가락의, 그리고 지문을 채취한 날짜를 기록한다 (그림4).
5. 확대경으로 지문의 모양이 어떻게 다른지 비교하여 관찰해보자.

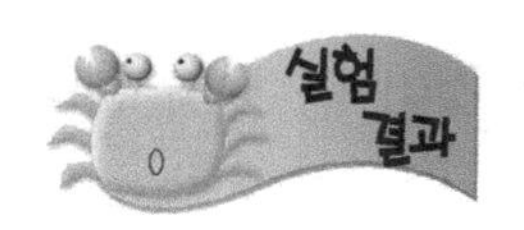

확대경으로 자세히 보기 전에는 모든 지문이 비슷한 검은 무늬이다. 그러나 유심히 보면 동심원도 있고, 열린 동심원이 있으며 각각의 선이 다른 모양을 만들고 있음을 알게 된다.

사람의 제일 바깥쪽 피부를 '상피'라 하고, 그 아래의 보이지 않는 내부 피부를 '내피'라고 부른다. 사람의 손가락 끝마디에서부터 손바닥 전체를 덮고 있는 상피의 주름은 물건을 집었을 때 잘 미끄러지지 않도록 하는 역할을 해준다.

손가락의 지문은 집게손가락 끝마디에 생긴 상피의 주름 형태를 주로 말한다. 우리의 지문은 출생 후 5개월 이내에 완성되며, 그 이후부터는 일생 모양이 변하지 않는다.

범죄수사에서는 지문이 중요한 단서가 되기 때문에 사건 현장에 온 수사관들은 반드시 지문을 조사한다. 발견된 지문은 컴퓨터에 기록된 지문과 하나하나 비교하여 범인을 찾아내기도 하고, 범인으로 의심되는 사람이 체포되었을 때 증거가 되기도 한다.

우유팩으로 만든 돛단배

- 더 빨리 가는 돛단배를 설계해보자 -

준비물
- 종이 우유팩 몇 개
- 나무젓가락
- 가위
- 연필과 자
- 접착테이프

우유팩을 이용하여 바람의 힘으로 가는 범선을 만들어보자. 돛을 다는 위치와 돛의 크기를 다르게 하여, 어떻게 디자인한 것이 더 빨리 달리는지 실험해보자.

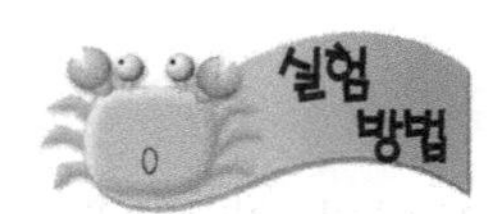

1. 종이 우유팩을 잘 씻어 말린다. 3~4개를 준비하면 더욱 좋다.
2. 우유팩을 그림처럼 길이로 중간을 가위로 자른다. 가위질하기 전에 자를 대고 연필 선을 그어 표시해두면 깔끔하게 자를 것이다.
3. 팩의 가장자리 양쪽에 깊이 2센티미터 정도 되게 수직으로 가위질을 하여 칼자국을 만든다.

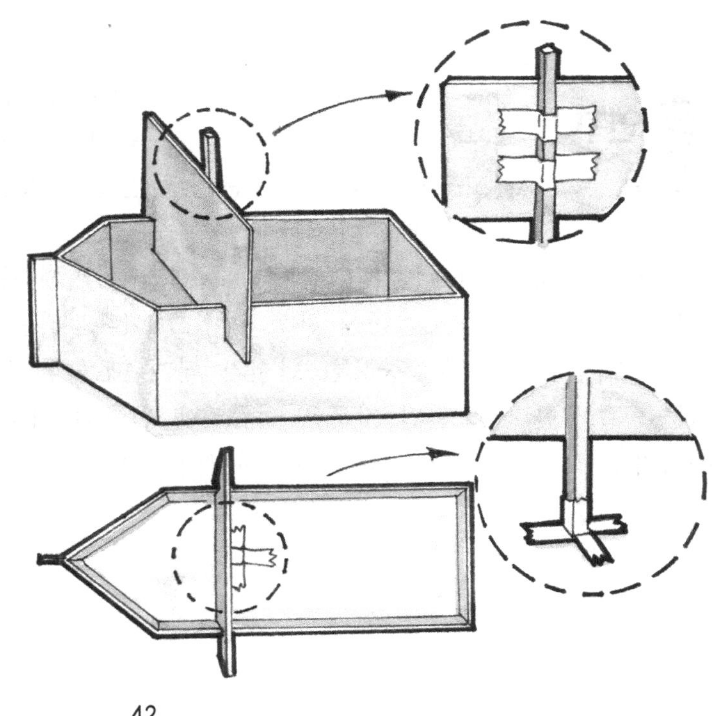

4. 이 칼자국에 적당한 크기로 자른 마분지를 끼워 돛으로 한다.
5. 돛이 빠져나가지 않도록 칼자국 주변을 접착테이프로 고정한다.
6. 돛의 중앙에 접착테이프로 나무젓가락 돛대(마스트)를 붙인다. 젓가락 돛대의 아래 끝이 배의 바닥에 잘 고정되도록 테이프를 붙인다.
7. 이 배를 작은 연못이나 호수에 띄워 바람에 밀려가는 것을 관찰해보자.

(범선이 완성되면 목욕통 안에서 시험운항을 해보자. 이때는 부채로 바람을 만든다.)

바람은 큰 에너지를 가지고 있어 바다나 호수에 크고 작은 파도를 일으킨다. 돛단배(범선과 요트 등)는 바람이 가진 에너지로 바다를 항해한다. 종이 우유팩은 물이 잘 스며들지 않아 돛단배의 공작 재료로 적당하다. 이 범선은 돛의 크기라든가 모양, 돛을 다는 위치, 배의 모양 등에 따라 달리는 속도가 달라진다.

증기선이 나오기 전에는 바람의 힘으로 달리는 범선을 만들어 고기를 잡으러 나가고, 짐을 나르며, 세계의 바다를 항해하며 해전을 벌이기도 했다.

1. 우유팩 범선은 어느 위치에 마스트를 세워야 더 잘 항해할 수 있을까? 돛은 어떤 모양으로 어떤 크기로 해야 좋을까? 몇 개의 범선을 만들어 실험해보자.
2. 마스트를 튼튼하게 세우는 방법을 고안해보자.
3. 크기가 다른 우유팩으로 범선을 만들어보아 어느 크기와 형태의 우유팩 범선이 잘 가는지 실험해보자.
4. 친한 친구들과 우유팩 돛단배를 만들어 달리기 경기를 해보자.

실험15 물 안에서도 젖지 않는 종이의 마술

- 공기는 보이지 않으나 자리를 차지한다 -

준비물
- 물통
- 키가 높은 유리컵
- 휴지

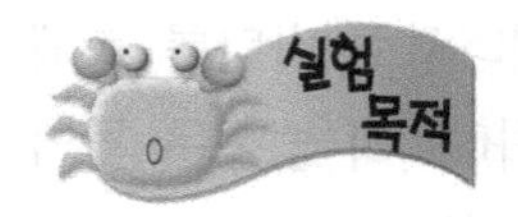

공기도 장소를 차지하며 무게가 있다. 유리컵에 마른 휴지를 집어넣고 물통 속에 넣었다 꺼내어도 휴지가 젖지 않게 하는 마술 실험을 해보자.

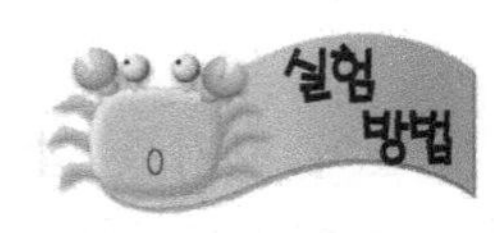

1. 물통에 물을 3분의 2 정도 담는다.
2. 유리컵 안에 휴지를 구겨서 바닥 쪽으로 밀어 넣는다. 컵을 뒤집었을 때 휴지가 빠져나오지 않고 그대로 있어야 한다.
3. 휴지가 든 컵을 뒤집어 컵 주둥이가 수면과 수평인 상태에서 똑바로 컵을 물속으로 밀어 넣는다.
4. 물속에서 컵을 기울이지 않는다.
5. 컵을 똑바로 위로 들어 꺼내보자. 컵 안의 휴지가 젖었는가?

컵 안의 공기가 물이 들어오지 못하도록 막아주기 때문에 휴지는 젖지 않고 마른 모습 그대로 나온다.

연구 빈 유리컵을 뒤집은 상태로 물통 속에 수평으로 밀어 넣으면, 공기의 압력 때문에 물은 조금밖에 밀고 올라가지 못한다. 그러므로 유리컵의 바닥 쪽에 있던 휴지는 마른 상태 그대로 있게 된다.

잘 나는 종이비행기 만들기

- 오래도록 공중에 떠 있는 종이비행기 -

준비물

- 16절지 일반 용지 1장 (가로 21, 세로 29.5 센티미터 정도)
- 유산지 16절지 크기 1매
- 알루미늄 포일(은박지) 16절지 크기 1매
- 접착테이프
- 종이클립

실험 목적

종이비행기는 대개 공중에 오래 머물 수 있도록 설계한다. 즉 '체공시간'이 긴 종이비행기를 만드는 것이다. 손을 떠난 종이비행기는 공중을 날다 결국 지구의 중력에 끌려 땅에 내린다. 날개 모양을 어떻게 하면, 또한 어떤 재료를 이

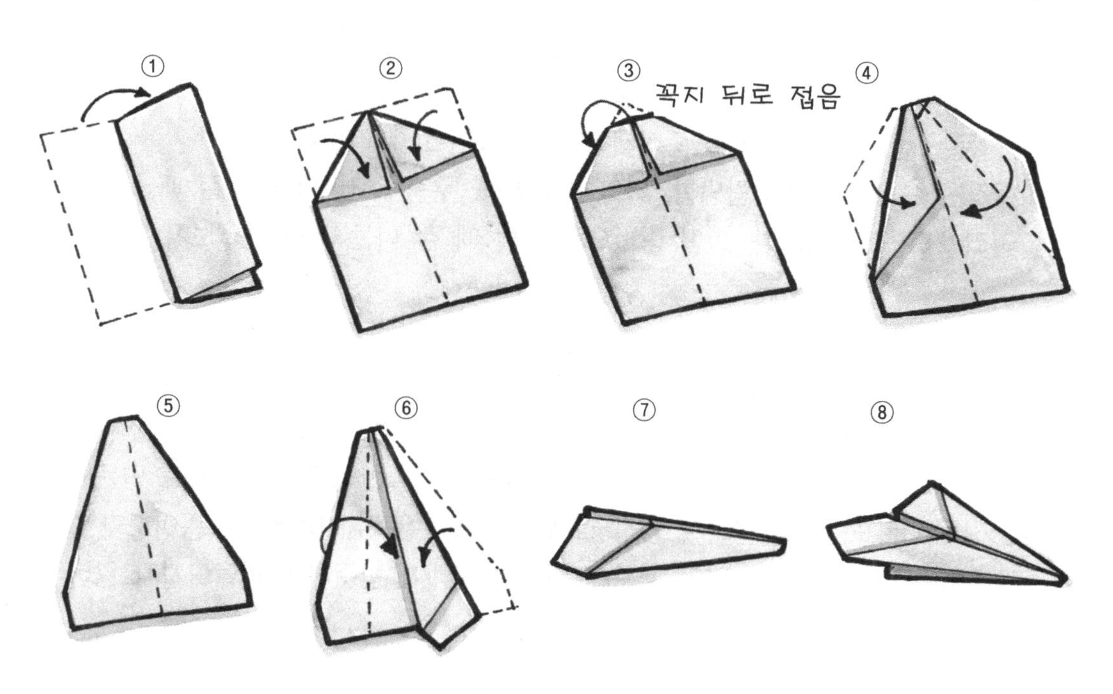

종이비행기 -1

용하면 잘 나는 종이비행기가 될까? 3가지 종류의 재료를 사용하여 같은 디자인의 비행기를 만들어 날렸을 때, 어느 비행기가 체공시간이 긴지 실험해보자.

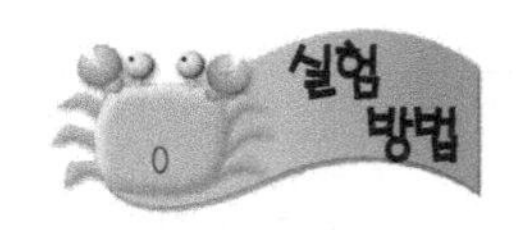

- 종이비행기 1 제작 -

※ 16절지 크기의 일반 종이, 유산지 그리고 은박지를 사용하여 그림의 순서에 따라 접어서 종이비행기를 만들자.

1) 종이의 중간을 세로로 접어 손톱으로 접은 선을 따라 잘 누른다.
2) 접은 것을 펼치고 윗부분 양쪽을 2번처럼 삼각모서리가 되게 접는다.
3) 삼각 모서리의 끝 2센티미터 정도를 뒤쪽으로 접는다.
4) 4번과 같이 꼭지가 접힌 반대쪽 윗부분을 다시 절반씩 접어 손톱으로 잘 누른다.
5) 5와 같이 접은 것을 뒤집는다.
6) 뒤집은 상태로 꼭지 부분이 잘 접히도록 하여 중앙선 쪽으로 양쪽을 접어 손톱으로 다림질하듯이 잘 누른다.
7) 그림8과 같은 모양이 되었는지 접힌 부분을 확인 한 뒤, 날개를 펴고 던져보자.

- 날리는 방법 -

1. 비행기 머리 쪽에 종이클립을 끼우고 날려보자.
2. 종이로 접은 곳이 펄럭이는 곳을 종이테이프로 붙여두고 날려보자.
3. 종이비행기는 수평, 공중, 바람방향, 바람 반대방향, 무풍 조건, 세게 던질 때, 가만히 던질 때 등 여러 가지로 날려보아, 어떤 방법으로 날릴 때 잘 나는지 결과를 보자.

종이비행기를 접는 방법이 여러 가지 알려져 있는데, 여기 소개한 디자인의 종이비행기도 체공시간이 매우 길다. 실험 결과는 여러분이 사용한 재료, 솜씨 등에 따라 달라진다. 일반적으로 유산지로 만든 것이 재질이 얇고 가벼우며 표면이 매끈하여 가장 잘 날 것이다. 은박지 비행기도 종이보다 잘 난다. 그러나 유산지나 은박지는 너무 얇기 때문에 비행기 형태가 반듯하게 만들어지지 않아 잘 날지 못한다.

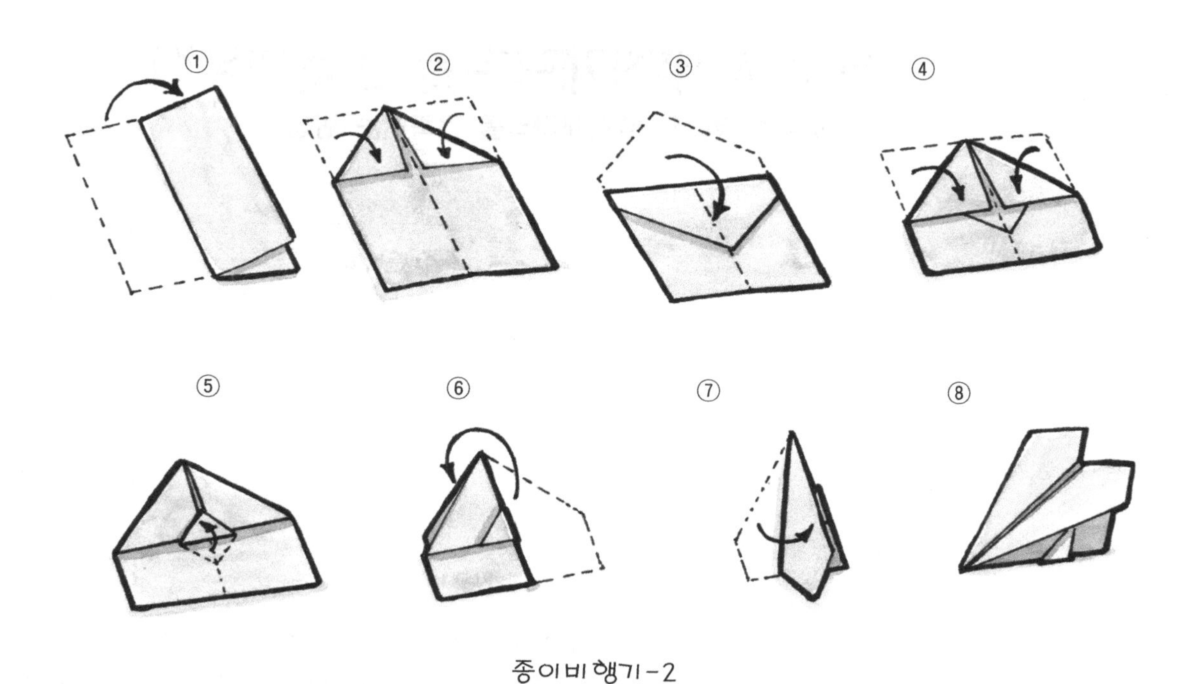

종이비행기-2

연구 바람이 없는 장소에서, 던지는 힘과 방향과 높이를 일정하게 하여 날렸을 때, 각각의 비행거리, 체공시간, 나는 모습 등의 비행결과를 조사한다. 친구들과 종이비행기를 만들어 비행거리나 체공시간 경기도 해보자. 종이클립을 달아 무게중심을 잘 잡으면 더 잘 날 것이다.

유산지나 은박지로 만든 비행기는 종이 재질이 너무 부드럽거나 하면 비행기 형태가 흐늘거리게 되어 잘 날지 않는다. 그럴 때는 절반 크기로 작은 비행기를 만들어보자.

'종이비행기-2'의 모양으로도 만들어 클립을 끼우며 비행실험을 해보자. 또 날개의 꼬리쪽을 아래로 또는 위로 약간 휘게 하여 날려보자.

이 비행실험은 그 방법과 결과를 모두 노트에 기록해두자. 기록은 다른 종이비행기를 설계할 때 도움이 되는 연구 자료이다. 만일 기록해두지 않으면 며칠 지나지 않아 모두 망각하고 만다.

1. 다른 디자인의 종이비행기도 만들어 같은 실험을 해보자.

책으로 무지개다리를 만들어보자

- 돌로 아름다운 무지개다리를 건축하는 방법 -

준비물
- 높이가 같은 의자 2개
- 같은 크기의 책 여러 권

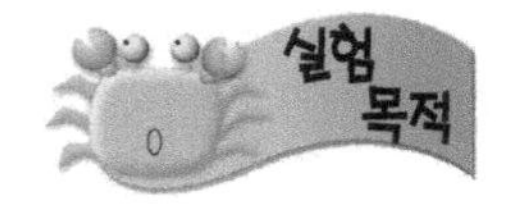

시골이나 명승지를 여행하면 계곡을 건너도록 돌을 쌓아 둥글게 건축한 아름다운 무지개다리를 만나게 된다. 무지개다리를 건축하는 여러 방법이 있지만, 돌 대신 책으로 직접 만들어보자.

1. 의자 2개를 약 30센티미터 거리에서 마주 보게 놓는다.
2. 그림과 같이 두 의자의 양쪽 끝에 한 권씩 책을 놓는다.

3. 책을 조금씩 밖으로 내면서 다음 차례의 책을 무너지기 직전까지 쌓는다.
4. 양쪽 의자에 같은 모양과 높이로 책을 쌓았으면 제일 위에 마지막 책을 가로질러 놓는다.
5. 무지개다리가 완성될까 아니면 무너져 내릴까?

각 의자에 더 이상 책을 올려놓을 수 없지만, 이렇게 양쪽에 가로질러 책을 놓으면 쏟아지지 않고 다리가 완성된다.

모든 물체는 무게 중심(중력 중심)이 있다. 양쪽 의자에 올려놓은 책의 무게 중심 위치는 의자 위에 있다. 만일 그 중심이 의자 끝 바깥으로 나오면 쌓아둔 책은 무너지고 만다.
자연계에서는 바람이나 물의 침식으로 만들어진 무지개다리들을 가끔 볼 수 있다. 이런 다리의 무게 중심은 양쪽에 나뉘어 있다. 그와 마찬가지로 이 실험에서 책으로 만든 구름다리의 무게 중심은 이제 양쪽 의자 끝 안쪽으로 나뉘어 있게 되었다. 무지개다리가 무너지지 않는 이유는 여기에 있다.

1. 여행 중에 돌로 쌓은 둥그런 무지개다리를 만나게 되면, 어떤 방법으로 건축했는지 살펴보자.

우리 집 앞의 교통량 측정

- 요일별, 시간별로 자동차 대수를 조사해보자 -

준비물
- 연필과 종이
- 차가 많이 다니는 집에서 가까운 도로변
- 아침과 저녁 각 15분의 시간과 1주일 정도의 기간

우리가 사는 집 근처의 도로를 지나다니는 자동차의 수를 조사한다면 그것은 '교통량 측정'이 된다. 이것은 도로계획이나 도시개발계획의 중요한 기초 자료가 된다. 학교 가기 직전 일정한 시간에 15분 동안, 그리고 학교에서 돌아와 15분간씩 1주일 동안 매일 교통량을 측정해보자. 교통량에 변화가 있다면 그 원인이 무엇인지 생각해보자.

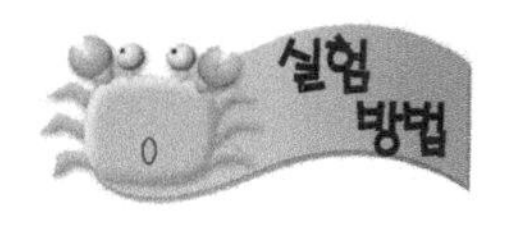

1. 이 실험은 친구와 둘이서 하는 것이 편리하다. 매일 아침 또는 오후 같은 시간에 나와 15분 동안 자신은 왼쪽 방향, 친구는 오른쪽 방향으로 가는 교통량을 헤아린다.
2. 그림과 같은 방법으로 지나가는 자동차의 수를 5대 단위로 기록한다. 우리나라에서는 한자의 正자를 써서 헤아리지만, 국제적으로는 //// 다음에 중간을 가로지르는 — 를 표시하는 방법으로 다섯을 기록한다.
3. 일주일 동안 교통량을 조사한 뒤, 교통량에 큰 변화가 있다면 그 원인을 생각해보자.
4. 평일 아침 시간과 저녁 시간의 평균 교통량을 계산하고, 그 차이를 비교해보자.
5. 토요일, 일요일의 교통량과 평일의 교통량을 비교해보자.

교통량은 도로에 따라 매우 다른 결과가 나온다. 어쩌면 평일 중에서도 월요일 아침 시간의 교통량이 좀더 많을지도 모른다. 같은 시간이라도 아침과 저녁, 평일과 주말의 교통량에는 많은 차이가 있다.

도시계획을 수립하고 있는 사람들은 해당 도로의 교통량을 온종일 시간대별로, 요일별로, 월별로 조사하여 그 결과를 기초 자료로 삼는다. 좀더 전문적으로 교통량을 조사할 때는 승용차, 화물차, 버스 등을 구분하여 교통량을 파악해야 할 것이다.

우리가 조사한 교통량에 큰 차이가 있는 날이 발견된다면, 그날은 스포츠경기가 있었는지, 백화점 세일이 있었는지, 개학날이었는지 등의 이유를 찾을 수 있을 것이다.

계절이 바뀌면 많은 종류의 철새들이 이동을 한다. 우리 집 옆에 큰 호수가 있다면, 겨울 또는 여름에 찾아오는 여러 종류의 새들이 있다. 새를 전문으로 연구하는 과학자(조류학자)는 온갖 종류의 새가 해마다 얼마나 많이 와서 호수에서 살고 있는지 조사하고, 그 수에 변화가 있으면 원인을 밝히려 할 것이다.

1. 같은 방법으로 먹이를 물고 줄을 지어 마당을 가로질러 가는 개미의 수 (15분 동안)를 조사해보자. 개미의 종류에 따라서도 조사해보자.
2. 꿀벌 집 입구에서, 꿀을 채집하여 돌아오는 벌의 수를 시간대에 따라 조사하여, 어느 시간대에 벌들의 활동이 왕성한지 알아보자.

혼돈 속에서 질서 찾기

- 사물을 분류하는 방법을 연구해보자 -

준비물
- 접시 3개
- 개울가에서 채집한 작은 돌멩이 20여개
- 연필과 종이

지구상에는 피부색, 모습, 체격이 다양한 온갖 인종이 살고 있다. 산야에는 헤아리기 어렵도록 많은 종류의 식물이 자라고 있다. 강가나 해변에는 수많은 돌멩이들이 다른 크기와 모양과 색을 가지고 흩어져 있다. 과학자는 이렇게 복잡해 보이는 사물이나 현상을 적당한 기준을 정하여 편리하게 분류하고 있다. 강변에서 채집한 크고 작은 예쁜 돌멩이를 여러 가지 기준을 정하여 분류해보자.

1. 개울가, 강가, 해변 등에 가면 모양이 다양한 색색의 조약돌을 채집할 수 있다. 20여개를 가져와 깨끗이 씻어 말린다.
2. 돌멩이의 크기에 따라 큰 것, 중형, 작은 것으로 나누어 3개의 접시에 담는다. 종이에 '크기에 따른 분류' 라고 쓰고, 각 크기에 따른 돌멩이 숫자를 적는다.
3. 색깔에 따라 '검은 돌', '흰 돌', '혼색의 돌' 3가지로 분류하여 각 접시에 담고, 각 접시에 담긴 돌의 수를 기록한다.
4. 표면이 '거친 돌', '매끄러운 돌', '중간인 것' 이렇게 3가지로 구분하여 각 접시에 담고 그 수를 표시한다.

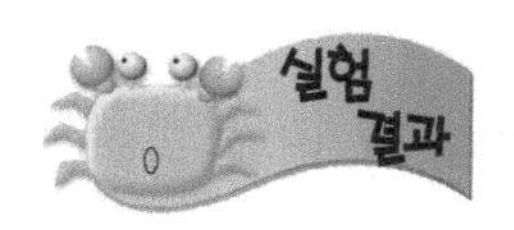

과학자들은 세상의 식물, 동물, 암석 등을 어떤 기준을 정하여 그에 따라 분류하고 고유한 이름을 붙여 서로를 구분하고 있다. 또한 같은 나비나 개미라 하더라도 수천 가지 종류로 분류하고 있다. 냇가의 잔돌이 20개 있으면 우리는 그것도 이 실험처럼 어떤 기준을 찾아내어 분류할 수 있다.

온갖 사물과 현상들은 얼핏 보기에는 매우 혼돈스럽다. 그러나 그 속에서 어떤 기준을 찾아내어 그에 따라 분류를 하고 나면, 복잡하던 것이 단순해지고 그 속에서 독특한 질서나 원칙 또는 원리 등을 발견해낼 수 있다. 과학자는 복잡한 것을 단순하게 나누어 보는 남다른 안목을 가지고 있어야 한다.

1. 낙엽을 모아 여러 방법으로 분류해보자.
2. 거리의 승용차는 어떤 기준으로 분류할 수 있을까? 적어도 5가지 이상의 기준을 생각해보자. 도로의 교통표시판은 어떤 기준으로 어떻게 분류되어 있나?

뚜껑을 열 때 안전포장을 확인하자

- 식품을 안전하게 포장하는 여러 가지 방법 -

준비물
- 슈퍼마켓에서 사온 각종 식품 (버터, 잼, 햄, 각종 캔, 코피, 우유팩 등)의 포장 용기
- 연필과 기록장

상하지 않은 음식을 구별하여 먹는 것은 식품 위생의 첫 번째 일이다. 식품점에서 판매하는 여러 가지 음식물과 약국의 약품 등은 내용물이 변질되거나 이물질이 들어가지 않도록 여러 가지 방법으로 보호 포장을 하고 있다. 부패할 수 있는 식품은 살균한 뒤에 캔이나 특수한 종이팩, 알루미늄이나 비닐 등으로 포장하고 있다.

어머니가 시장에서 사온 식품들이 어떤 방법으로 안전하게 포장되어 있는지 그 방법들을 조사하면서, 그것이 안전하게 포장된 상태인지 아닌지 판별하는 방법을 생각해보자.

1. 유리병에 포장된 잼, 커피 등은 뚜껑을 열었을 때, 그 내부를 어떻게 이중으로 안전하게 밀폐하고 있는지 관찰한다.
2. 알루미늄 캔에 담긴 음료수나 식품의 따개를 처음 당겼을 때 어떤 소리가 나는가?
3. 버터나 햄 따위를 싼 비닐이나 알루미늄 포장지는 그 내용물에 빈틈없이 짝 달라붙어 있는가?
4. 종이 우유팩을 열기 전에 팩의 측면을 손가락으로 눌러보아 새는 곳이 없는지 확인해보자.
5. 라면이나 과자를 포장한 비빌 봉지를 손가락으로 눌러보았을 때 내부의 공기가 새지 않고 풍선처럼 팽팽하게 느껴지는가?

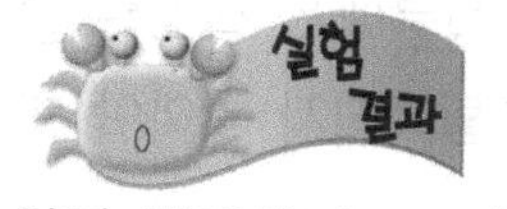

약병이나 식품을 유리병에 포장할 때는 뚜껑 내부의 입구를 알루미늄 포일 등으로 이중포장하고 있다. 입구를 덮은 포일의 접착 상태가 확실한지 점검하면 그 내부의 음식이 잘 보존되었는지 확인할 수 있다. 만일 입구의 포일 가장자리가 열려 있거나 뚫어져 있다면 보존 상태가 의심되므로, 다른 것으로 바꾸거나 냄새를 맡아 부패 여부를 확인해야 한다.

음료수나 음식이 담긴 캔을 처음 열었을 때 펑! 소리가 난다면, 일단 안전하게 포장된 것으로 볼 수 있다. 펑 소리는 내부의 공기를 뽑아내고 포장했기(진공포장) 때문에, 처음 외부 공기가 안으로 들어가면서, 또는 맥주나 탄산음료 캔이라면 내부에 압축되어 있던 공기가 밖으로 터져 나오면서 나는 것이다.

연구 캔이나 다른 용기를 사용하여 음식이 상하거나 이물질이 들어가지 않도록 밀폐하는 것을 **'충전'**이라고도 말한다. 식품회사에서는 간단한 방법으로 상품을 안전하게 밀폐 포장하는 것이 매우 중요한 기술이다. 과자나 음식의 포장 상태가 나쁘면 그 틈새로 세균이 들어가 부패하거나 심지어 벌레가 들어가게 된다.

천연염료로 물들이기 실험

– 자연의 색소로 고운 색의 물감 만들기 –

준비물
- 흰색의 천 조각 (흰 러닝이나 셔츠 못쓰는 것)
- 봉지에 든 엽차, 커피
- 포도(또는 포도주스), 빨간 무, 오디, 버찌, 치자, 쑥, 붉은 양배추
- 뜨거운 물을 담은 주전자
- 같은 모양의 유리나 플라스틱 컵 4~6개
- 빨래줄

실험 목적

오늘날 옷에 물을 들이는 색소는 거의가 화학적으로 합성한 염료이다. 이런 화학염료가 없던 옛날의 우리 선조들은 주로 식물에서 색소를 뽑아내어 무명옷에 물감을 들이며 살아왔다. 염료는 색이 고와야 하고 쉽게 탈색되지 않아야 한

다. 우리 주변에서 구할 수 있는 천연염료로 흰 천 조각에 물을 들여 보자.

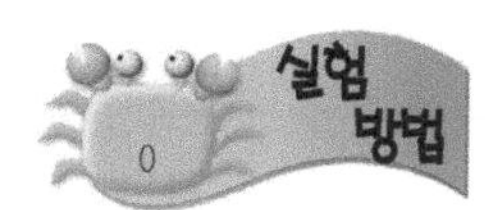

1. 준비물에 나오는 색소 재료 중에서 구할 수 있는 것 4가지 정도로 실험을 해보자.
2. 포도주스, 빨간 무를 잘게 쓴 것, 오디(뽕나무의 열매)나 버찌(벚나무 열매)를 짓이긴 것, 커피 가루, 엽차 봉지, 신선한 쑥 찧은 것, 붉은색 양배추 잘게 쓴 것, 치자를 잘게 자른 것 중에서 구할 수 있는 것을 종류별로 컵에 담는다.
3. 각각의 컵에 뜨거운 물을 부어놓고 15분 정도 기다리면 색소가 울어 나온다.
4. 여기에 희색 천 조각을 각각 적셨다가 건져 핀이나 빨래집게로 집어 빨래 줄에 건다.
5. 천이 말랐을 때 각각 어떤 색으로 물들었는지 관찰해보자.

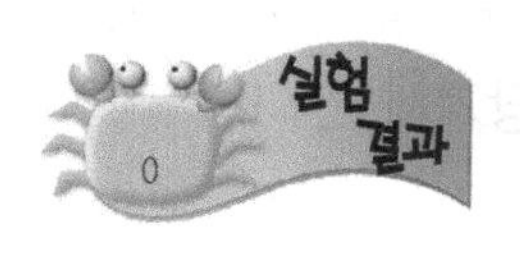

실험에 사용한 식물 중에서 포도, 오디, 버찌는 보랏빛, 빨간 무는 분홍빛, 커피는 갈색, 엽차는 연한 갈색, 붉은색 양배추는 붉은 보라, 치자는 노랑, 쑥은 연초록 등의 빛깔로 물들인다.

연구

천연염료에는 광물성 염료, 식물성 염료, 동물성 염료가 있다. 이들 중에서 천연염료는 식물성이 대부분이다. 대표적인 동물성 염료에는 오징어의 검은색 먹물이 있다. 쪽이라고 부르는 식물은 남색을 내는 유명한 천연염료 재료이다. 떫은 감의 즙액으로 물들이면 검은 갈색으로 된다. 식물에서 추출한 천연염료는 지금도 떡이나 한과를 곱게 물들일 때 사용하고 있다.

과자나 기타 식품의 색을 내기 위해 쓰는 식품염료는 인체에 해가 없는지 조사하여 사용을 허가하고 있다.

1. 각종 꽃잎을 찧은 것에 뜨거운 물을 부어 색소를 울려낸 뒤, 흰 천에 염색을 해보자. 어떤 꽃의 어떤 색이 아름답게 물드는가? 햇빛에 널어두어도 잘 탈색하지 않는 색은 어떤 것인가?

우주왕복선을 운반하는 풍선 로켓 만들기

- 로켓은 작용과 반작용의 원리로 난다 -

준비물
- 질긴 실 5미터 정도
- 고무 밴드
- 방망이형 풍선
- 종이클립, 종이컵 1개
- 스트로(빨대), 접착테이프

보트는 스크루를 돌려 물을 뒤로 미는 힘에 의해 앞으로 간다. 이때 물을 미는 힘과 선체가 앞으로 가는 힘은 서로 같고 운동방향은 반대이다. 이것을 작용과 반작용이라 하며, 뉴턴의 제2운동법칙이라 부른다. 로켓은 기체를 강력하게 뒤로 밀어내는 대신 그 반작용으로 앞으로 나간다. 방망이형 고무풍선 로켓으로 작용과 반작용 실험을 해보자.

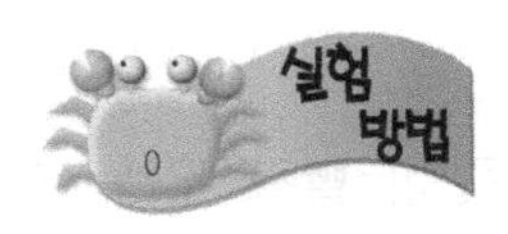

1. 길이 10센티미터 정도의 스트로를 실에 꿰고, 이 실의 양쪽 끝을 가슴 높이에서 양쪽 벽에 그림처럼 맨다. 실이 팽팽하도록 하기 위해 실의 한쪽 끝에는 탄성이 강한 고무 밴드를 매달아 당겨서 건다.
2. 고무풍선에 바람을 가득 불어넣고 입구를 종이클립으로 찝어 막는다.
3. 고무풍선을 접착테이프를 사용하여 스트로에 단단히 접착한다.
4. 풍선 머리에 우주비행사가 타는 우주선 모양의 종이컵을 씌운다.
5. 실의 한쪽 끝으로 풍선을 끌고 간 후, 종이클립을 풀고 손가락으로 입구를 잡는다.
6. 출발지점을 실에 표시한 후, 입구를 잡고 있던 손을 놓는다. 고무풍선 로켓은 얼마나 멀리 달려갔는가?

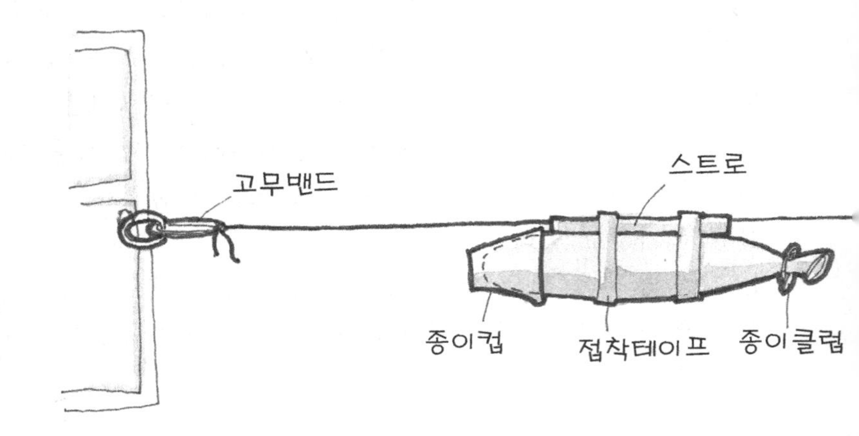

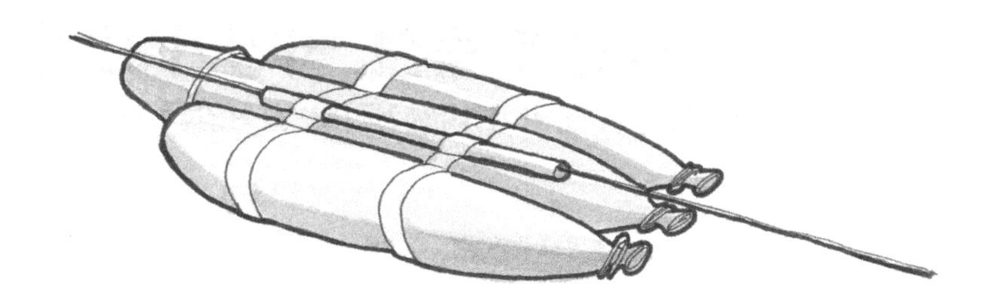

고무풍선 로켓은 쉿 소리를 내며 힘차게 앞으로 나가다가 멈춘다. 이때 종이컵은 마치 우주선이 로켓에서 분리되듯이 떨어져 나간다. 풍선은 내부의 공기를 뒤쪽으로 미는 반작용에 의해 앞으로 나간 것이다.

우주선을 추진하는 오늘날의 대형 로켓은 액체 연료를 사용한다. 연소실(엔진)에서 연료를 점화하면 폭발하듯이 불타면서 뜨거운 기체를 꽁무니(노즐)로 뿜어낸다. 우주선은 이러한 로켓에 실려 우주공간을 여행한다. 우주왕복선을 밀고 올라가는 거대한 로켓의 긴 원통형 몸체는 연료통이다. 우주선을 발사하는 장면을 보면 노즐에서 불꽃과 함께 흰 연기가 쏟아져 나온다. 이때의 흰 연기는 공장의 검은 연기와는 달리, 연료가 탈 때 생긴 뜨거운 수증기가 뿜어 나와 식은 것이다. 로켓의 연료 중에는 수소(H)와 산소(O)가 다량 포함되어 있어, 두 물질이 결합하여 불타면 물(H_2O)이 생긴다.

1. 위의 그림처럼 방망이형 풍선을 2개 또는 3개를 붙여 날려보기도 하자. 친구들과 풍선 로켓을 멀리 날리는 경주도 할 수 있을 것이다.

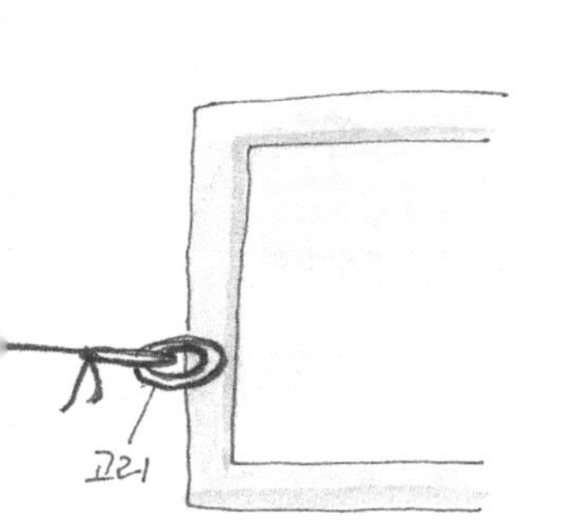

우주왕복선의 발사. 흰 연기처럼 보이는 것은 산소와 수소 연료가 타서 생겨난 물이 수증기로 된 것이다.

풍선 로켓과 풍선 비행기 만들기

- 풍선의 입구 크기가 비행거리를 결정한다 -

준비물

- 크기가 같은 고무풍선 10여개
- 길이 6미터 정도의 질긴 실 (또는 가는 철사나 낚싯줄)
- 마분지
- 음료수 스트로
- 보안경
- 접착테이프
- 가위
- 줄자

실험 목적

물리학자 아이작 뉴튼의 3번째 운동법칙은 '작용과 반작용'에 대한 것이다. 이 운동법칙은 '작용과 반작용의 힘은 서로 같고, 두 힘의 방향은 반대'인 것을 설명하는 것이다. 로켓에서는 액체나 고체연료가 타서 엄청난 양의 기체가 되어 분사구(노즐)를 통해 쏟아져 나오고 (이것은 작용), 그 힘에 밀려 로켓은 반대방향으로 나간다(이것은 반작용). 고무풍선 로켓과 풍선 비행기를 만들어 작용과 반작용을 실험해보자.

실험 방법

1. 마루 이쪽저쪽 못에 철사나 낚싯줄을 팽팽하게 매어 고무풍선 로켓이 날아갈 트랙을 만든다. 이때 그림1과 같이 줄에 미리 스트로를 끼운 다음에 줄을 양쪽에 매야 한다. 낚싯줄을 맨다면 잘 풀어지기 때문에 어른에게 부탁하거

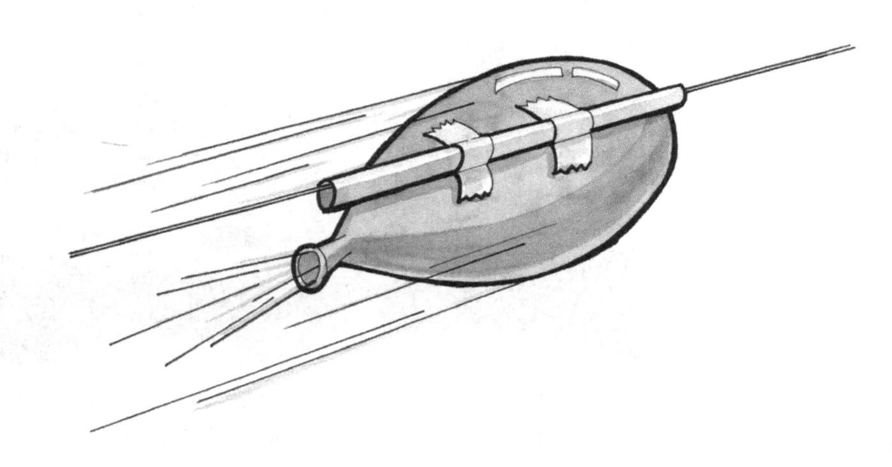

그림 1

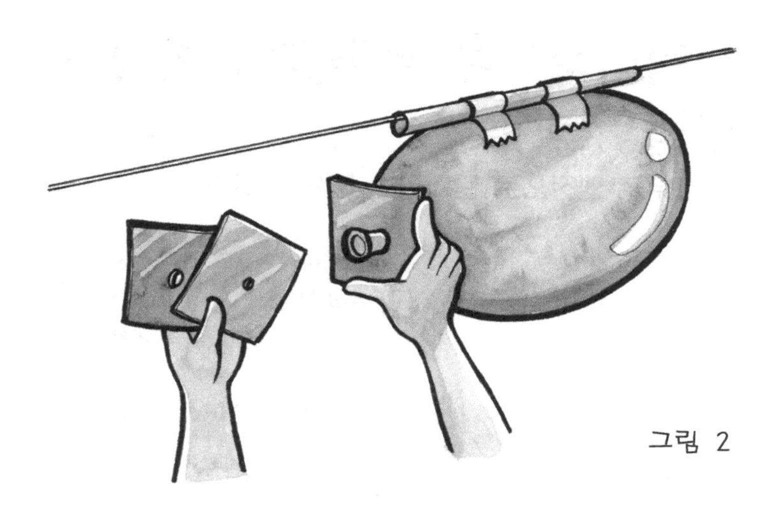

그림 2

나, 한쪽 실 끝에 무거운 추를 매달아 줄이 팽팽하도록 한다.

2. 보안경을 쓴 다음, 풍선을 크게 분다. 스트로에 미리 붙여둔 접착테이프에 풍선을 붙인 다음, 잡고 있던 풍선의 입구를 놓는다 (그림1). 풍선 로켓은 바람이 빠져나가는 입구(분사구) 방향과 반대 방향으로 쉭! 하고 달려간다. 풍선 내부의 바람이 추진력이 된 것이다.
3. 고무풍선의 분사구(노즐) 크기를 다르게 하기 위해, 마분지(종이 카드)에 그림2와 같이 3가지 크기 (각 5, 10, 15밀리미터)의 구멍을 뚫은 종이카드를 끼우고 날려보자. 풍선이 가장 멀리 날아가려면 어떤 크기의 노즐이 적당한가? 정확한 실험을 위해서는 풍선에 같은 양의 바람이 들어있어야 하므로, 매번 새 풍선을 사용해야 하고, 풍선을 불었을 때 그 직경이 같도록 하여 실험하자.

고무풍선 로켓은 분사구의 크기에 따라 비행거리가 좌우된다. 가장 효과적인 노즐의 직경은 실험을 해보아야 알 수 있다. 분사구의 직경이 너무 작으면 풍선이 앞으로 나갈 때 받는 공기의 저항을 이기지 못해 비행거리가 짧고, 직경이 지나치게 크면 출발 순간의 속도는 빠르더라도 멀리 가지 못한다.

연구 이 실험에는 운동법칙, 작용과 반작용, 마찰, 저항, 분사구(노즐), 추진력 등의 과학용어가 나왔다. 공을 던지면 그 공은 얼마 후 땅에 떨어진다. 만일 공 앞에 공기의 저항(마찰력)이 없다면 공은 더 멀리 날아갈 것이며, 지구의 인력(중력)조차 미치지 않는다면 끝없이 운동을 계속할 것이다.

스티로폼으로 프로펠러 비행기를 만들어보자

- 고무줄 엔진으로 날아가는 탄성 비행기 -

준비물

- 모형비행기(글라이더)용 소형 플라스틱 프로펠러
- 고무 밴드
- 철사 또는 낚싯줄 5미터 정도
- 철사 조각
- 단단한 스티로폼 조각 (두께 2.5센티미터 정도)
- 보안경

프로펠러 비행기는 프로펠러가 빠르게 돌아갈 때 생긴 공기를 뒤로 힘차게 보내는 힘의 반작용으로 날아간다. 비행기 프로펠러는 '공기 스크루'라 부르기도 한다. 일반적으로 비행기의 프로펠러는 앞쪽에 있지만,

그림 1

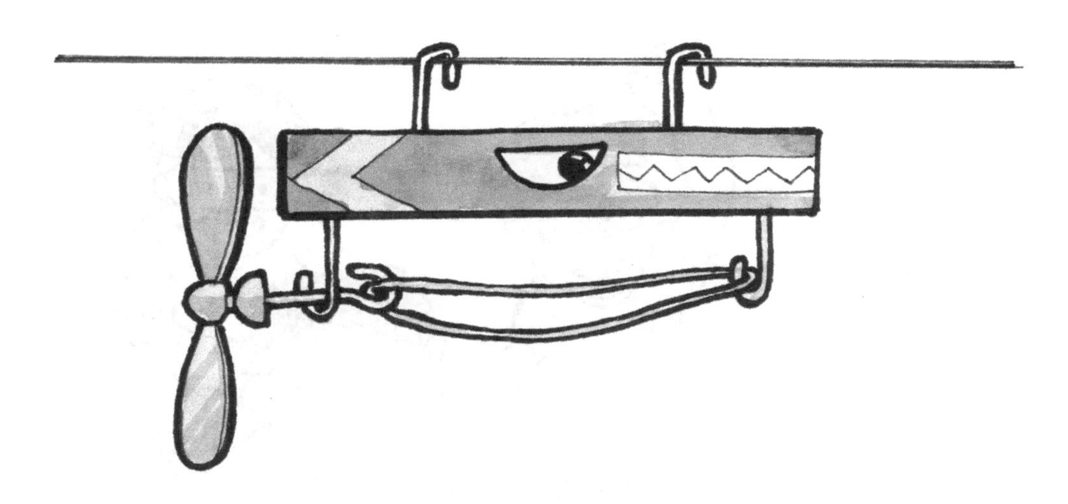

뒤에 프로펠러를 단 모델도 있다. 이 실험에서는 가벼운 스티로폼을 이용하여 뒤에 프로펠러가 달린 비행기를 만들어보자.

● **주의** - 스티로폼을 재단할 때와 비행기 트랙을 설치할 때는 어른의 도움을 받아야 한다.

1. 실험24의 풍선 로켓을 만들 때처럼 철사줄 트랙을 수평으로 설치한다.
2. 단단한 스티로폼을 도끼날 모양으로 긴 삼각형이 되게 칼로 자른다.
3. 그림1과 같이 철사 조각을 이용하여 스티로폼 아래와 위에 걸고리(행거)를 만든다. 행거가 빠져나오지 않도록 접착테이프를 붙인 위에 행거를 끼운다.
4. 보안경을 쓴다. 돌아가는 프로펠러가 눈을 다치게 할 염려가 있다.
5. 프로펠러에 고무 밴드를 걸고 10회를 감은 뒤, 프로펠러가 비행기 뒤쪽으로 가도록 아래쪽 행거에 건다.
6. 손으로 잡고 있던 프로펠러를 놓으면 이 비행기는 뾰족한 쪽을 기수로 하여 앞으로 전진한다. 트랙을 따라 얼마나 멀리 날아갔는지 거리를 재보자.
7. 고무 밴드를 15회, 20회, 25회 감아 같은 실험을 하여 얼마나 날아갔는지 재어보자.

꼬여 있던 고무 밴드가 풀어지는 힘으로 프로펠러가 도는 이 비행기의 힘은 고무 밴드의 탄성에서 나온다. 고무 밴드를 감은 횟수를 늘이면 엔진의 힘은 강해진다. 그러나 너무 많이 감으면 고무가 탄성을 잃어버려 제 기능을 못하게 된다.

비행기의 공기저항을 줄이기 위해 프로펠러를 기체 뒤에 달도록 했다. 고무 밴드가 굵고 탄성이 좋으면 더 큰 추진력을 낼 수 있을 것이다. 탄성이 좋은 고무 밴드를 구해보자.

1. 스티로폼 비행기의 크기는 프로펠러의 크기와 관계가 있으므로, 자기가 구한 프로펠러에 적합한 크기의 비행기를 설계해보자.
2. 같은 실험을 몇 차례 반복하고, 고무 밴드를 감은 횟수에 따라 달라진 비행거리를 평균값으로 구하여 비교해보자.

2 공기와 물의 성질

유리컵 주변에 서리를 만들어보자

- 서리는 수증기가 직접 얼음이 된 것이다 -

준비물
- 유리컵
- 냉장고

우리는 "서리가 내린다."고 말하지만, 실제로 그것은 비나 눈처럼 하늘에서 내린 것이 아니다. 서리는 기온이 영하로 내려가면서 공기 중에 있던 수증기가 지상에 있는 물체의 표면에 얼어붙은 것이다. 냉장고를 이용하여 유리컵 표면에 서리를 만들어보자.

서리가 내리기 시작하면 겨울이 가까운 것을 알게 된다. 가을에 접어들어 처음 내리는 서리를

'무서리'라고 하는데, 서리가 내리면 농작물들이 냉해를 입기 때문에 무서리를 본 농부들은 조심하기 시작한다. 만일 서리가 눈이 내린 듯 많이 생겼으면 '된서리'가 내렸다고 말한다.

1. 빈 유리컵을 냉장고의 냉동칸에 넣고 30분 동안 둔다.
2. 냉동칸 속의 유리컵을 꺼내어 식탁 위에 30초 동안 가만히 놓아둔다.
3. 유리컵의 표면을 살펴보자. 서리가 생겨나지 않았는가?
4. 맑은 날, 흐린 날, 비 오는 날에 같은 실험을 해보자. 어떤 차이가 나는가?

영하의 온도로 식은 유리컵 주변에 얇게 서리가 생겨난 것을 볼 수 있다. 서리는 공기 중에 습기가 많을수록 더 잘 형성된다. 그러므로 비가 내리는 날이라든가 흐린 날에는 맑은 날보다 서리가 더 잘 생긴다.

냉동칸에서 금방 꺼낸 유리컵은 온도가 0도보다 훨씬 낮다. 그러므로 공기 중에 있던 수증기가 컵의 표면에 붙어 그대로 하얗게 서리가 된다. 만일 유리컵이 덜 냉각되어 온도가 영상이었다면 물방울이 맺혀 이슬이 되었을 것이다.

서리가 생겨나듯이 수증기가 물이 되지 않고 바로 고체인 얼음으로 되는 것을 **승화**라고 말한다. 서리와 서릿발은 다르다. 서릿발은 땅의 표면 아래에 바늘기둥처럼 삐죽삐죽 하얀 얼음이 생겨 있는 것이다. 이 서릿발은 지하의 수분이 지면 위의 찬 기온 때문에 얼어버린 것이다.

이른 아침에 서리를 살펴보면, 마른 풀이나 지푸라기 등에 더 많이 생겨 있다. 그 이유가 무엇인지 생각해보자.

유리병 안에 비가 내리게 해보자

- 빗방울이 생겨나는 과정을 실험한다 -

준비물
- 물
- 큰 커피 병
- 냉장고에서 얼린 사각 얼음

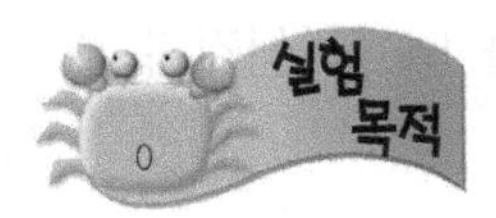

비는 구름 속에서 만들어진다. 빗방울은 어떤 이유로, 어떤 과정을 거쳐 빗방울이 될까? 간단한 실험으로 알아보자.

1. 커피 병에 높이 4~5센티미터 정도로 물을 붓는다.
2. 커피 병의 뚜껑을 뒤집어서 커피 병의 입 위에 얹는다.

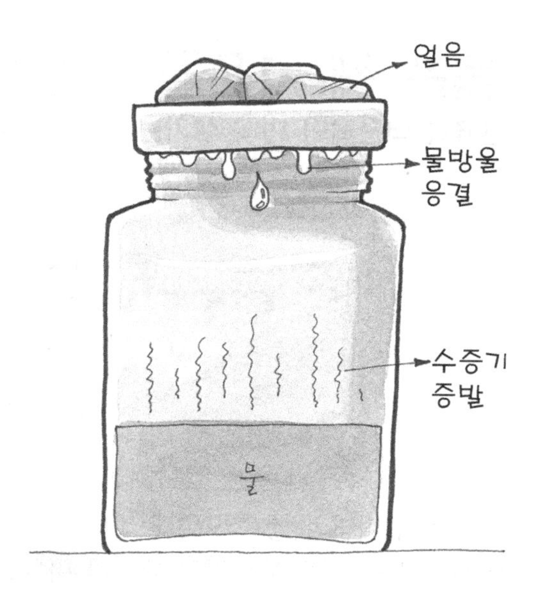

3. 뒤집어 엎어 놓은 뚜껑 안에 사각 얼음 4,5개를 놓는다.
5. 얼음이 얹힌 병뚜껑 아랫면에 물방울이 생겨나는 모양을 관찰한다. 물방울이 굵게 형성되어 떨어지기까지에는 얼마나 시간이 걸리나?

2,3분 후부터 병뚜껑 아랫면에 물방울이 생겨나기 시작하여, 10분 정도 지나면 굵은 물방울이 맺혀 빗방울처럼 떨어지게 된다.

바다나 호수 또는 지상으로부터 증발한 수증기는 공중으로 올라가 높은 하늘의 찬 공기를 만나 물방울이 된다. 구름이란 수없이 많은 작은 물방울이 공중에 떠 있는 것이다. 이 구름의 물방울이 커지고 서로 응축하면 큰 물방울이 되어 땅으로 떨어지게 된다.

이와 마찬가지로, 커피 병 안의 물이 증발하면 그 수증기는 차가운 병뚜껑 아래에서 응결하여 물방울로 된다. 수증기의 양이 증가하여 물방울이 점점 커지거나, 이웃 물방울끼리 붙으면 무거워져 빗방울처럼 떨어진다.

찬물은 왜 더운물 아래로 내려가나?

- 찬물과 더운물이 만나 생기는 대류의 관찰 -

준비물

- 작은 종이 컵
- 투명하고 큰 유리잔
- 따뜻한 물
- 얼음을 넣은 찬물
- 청색 잉크 2,3방울 (또는 수채화 물감)
- 연필이나 송곳

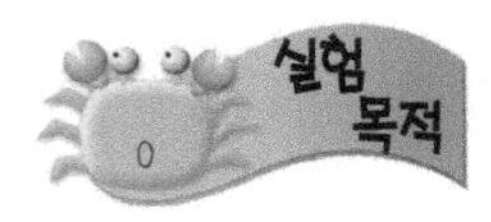

남극이나 북극 바다의 냉수와 열대 바다의 온수 사이에는 대류가 일어난다. 밤 동안에 식은 호수의 표면수는 그 아래의 따뜻한 심층수와 대류가 일어난다. 간단한 실험으로 냉수와 온수가 섞이는 대류현상을 관찰해보자.

1. 종이컵에 물을 담고 푸른 잉크 2,3방울을 떨어뜨린 뒤 휘저어 파랑색 물을 만든다.

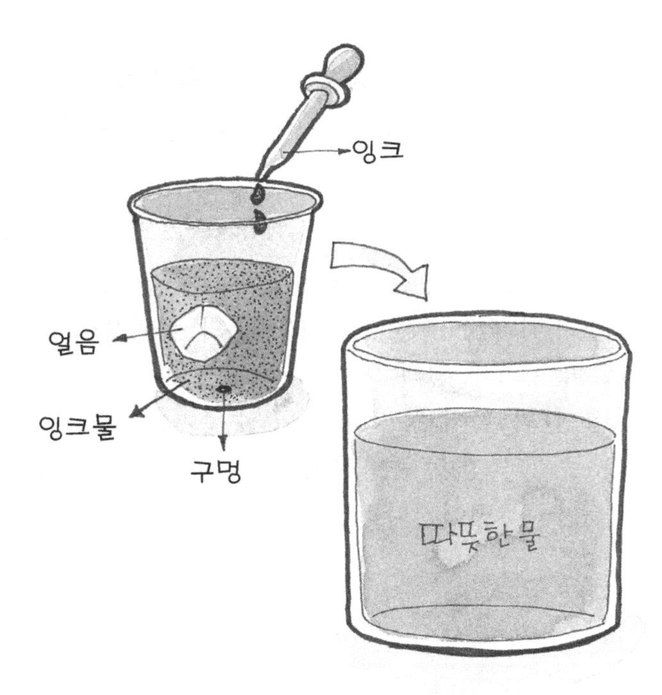

2. 여기에 냉장고 속의 얼음 1,2개를 넣어 찬물을 만든다.
3. 투명한 유리잔에 따뜻한 물을 3분의 2 정도 담는다.
4. 송곳이나 연필 끝으로 종이컵 바닥에 구멍을 뚫는 즉시 이것을 유리컵의 온수 위에 내려놓아, 푸른색 냉수가 온수 속으로 섞여 내려가는 모습을 2,3분 동안 관찰하자.

푸른색의 냉수는 종이컵의 바닥 구멍을 통해 온수 아래로 구불구불 흔들리면서 유리컵의 바닥으로 내려가는 것을 볼 수 있다.

종이컵 안의 냉수는 유리컵에 담긴 온수보다 무겁다. 이것은 냉수의 분자들이 온수보다 더 수축해 있기 때문이다. 그러므로 좀 더 무거운 푸른색의 냉수는 온수 바닥으로 서서히 내려가 차츰 전체에 섞이게 된다.
밤이 되어 호수의 표면에 있던 물이 식으면, 이 물은 아래로 내려가는 대류현상이 일어난다. 이처럼 물에서 대류가 일어나면 물속에 포함된 산소와 영양분이 고루 섞일 수 있게 된다. 또 세계의 바다에서는 표면의 물과 심층의 물 사이에 대류가 일어나고, 남북극 바다의 찬물과 열대 바다의 온수 사이에는 해류라는 이름으로 대규모 대류가 일어나고 있다.
1. 바다나 호수에서 일어나는 물의 대류는 바다 생물에 어떤 좋은 영향을 미칠까?
2. 바다의 해류는 지구상의 기상에 어떤 영향을 주고 있을까?

입김을 불어 파도를 만들어보자

- 파도는 바람의 에너지가 물에 전달된 것이다 -

준비물
- 세숫대야
- 물
- 스트로

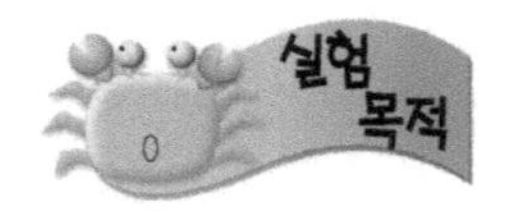

바다나 호수의 물이 파도를 일으키며 일렁거리도록 한 것은 바람의 힘이라는 것을 모두 알고 있다. 바람이 강하면 큰 파도가 일고, 조용한 바람은 잔잔한 파도를 일으킨다. 바람이 파도를 만드는 것을 실험으로 직접 증명해보자.

1. 세숫대야에 그득 물을 담는다.
2. 스트로를 입에 물고 물의 표면으로 가만히 바람을 불어보자. 어떤 파문이 생기는가?

3. 이번에는 힘껏 바람을 불어 파문을 만들어보자. 얼마나 큰 파문이 일어났는가?

입 바람을 조용히 불면 작은 파문이 생겨나 밀려가지만, 강하게 불면 큰 파문이 발생한다.

연구 스트로로 바람을 불었을 때 파문이 생겨나는 것은, 바람이 수면을 지나가면서 그 힘(에너지)을 물에 전달했기 때문이다. 수면의 물이 받은 에너지는 옆으로 전달되며 파도를 일으킨다. 파문(파도)의 높이는 바람의 세기에 따라 변한다.

바다에서 강한 바람이 쉬지 않고 불어대면 파고가 높은 풍랑이 일어난다. 태풍이 부는 때의 큰 파도는 해수욕장의 백사장을 따라 높은 지점까지 올라오고, 절벽을 이룬 바위를 만나면 엄청난 힘으로 두드린다. 때때로 거대한 파도는 대형 선박을 해안까지 밀어붙여 좌초시키기도 한다. 특히 해저 지진이나 화산 폭발로 생긴 해일(츠나미)은 상상을 넘는 위력을 나타낸다.

바다 표면에서는 오르내리기만 하던 파도가 수심이 얕은 해변에 이르면 산처럼 솟아올라 거대한 힘으로 덮친다.

물의 표면장력을 이용하는 요술 실험

- 물위에 뜬 후추가루가 달아난다 -

준비물
- 후추가루
- 바닥이 하얀 큰 접시 또는 대접
- 부엌용 세제 - 이쑤시개

주의 - 실험 후에는 사용한 접시를 물로 잘 씻어야 한다.

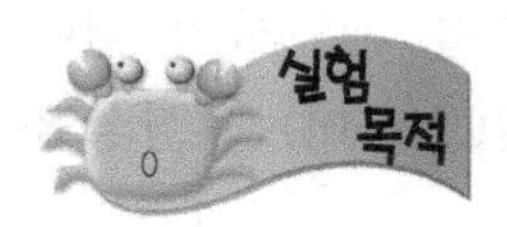

물의 표면에 있는 분자는 서로 단단히 결합하는 표면장력을 가지고 있다. 물의 표면장력이 약해지면 어떤 현상이 일어날 수 있는지 실험해보자.

1. 접시나 대접에 물을 3분의 2쯤 담는다.
2. 그 물 위에 후추가루를 고르게 뿌린다.
3. 이쑤시개 끝에 약간의 세제를 묻혀 접시의 중간부에 조용히 꽂아보자. 물위에 떠 있던 후추가루가 어떤 동작을 하는가?
4. 새 물에 후추가루를 뿌리고 같은 방법으로 세제가 묻은 이쑤시개를 접시 가장자리에 가만

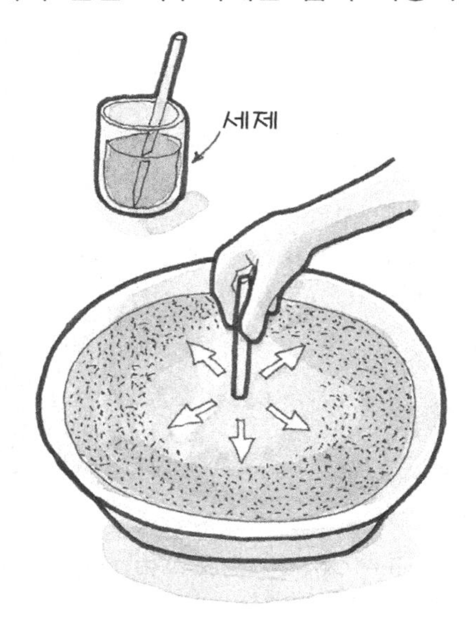

히 찔러보자.

5. 같은 방법으로 후추가루가 흩어져 있는 접시의 중앙부를 이쑤시개로 가로지르며 지나가보자.

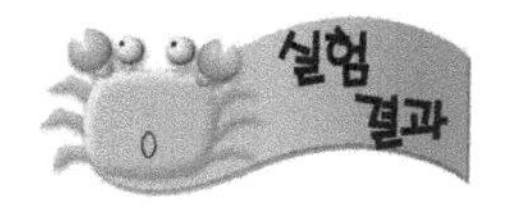

부엌세제가 묻은 이쑤시개를 접시 중앙에 꽂으면, 수면에 고루 흩어져 있던 후추 가루는 접시의 가장자리 쪽으로 일시에 몰려가기 시작한다. 만일 가장자리를 찌르면, 그 지점을 중심으로 후추는 부채 살 모양으로 흩어져 간다. 그리고 접시 중앙을 가로지르면 마치 물을 갈라놓듯이 후추는 양쪽으로 쫙 흩어진다.

연구 물 위에 흩어진 후추 가루는 모두 제자리에 머물러 있다. 이것은 물 표면의 분자들이 후추 가루들을 사방에서 같은 표면장력으로 당기고 있기 때문이다. 그러나 세제가 물 표면에 떨어지면, 물의 표면은 세제가 퍼지면서 표면장력이 약해져버린다. 따라서 후추 가루들은 세제가 미처 퍼지지 않아 표면장력이 강하게 남아 있는 쪽의 물에 이끌려가게 된다.

세제의 농도를 아주 연하게 하여 같은 실험을 해보자. 그리고 세제 외에 어떤 물질이 물의 표면장력을 약하게 할 수 있을까 연구해보자.

* 이 실험은 마술처럼 할 수 있다. 친구나 동생에게는 세제를 적시지 않은 이쑤시개를 주어 접시의 물을 찌르도록 한다. 이때는 아무런 변화가 일어나지 않는다. 그러나 자신은 눈치 차리지 않도록 세제를 적신 이쑤시개를 사용하여 트릭을 부린다.

물 위를 헤엄치는 바늘 만들기

- 물의 표면장력은 바늘이 떠 있을 수 있게 한다 -

준비물
- 바느질용 작고 가느다란 바늘
- 바느질용 실 약 30센티미터
- 영구자석 (막대자석)
- 물을 담은 접시
- 가위와 접착테이프

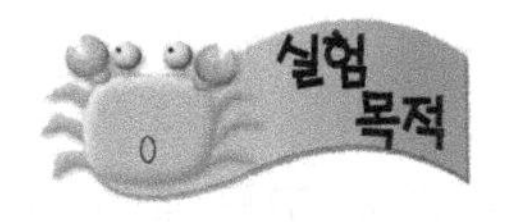

물의 표면 분자들은 서로 끌어당겨 마치 얇은 막처럼 작용한다. 바늘을 조용히 수면에 놓으면 바늘은 한 동안 떠 있을 수 있다. 자석을 이용하여 물 위에 뜬 바늘을 헤엄치게 해보자.

1. 접시에 물을 3분의 2쯤 담는다.
2. 실오라기의 중간에 스카치테이프를 조그맣게 잘라 붙이고, 이것을 접시의 가장자리 외부에 붙인다.
3. 두 가닥의 실오라기가 그림처럼 약 2.5센티미터쯤 서로 떨어지게 벌인 다음 약간 팽팽하게 당긴 상태로 그 끝을 탁자 바닥에 스카치테이프로 붙인다.

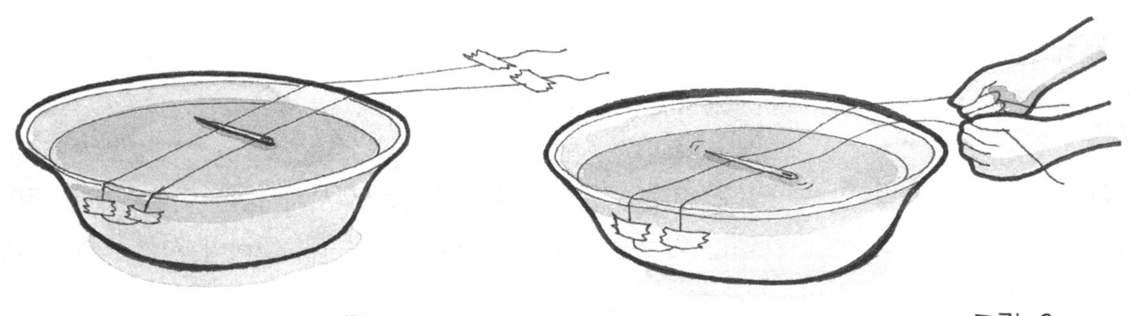

그림 1　　　　그림 2

4. 접시 위에 펴진 두 가닥의 실 위에 바늘을 조용히 얹는다 (그림1).
5. 탁자에 붙은 두 가닥의 실 끝을 양손으로 한 가닥씩 잡고 바늘 전체가 동시에 수면에 놓이도록 조용히 내린다 (그림2).
6. 바늘이 성공적으로 물 위에 뜨면 실은 바늘 아래로 걷어낸다. 바늘은 물 위에 떠 있을 것이다.
7. 그림3처럼 막대자석을 바늘 가까이 천천히 가져가보자. 바늘은 수면을 따라 헤엄치는가?

바늘을 손으로 잡고 수면에 놓는다면 떨어질 때 충격이 커서 대부분 그대로 가라 앉아버린다. 그러나 실험처럼 실을 이용하여 조용히 내려놓으면 뜨게 하는데 성공할 수 있다.

표면장력에 의해 수면에 뜨게 된 바늘에 막대자석을 가까이 가져가면 바늘은 자력에 끌려온다. 그러나 자석을 급히 바늘에 접근시키면 그대로 들어붙어버리기 쉽다.

연구 쇠붙이인 바늘이 물에 뜰 수 있는 것은 물의 표면장력이 떠받쳐준 때문이다. 만일 바늘을 수면에 조용히 내려놓지 못한다면 실패하기 쉽다. 물 위를 헤엄쳐 다니는 소금장이나 물방개 등의 다리에는 매우 가느다란 털이 가득 나 있으며, 물의 표면장력은 이 털과 그 사이의 공기를 떠받쳐 빠지지 않게 해준다.

그림 3

종이로 습도를 재는 간단한 장치를 만들어보자

- 습도계는 일기예보를 돕는 중요한 장치이다 -

준비물
- 두터운 마분지 (가로20 세로20 센티미터)
- 가로 세로 15센티미터인 백지 1장
- 작은 나무기둥 (연필 길이 정도)
- 못
- 풀

종이와 같은 물질은 습도가 높으면 수분을 흡수하여 늘어나 누글누글해지고, 건조하면 줄어들어 판판해진다. 이러한 종이의 성질을 이용하면 습도를 잴 수 있는 장치를 만들 수 있다.

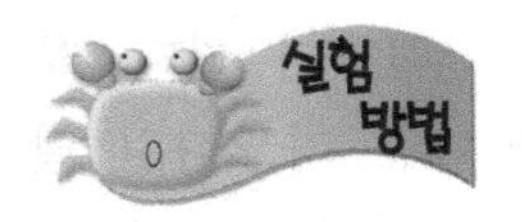

1. 마분지 중앙에 표를 하고 그 둘레에 직경 8-10센티미터 정도의 원을 그린다. 원을 그릴 때 둥근 컵을 대고 그려도 된다.
2. 원 둘레에 1센티미터 간격으로 점선을 빙 둘러 그린다.
3. 백지를 오른쪽 그림처럼 대각선으로 잘라 직삼각형 종이를 만든다.
4. 자른 종이를 나무기둥에 직각이 되도록 대고, 스카치테이프를 붙인 뒤 기둥 둘레에 감는다.
5. 사각형 마분지 중앙에 작은 못을 박아서 나무기둥을 세운다.
6. 삼각형 종이의 끝이 멈춘 원둘레 위치에 표를 한다.
7. 이 종이습도계를 목욕실에 두고 5분쯤 후에 종이 끝이 어디를 가리키고 있는지 관찰해보자.
8. 종이습도계를 방안, 창가, 부엌, 지하실, 냉장고 속

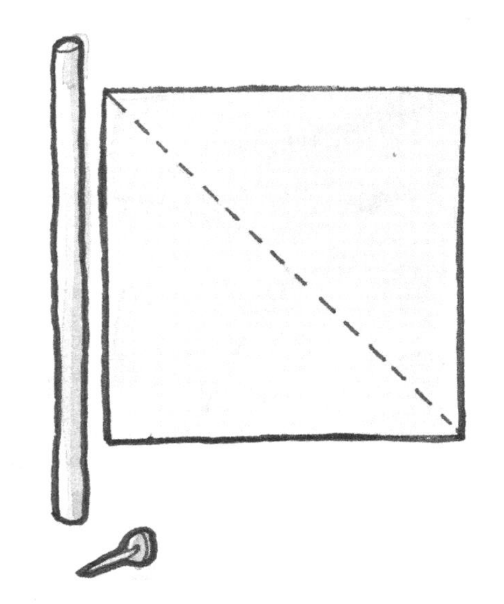

등으로 옮겨 다니며 습도를 측정하여 비교해보자.

둘둘 말린 종이는 습기를 흡수하면 늘어나 말린 상태가 풀리고, 건조한 곳에서는 더욱 감기는 현상을 보인다. 일반 가정에서는 목욕탕이 습도가 높고, 햇볕이 드는 창가는 습도가 낮다. 지하실도 습도가 높은 편이다. 냉장고 안은 젖은 음식이 들어 있지만, 온도가 낮으므로 습도는 낮게 유지되고 있다.

종이습도계는 정밀하지는 않지만 대강의 습도는 비교할 수 있으므로, 습도계의 원리를 이해하는 데 도움이 될 것이다. 또한 이 장치는 물질이 습도에 따라 길이가 늘어나고 줄어드는 성질을 확인할 수 있다.
우리의 머리카락도 습도에 민감하여 건조하면 짧아지고 습하면 늘어난다. 머리카락을 이용한 습도계는 기상관측소에서 실제로 오래도록 사용해 왔다.

사각형 비누방울을 만들 수 있을까?

- 표면장력은 액체 표면의 피부 -

준비물
- 철사 약간 (종이클립을 대용할 수 있음)
- 물, 물비누, 글리세린
- 접시

순수한 물로는 비누방울을 만들 수 없다. 그러나 비누를 섞은 물은 표면장력이 약해져 비누방울을 잘 만들게 된다. 사각형 비누방울을 만들 수 있을까?

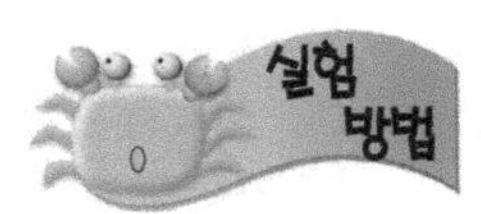

1. 접시에 물을 약간 붓고 부엌에서 쓰는 물비누 몇 방울을 넣는다.
2. 여기에 글리세린 몇 방울을 더 넣는다. 글리세린을 섞으면 비누방울이 쉽게 터지지 않고 더 오래 간다.
3. 철사를 휘어서 그림처럼 반듯하게 사각형 고리를 만든다. 고리의 크기는 각 변의 길이가 3~5센티미터쯤 되게 한다.
4. 사각형 부분을 비눗물에 적시면 네모 안에 비누막이 만들어진다.
5. 비누 막을 향해 입으로 바람을 불어보

자. 비누방울은 어떤 모양이 되어 날아가는가?

사각형 틀 사이로 나온 비누거품이지만, 네모꼴이 아니라 곧 동그란 방울이 되어 날려가게 된다.

연구

물방울이나 비누방울은 다른 모양이 되지 못하고 언제나 동그랗게 된다. 그것은 표면장력 때문이다. 그릇에 담긴 물은 표면을 편평하게 하고, 허공의 물방울이나 비누방울은 표면적이 가장 작은 형태인 둥근 모양이 된다.

철사 끝으로 물의 표면장력을 확인해보자

– 물의 표면에는 전체를 덮는 막이 깔렸다 –

준비물
- 투명한 유리컵
- 가느다란 철사 15센티미터 정도

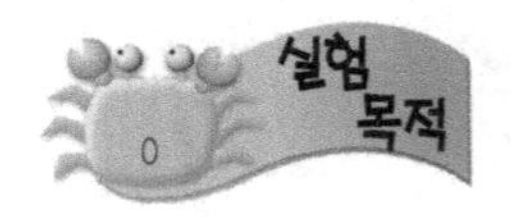

팽팽한 고무판이나 풍선을 연필 끝으로 가만히 찌르면 그 자리가 솟아오르고 놓으면 다시 원상으로 돌아간다. 물의 표면도 얇은 고무판처럼 힘을 가지고 있음을 확인해보자.

1. 유리컵에 가득 물을 담는다.
2. 끝이 뾰족한 철사를 그림과 같이 휘어, 그 끝을 물속으로부터 조용히 표면 쪽으로 올려보자.
3. 철사 끝이 수면에 닿았을 때 수면이 고무판처럼 솟아오르지 않는가?

철사의 끝이 아래에서 위로 올라와 수면에 닿으면 수면이 솟아오른다. 그 모양은 마치 비닐이나 고무판을 뾰족한 물체로 찌른 모습과 비슷하다. 이 위치에서 철사 끝을 내리면 수면은 다시 수평으로 펴진다. 만일 철사 끝이 수면 위로 조금 더 오른다면, 수면은 깨어지고 철사 끝이 드러난다.

연구 물의 표면 분자들은 서로 끌어당긴 결과 얇은 막처럼 되어, 표면의 물 분자끼리 서로 떨어지려 하지 않으려 한다. 이러한 수면의 분자들이 나타내는 힘을 **표면장력**이라 한다. 물벌레들이 물 위를 스케이팅하듯이 지치고 다니는 것, 바늘이 뜨는 것 등은 표면장력의 결과이다.

물방울이 동그랗게 되는 것이나, 연잎 위의 물방울이 동그랗게 구르는 것도 표면의 분자들이 서로 당겨 붙은 결과이다. 동그란 형태는 표면적이 가장 작은 상태이다.

만일 이 실험에서 철사 끝의 수면이 솟아오르는 것이 잘 보이지 않는다면, 철사 끝에 버터를 묻혀서 해보면 더 확실히 알 수 있다.

바늘을 끌고 가는 비누 막의 미스터리

– 표면장력을 이용한 신기한 묘기 –

준비물
- 철사 (길이 15센티미터 정도)
- 바늘 (또는 철사 토막)
- 철사를 가공할 플라이어나 펜치
- 비눗물 (물에 주방 세제를 탄 것)
- 접시

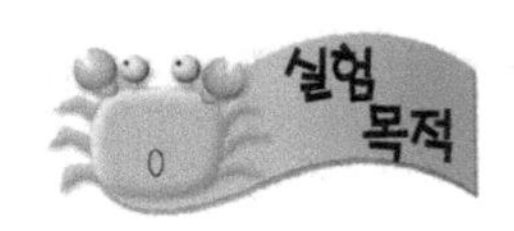

비누막을 이용하여 표면장력이 얼마나 강한지 실험해보자.

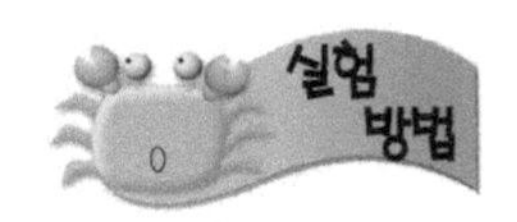

1. 철사를 이용하여 그림과 같이 손잡이가 달린 고리를 만든다. 철사 고리는 원형보다 긴 타원형으로 만드는 것이 실험하기 좋다.
2. 철사 고리는 유리면에 놓았을 때 전체가 판판하도록 잘 펴서 만들어야 한다.
3. 접시에 물을 붓고 몇 방울의 주방용 세제를 떨어뜨려 휘저으면 비눗물이 된다.
4. 철사 고리를 비눗물에 적셨다가 들어내면 고리에 비누막이 생겨 있다.
5. 철사 고리 중앙에 바늘이나 철사 토막을 얹은 상태로 비눗물에 적신다. 이때 바늘 양쪽의 고리 전체에 비누막이 생기도록 한다.

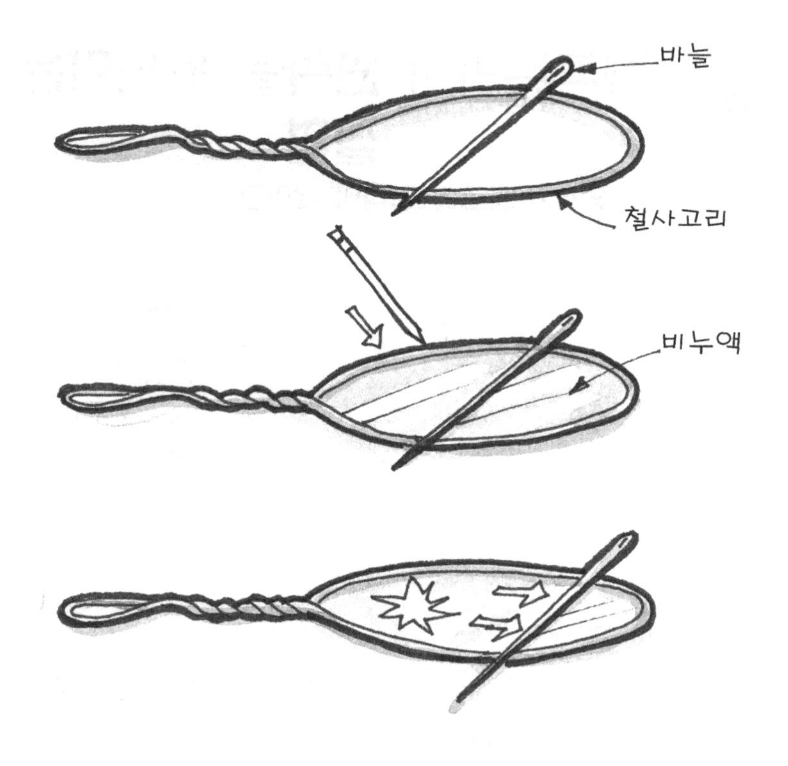

6. 한쪽 비누막을 이쑤시개로 터뜨려보자. 바늘은 그 자리에 있는가, 아니면 어느 쪽으로 움직이는가?

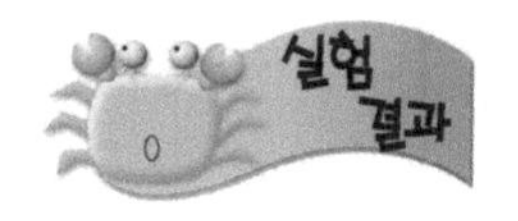

바늘의 왼쪽 비누막을 터뜨리면, 바늘은 순식간에 오른쪽으로 끌려가버린다. 이때 끌린 힘의 충격으로 바늘은 바닥으로 떨어져버린다.

연구 맹물로 철사 고리에 수막을 만들어보려 하면 되지 않으나, 비누가 섞이면 쉽게 비누막이 만들어진다. 물이든 비눗물이든 모두 표면장력을 가지고 있다. 그런데 비눗물이 물보다 표면장력이 약하기 때문에 물의 분자가 끊어지지 않고 펴져서 철사 고리에 막을 만들 수 있다.

실험에서 바늘 양쪽의 비누막은 힘의 균형을 이루고 있다. 그러나 한쪽 비누막을 터뜨리면, 바늘은 순식간에 터뜨리지 않은 쪽으로 끌려가버린다. 이것은 한쪽 막이 깨어지는 순간, 터지지 않은 비누막 쪽의 표면장력에 바늘이 끌려간 때문이다.

베르누이의 원리를 확인하는 3가지 실험

- 유체가 흐르면 기압이 낮아진다 -

준비물
- 2개의 둥근 고무풍선
- 실 약간
- 소형 플라스틱 물병 2개
- 가로, 세로 10센티미터인 종이
- 접착테이프
- 종이클립과 직경이 큰 스트로

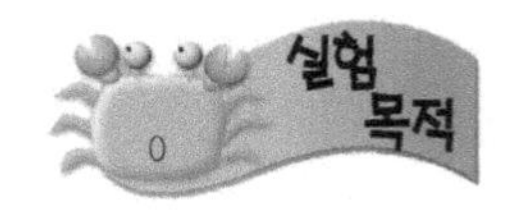

물이나 공기처럼 흐르는 물체를 유체라 한다. 유체가 빠르게 흐르면 그곳의 기압이 낮아진다. 이것이 베르누이 원리이다. 간단한 방법으로 베르누이의 원리를 확인해보자.

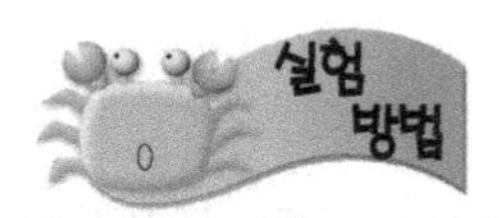

실험1 방법 - 두 개의 고무풍선을 비슷한 크기로 불어 주둥이를 실로 매고, 두 풍선 사이가 3~4센티미터 떨어지게 그림1처럼 머리 위에 매단다. 스트로를 사용하여 풍선 사이로 입 바람을 불어보자.

실험2 방법 - 2개의 빈 플라스틱 물통 2개를 2센티미터 정도 떨어지게 그림2처럼 나란히 놓는다. 스트로를 사용하여 두 원통 사이로 입 바람을 불어보자. 원통은 어떤 변화를 보이나?

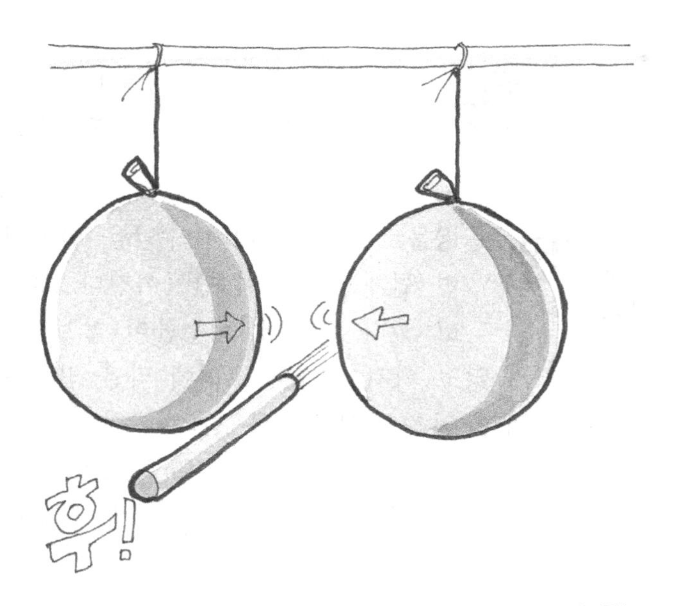

그림 1

실험3 방법 - 정사각형 종이의 가장자리를 그림3처럼 마주보게 붙여 원통을 만든다. 이 원통의 무게 중심부에 종이클립을 편 철사를 그림처럼 끼우고 원통 위쪽으로 스트로 바람을 불어보자. 원통은 떠오르지 않는가?

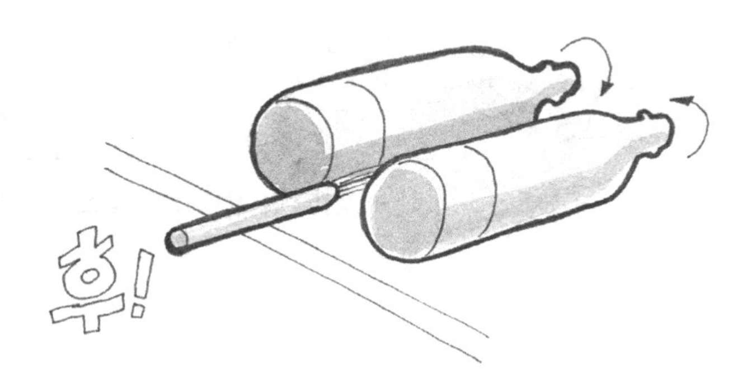

그림 2

실험1 결과 : 떨어져 있던 풍선은 서로 가까워진다.

실험2 결과 : 두 물병은 제자리에 있지 못하고 서로 가까워진다.

실험3 결과 : 클립 위에 수평으로 들려 있던 원통은 바람을 부는 순간 클립에서 떠올라 그림 3의 오른쪽 모습으로 공중에 뜨게 된다.

연구

유체가 빨리 흐르면 그곳의 기압이 낮아진다. 그 결과 실험1에서는 풍선이 서로 가까워지게 된다. 풍선은 베르누이 원리 실험에 잘 이용된다. 실험2에서는 물병이 그 자리에 있지 못하고 서로 끌리게 된다. 그리고 실험3에서는 마치 비행기 날개처럼 종이원통은 양력을 얻어 위로 떠오르게 된다.

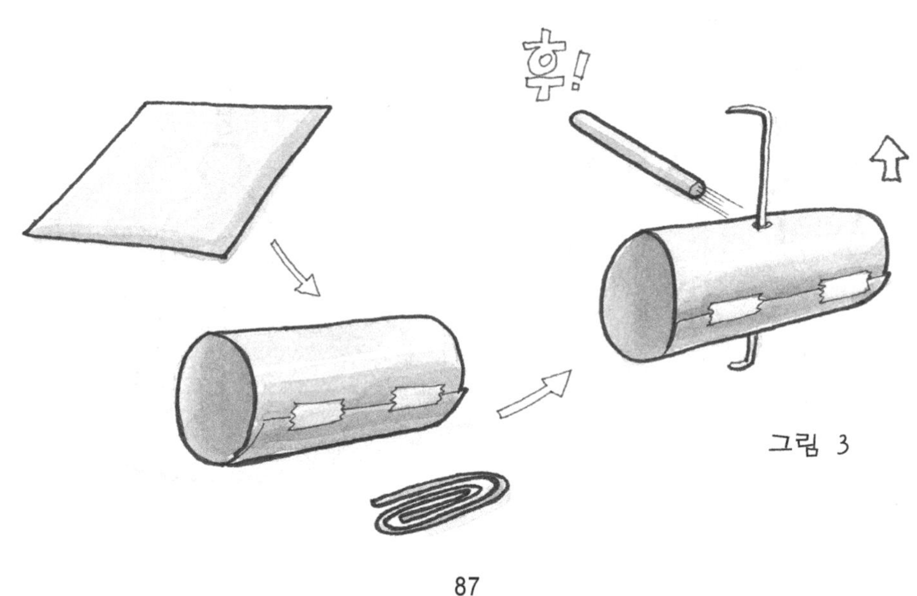

그림 3

물병 속에서 떠오르고 가라앉는 점안기

- 압력이 변하면 밀도가 달라진다 -

준비물
- 1.5리터 들이 큰 플라스틱 생수병
- 안약 넣을 때 쓰는 유리 점안기 (스포이트)

실험 목적

빈 생수병 입구를 뚜껑으로 잘 막고 두 손으로 생수병을 꽉 누르면, 병 안의 공기는 압력을 받아 밀도가 높아진다. 이와 마찬가지로 생수병에 물을 가득 담고 입구를 막은 후 압력을 주면 병 안의 물도 눌려 압력이 높아진다. 물이 담긴 생수병 안에 공기가 든 스포이트를 넣고 병을 압축하면 어떤 일이 일어날까?

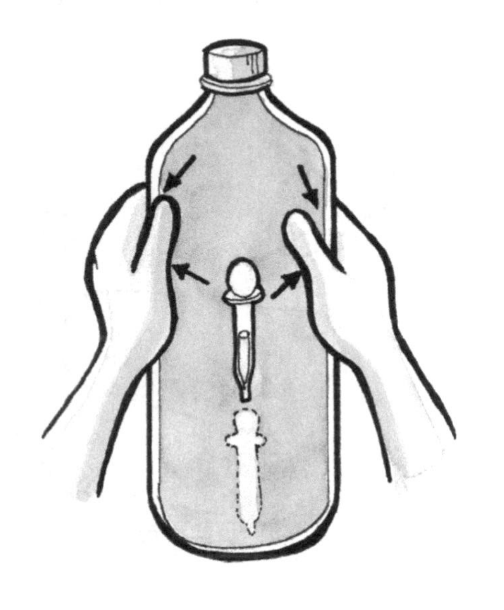

1. 생수병에 물을 가득 채운다.
2. 점안기의 고무를 약간 눌러 물을 조금 빨아들인 뒤, 이것을 생수병 안에 넣는다. 만일 점안기가 바닥으로 가라앉아버리면, 꺼내어 공기가 좀더 많이 들어가게 하여 그림과 같이 중간층에 떠 있도록 한다. 반대로 점안기가 너무 떠오르면 물을 조금 더 빨아들인 상태로 넣어본다.
3. 생수병의 입구를 뚜껑으로 꽉 닫는다.
4. 두 손으로 생수병을 꽉 눌러보자. 점안기가 어떻게 움직이는가?
5. 눌렀던 손을 놓아보자. 점안기는 어떤 변화를 보이는가?

생수병을 꽉 누르면 점안기는 아래로 스르르 내려간다. 반대로 손을 놓으면 점안기는 다시 위로 떠올라 있던 자리에 멈춘다.

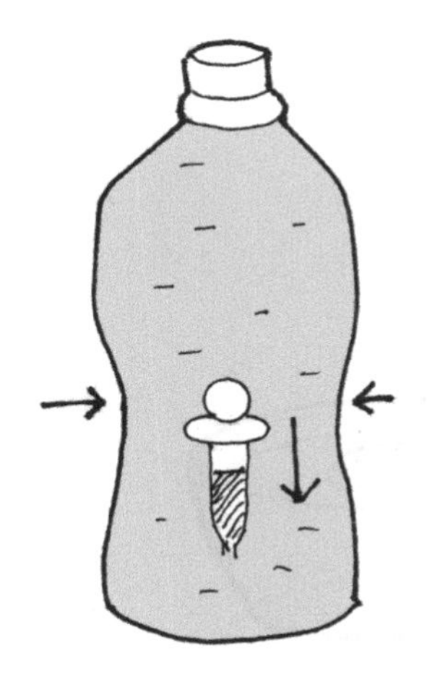

연구 생수병에 압력을 주면, 물의 압력이 높아져 점안기 속으로 물이 좀더 밀고 들어간다. 점안기에 더 많은 물이 들어가면 점안기는 무거워져 바닥 쪽으로 내려가게 된다. 반대로 압력이 낮아지면 점안기 안으로 들어갔던 물이 공기의 압력 때문에 밀려 나오게 된다. 그 결과 점안기는 가벼워져 위로 스르르 떠오르게 된다.

물방울로 고배율 볼록렌즈 만들기

- 현장에서 만든 렌즈로 자연을 관찰해보자 -

준비물
- 길이 15센티미터 정도의 구리철사 (다른 철사도 좋음)
- 연필
- 접시의 물
- 신문지

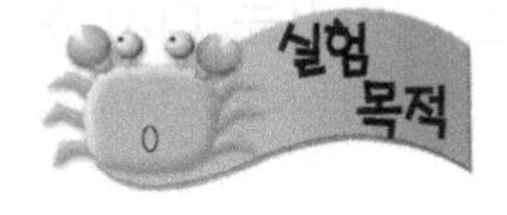

물방울이 동그랗게 되면 훌륭한 볼록렌즈가 된다. 때로는 오목렌즈가 되기도 한다.

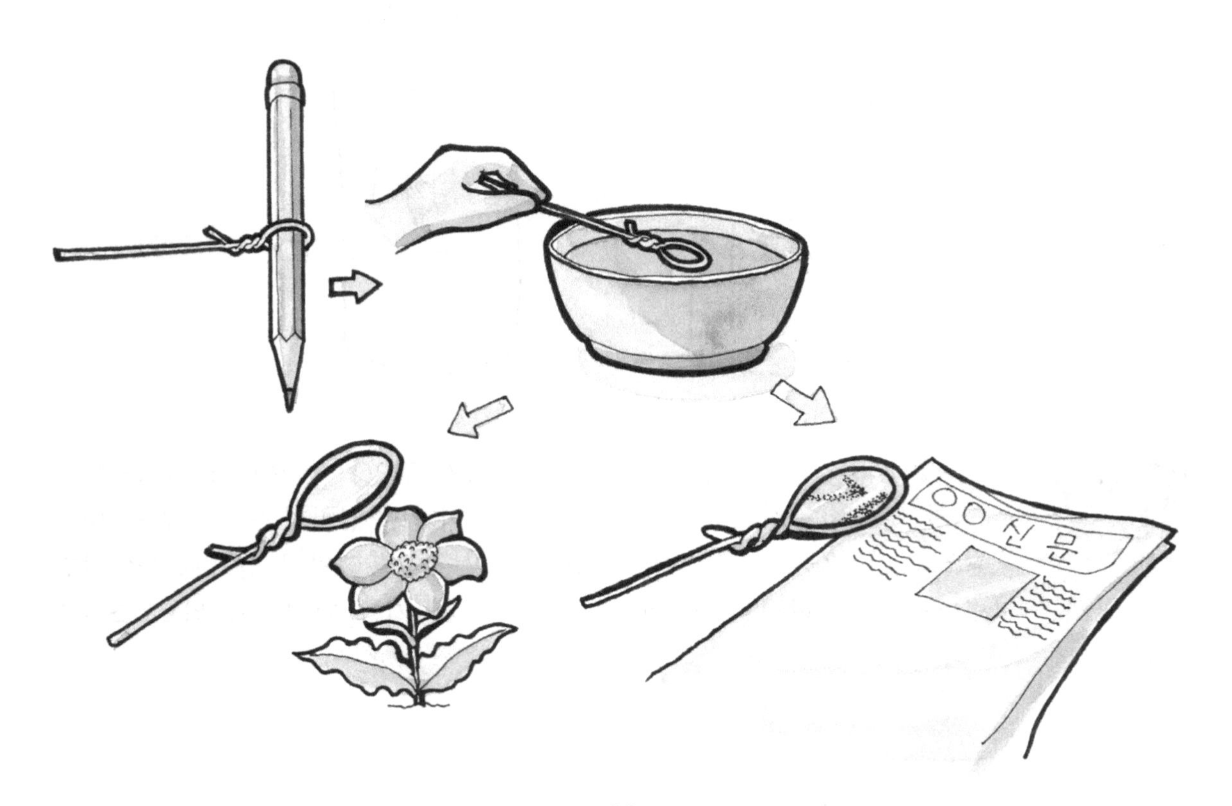

1. 구리철사를 그림과 같이 연필 둘레에 대고 감아 끝이 동그란 고리가 되도록 한다.
2. 이 고리를 접시에 담은 물에 적셨다가 들어내면, 고리 안에 볼록한 모양으로 물방울이 생긴다.
3. 이 물방울을 신문지 위로 가져가 아래위로 옮기면서 핀트를 맞춰 글씨가 얼마나 크게 보이나 확인하자.
4. 물이 증발하면 다시 적셔서 관찰해보자.

철사 고리에 물방울이 동그랗게 생기면 고배율의 볼록렌즈가 되므로 핀트를 잘 맞추어보면 신문의 작은 글씨가 크게 보인다. 배율이 너무 높으면 핀트가 맞는 지점이 좁으므로 글씨 보기가 어려워진다. 이 물방울 렌즈로 신문 위의 사진을 비춰보면 영상을 이루고 있는 점들이 하나하나 보일 것이다.

연구 철사 고리로 만든 물방울 볼록렌즈는 아래가 볼록한 렌즈가 된다. 이 볼록렌즈로 작은 글씨나 동식물의 세부 구조를 관찰할 수 있다.

그러나 철사 고리의 물이 마르면, 물이 고리 가장자리로 많이 모이게 되어, 그때의 물방울렌즈는 볼록렌즈가 아니라 오목렌즈로 변하여 물체가 축소되어 보이게 한다.

같은 양의 음료수를 담은 병은 무게도 같을까?

– 캔의 무게를 비교하는 저울을 만들어보자 –

준비물

- 1.5리터 들이의 플라스틱제 식수나 음료수 통 8종 (제조회사가 서로 다른 것)
- 같은 들이의 음료수를 담은 알루미늄 캔 8종 (제조회사가 서로 다른 것)
- 집에 있는 저울
- 압침 2개와 30센티미터 대자

과거에는 음료수를 주로 유리병에 담아 판매했으나, 차츰 가벼운 플라스틱 병이나 알루미늄 캔으로 바뀌었다. 재생이 가능한 플라스틱 병이나 캔은 용량은 같지만 회사마다 그 디자인이 다르다. 그렇다면 그것들의 무게도 동일한지 실험으로 확인해보자.

1. 1.5리터 들이 플라스틱 식수병이나 음료수병을 잘 씻고 내부의 물기를 완전히 건조시킨다.
2. 집에 있는 저울을 이용하여 제조회사별로 각각의 무게를 달아 기록한다.
3. 저울이 없으면 그림2와 같이 2개의 압침을 나란히 놓고 그 위에 무게 중심을 잘 잡은 상태로 대자를 올려놓아 시소처럼

그림 1

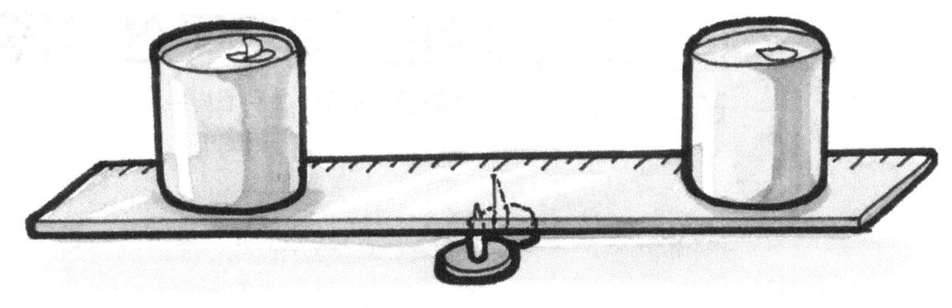

그림2

만든다. 이것은 천평 저울(천평칭 또는 천칭)의 모습이다.
4. 플라스틱 병을 차례로 양쪽에 올려놓아 어느 쪽으로 기우는지 확인한다.
5. 다음에는 플라스틱 병 대신 알루미늄 캔을 들어올려 무게의 경중을 서로 비교해보자.

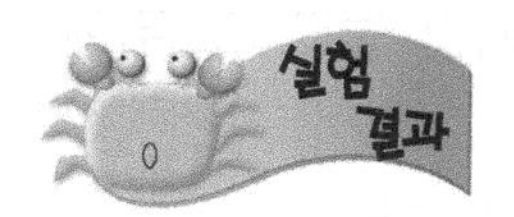

정밀한 저울이 집에 있다면, 직접 무게를 달아 그 수치를 비교할 수 있으므로 이 실험은 간단히 끝날 것이다. 그러나 눈금저울 대신 천평 저울을 만들어 무게를 비교하자면, 가장 무거운 것과 가장 가벼운 것을 찾아내기까지 여러 차례 저울질을 해야 할 것이다.

같은 용량의 음료수를 더 가벼운 병에 담을 수 있다면, 그 제조회사는 원가를 그만큼 적게 들여 제품을 만든다고 볼 수 있다.

1. 제일 가벼운 제품은 어떻게 무게를 줄이면서 같은 양의 음료수를 안전하게 담을 수 있었을까 생각해보자.
2. 천평칭을 사용하여 8개의 제품 무게를 달 때, 어떤 방법으로 저울질을 하면 가장 무거운 것과 제일 가벼운 것을 빨리 찾아낼 수 있을까? 이것은 8개의 운동 팀이 출전한 경기에서 최상위 팀과 최하위 팀을 가리는 대진표를 만드는 것과 같다.

책을 들어올리는 고무풍선 기중기

- 공기의 힘으로 자동차를 들어 올린다 -

준비물
- 고무풍선
- 책 1권
- 포장 상자 2개

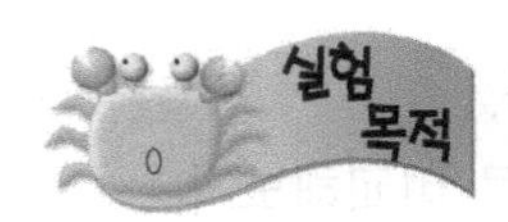

고무풍선에 불어넣은 공기는 큰 힘을 가지고 있다. 공기를 이용하여 엄청난 힘을 얻을 수 있다.

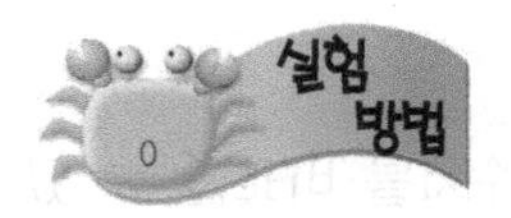

1. 책상 끝에 2개의 포장상자를 책 폭보다 약간 넓게 간격을 두고 세운다.
2. 바람을 조금 불어넣은 풍선을 상자 사이에 그림처럼 놓고, 그 위에 책을 걸친다.
3. 고무풍선 안으로 바람을 불어 넣어보자. 풍선 위에 얹힌 책은 어떻게 되는가?

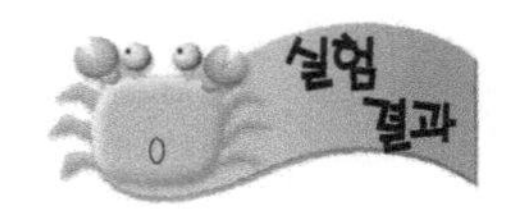

고무풍선이 불어나면서 책은 들려 올라간다.

이 실험에서는 겨우 책을 들어올렸지만, 공기는 엄청난 힘을 발휘할 수 있다. 자동차 정비소에서 차를 공중으로 번쩍 들어올리는 장치는 공기압으로 동작한다. 버스 문을 여닫을 때 공기 빠지는 소리가 싯! 싯! 나는 것도 공기의 힘으로 차문을 여닫고 있기 때문이다. 바위를 깨뜨리는 폭약은 고압의 공기가 한꺼번에 터지도록 만든 것이다.

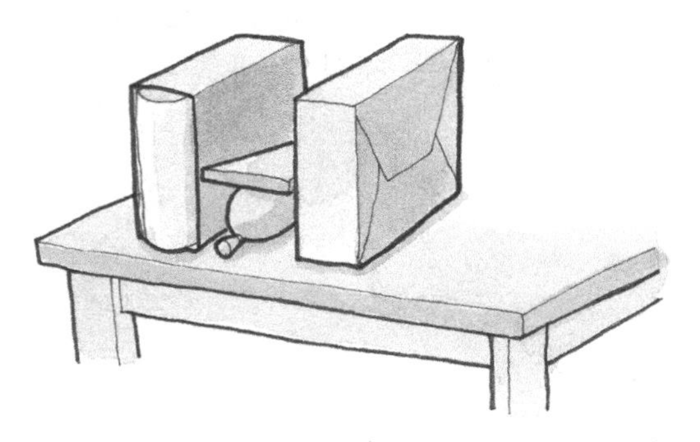

3

빛과 소리의 신비

투명, 불투명, 반투명을 구분해보자

- 빛은 어떤 물질을 잘 투과하나? -

준비물
- 마분지
- 유산지 (또는 우유빛 유리, 또는 뿌연 비닐)
- 무색의 얇은 비닐 또는 유리판

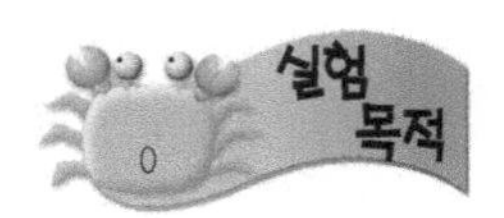

빛은 왜 어떤 물질은 통과하고 통과하지 못하기도 하는가에 대해 조사해보자. 얼음은 투명한데, 유리창의 성에나 눈은 왜 반투명한지 알아보자.

1. 마분지를 펴들고 밝은 전등을 바라보자. 전등불빛은 마분지를 투과할 수 있는가?
2. 벽에 생기는 마분지의 그림자를 관찰해보자. 그림자 농도가 얼마나 진한가?
3. 같은 방법으로 유산지나 우윳빛 유리, 또는 반투명 비닐의 빛 투과와 그림자의 농도를 관찰해보자.

4. 무색의 비닐이나 유리판으로 같은 관찰을 해보자.

마분지를 통해서는 전등불빛을 볼 수 없으며, 그림자도 짙게 생긴다. 유산지와 같은 반투명한 물질은 빛의 일부만 통과시키며, 그림자의 농도가 옅어진다. 그러나 무색 투명한 비닐이나 유리를 통해서는 전등빛을 그대로 볼 수 있으며, 벽에 생기는 그림자도 아주 옅다.

연구 무색의 비닐이나 유리처럼 빛이 그대로 통과하는 것을 **투명체**라 하고, 빛이 일부만 투과하는 것을 **반투명체**라고 하며, 빛이 완전히 차단되는 것을 **불투명체**라고 부른다. 사람들은 어떤 일이나 사건이 앞으로 어떻게 전개될 것인지 잘 모를 때, "전망이 불투명해!"라고 물리학적인 말을 쓴다.

투명체로는 공기를 비롯한 여러 종류의 기체, 물과 많은 종류의 액체, 유리나 비닐과 같은 고체가 있다. 그런데 투명체라고 해도 그 속에 불투명한 물질이 포함되면 반투명이 되거나 불투명해진다. 불투명체는 얇은 것이라도 빛이 지나가지 못한다.

꽁꽁 얼어붙은 호수의 밑바닥이 훤히 보인다면, 투명체인 물이 단단히 얼어 투명체가 된 것이다. 그러나 어떤 얼음은 반투명하게 보인다. 그것은 얼음 속에 공기방울이 많이 들어 있을 때이다. 얼음 속의 공기방울은 빛을 사방으로 반사(산란)시켜 반투명이 되게 만든다. 또 얼음의 표면이 거칠다면, 그 얼음 역시 빛을 산란시키기 때문에 반투명하게 된다.

영화관의 대형 스크린에 비치는 영상의 실체

- 영화는 스크린의 산란광을 보는 것이다 -

준비물
- 작은 네모 상자 1개
- 손전등
- 흰색의 넓은 화판
- 가위, 줄자

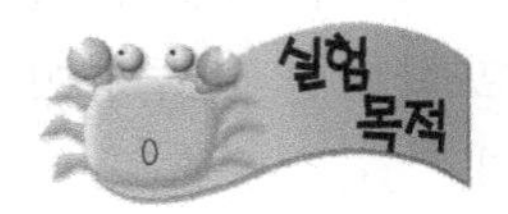

영화관에 가면 영사실의 작은 구멍에서 나온 빛이 대형 화면을 가득 비친다. 그에 대해 신기하게 생각해본 적이 없을까?

1. 작은 상자 앞쪽은 둥근 구멍을, 뒤쪽은 직사각형으로 그림2처럼 구멍을 낸다.
2. 둥근 구멍을 통해 손전등을 비춰 직사각형 구멍으로 불빛이 나가도록 한다.
3. 불빛 앞 1미터 거리에 화판을 수직으로 세우고 빛이 비친 부분을 연필로 표시한다.
4. 2미터 거리에 화판을 세우고 빛이 비친 스크린 부분을 연필로 표시한다.
5. 거리가 2배 멀어지면 화판의 스크린은 얼마나 커졌는가? 빛의 밝기는 어떤가?

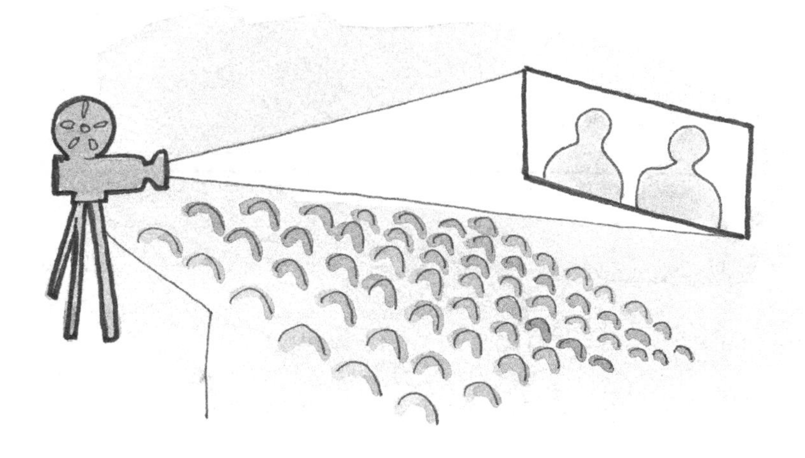

그림 1

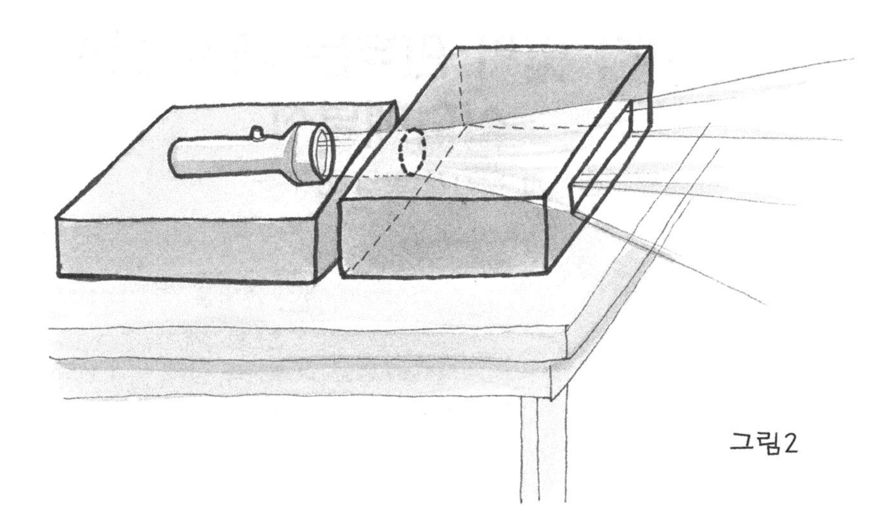

그림2

(* 방의 전등을 끄고 어둠 속에서 관찰해야 잘 보인다.)

상자를 통과한 빛은 화판에 사각형 스크린을 만든다. 거리가 2배 멀면 스크린의 면적은 4배 확대된다. 대신 불빛의 밝기는 4분의 1로 줄어든다.

상자의 구멍을 빠져나온 손전등의 빛은 입구에서부터 퍼지기 시작하여, 멀리 갈수록 더 넓은 면적을 비치게 된다. 그에 따라 불빛은 점점 희미해진다. 거리가 2배 멀면 불빛은 4분의 1로 약해진다.

영화관 영사기에서 나온 강한 빛이 스크린에 비치면, 스크린은 일부의 빛을 흡수하고 나머지는 반사하여 영화관 내부로 흩어진다. 이것을 빛의 '**산란**'이라 한다. 영화를 관람하는 사람들은 스크린에서 반사되어 나온 산란된 빛(산란광)을 보고 있는 것이다.

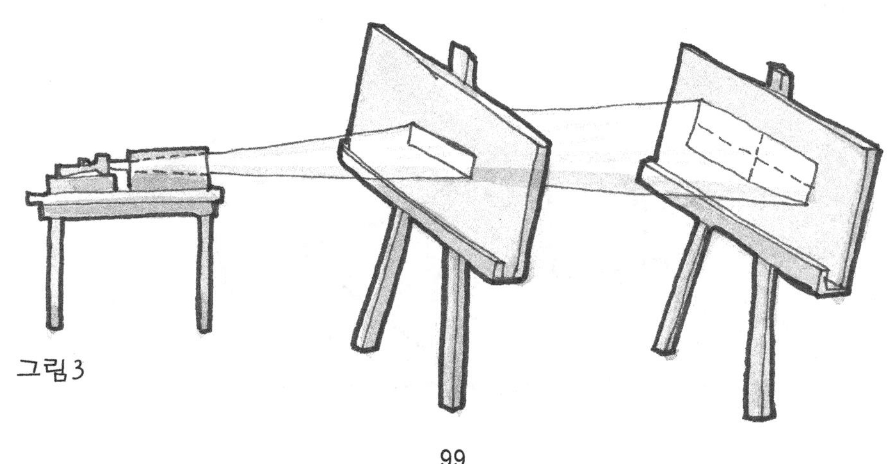

그림3

3가지 빛이 만드는 색의 변화를 실험해보자

- 빛의 3원색과 무지개 빛의 정체 -

준비물
- 손전등 3개
- 붉은색, 남색, 녹색 셀로판지
- 고무 밴드

태양빛은 무슨 색인가? 무지개 빛은 왜 생길까? 빛의 삼원색이 만드는 색의 신비를 실험해보자.

1. 3개의 손전등 앞을 각각 붉은색, 남색, 녹색 셀로판지로 가리고, 고무 밴드를 사용하여 셀로판지를 고정한다.
2. 그림과 같이 3색의 불빛이 겹치도록 했을 때, 3색이 전부 모이는 중앙의 삼각형 부분은 어떤 색이 되나?
3. 노랑색 빛은 어떤 빛이 서로 만났을 때 생겨날까?

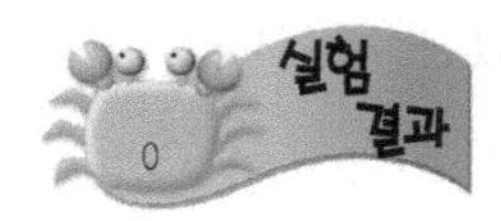

빛의 삼원색이 모두 모이면 무색의 빛으로 된다. 노란빛은 빨강과 초록빛이 합칠 때 생겨난다.

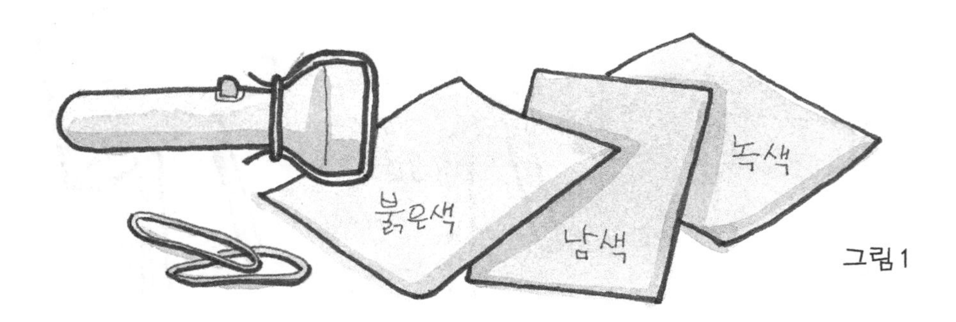

그림1

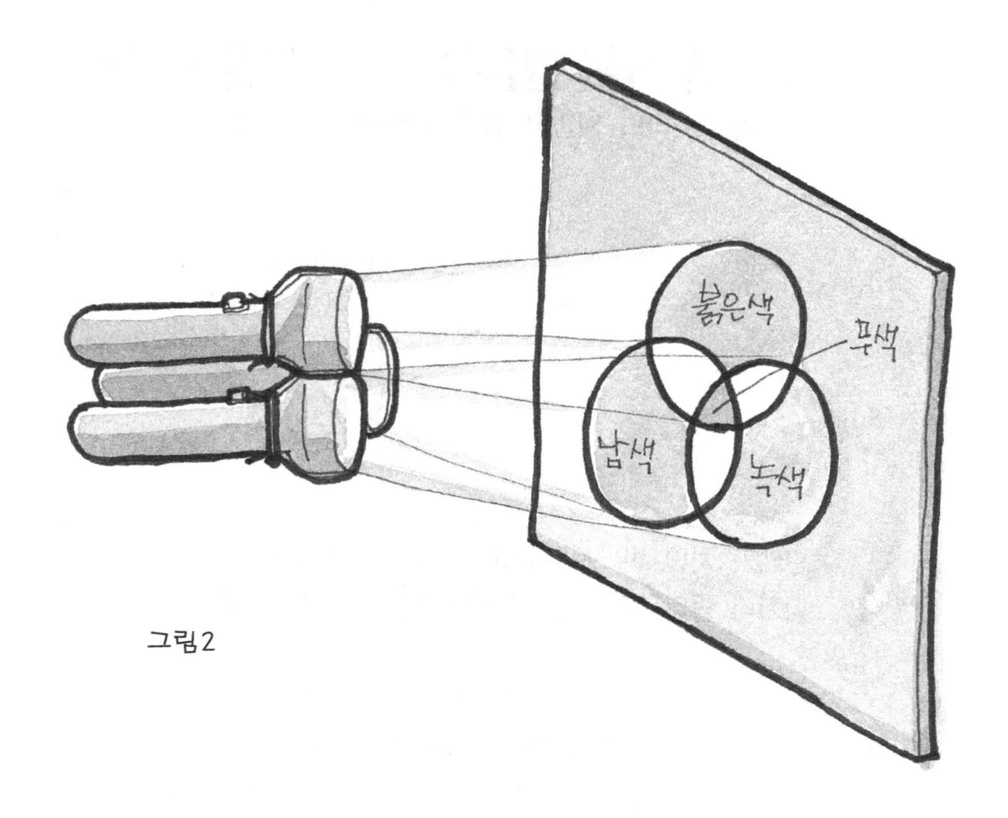

그림2

연구 태양빛은 아무 색이 없는 것처럼 보이지만 프리즘을 거친 빛이나, 무지개를 보면 온갖 색이 다 섞여 있다. 빛의 삼원색은 붉은색, 청색, 녹색이다 (엄밀하게 말하면 청색이라기보다 남색이다). 이 세 가지 빛이 모이면 무색으로 보이기 때문에 '빛의 삼원색'이라 말한다. 빛의 삼원색은 서로 만나는 빛의 색과 밝기에 따라 수만 가지 색을 만들게 된다.

1. 두 가지 빛이 만났을 때 어떤 색이 되는지 각각 확인해보자. 한 가지 빛은 강하게 다른 빛은 약하게 비춰보며 색의 변화를 알아보자.
2. 물감의 삼원색은 빨강, 노랑, 청색이라고 말하지만, 이것도 엄밀하게 말하면 자주색, 노랑색, 청록색이다.

빈 봉지를 밟으면 왜 폭음이 나나?

- 천둥소리의 원인은 봉지가 터지는 것과 같다 -

준비물

- 종이나 비닐봉지

번개가 치면 반드시 뒤따라 천둥소리가 들려온다. 비닐봉지를 발로 쾅 밟거나 종이봉지를 손바닥으로 내려치면 왜 폭음이 나는가?

1. 종이봉지를 후 불어 공기를 가득 채운다.
2. 봉지 입구를 한데 모으고 비틀어 입구를 막는다.
3. 불룩한 봉지를 한손에 들고, 다른 손의 손바닥으로 쾅 내리쳐보자. 얼마나 큰 소리가 나는가?

종이봉지를 가볍게 때리면 작은 소리가 나지 않지만, 빠르게 잘 때리면 터지는 순간 의외로 큰 폭음을 낸다.

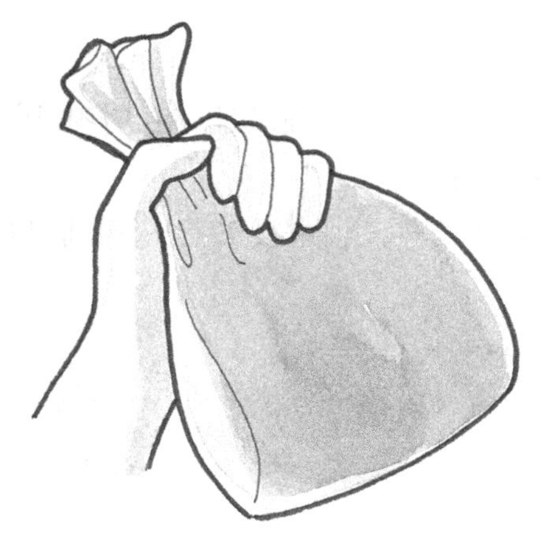
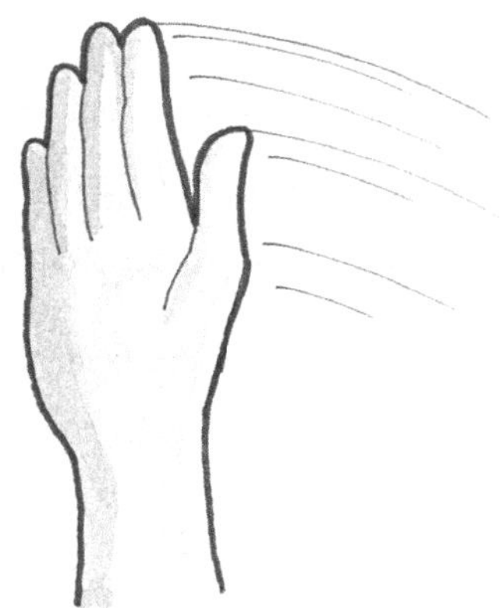

불룩한 빈 종이봉지를 쾅 때리면 그 안의 공기는 순간적으로 크게 압축되고, 압축공기의 힘에 의해 종이가 찢어진다. 이 때 찢긴 종이 사이로 압축되었던 공기가 고속으로 나오면서 주변 공기를 크게 진동시키므로 폭음을 만든다.

귀에 들리는 소리라는 것은 공기의 진동이 귀안의 고막을 울린 것을 신경이 느끼는 것이다. 고막이 크게 진동하면 귀는 그것을 폭음으로 느낀다. 그러나 잔잔한 바람이 나뭇잎을 가볍게 흔들어준다면, 그 흔들림은 공기를 조금 진동시켜 살랑거리는 소리로 들린다.

번개가 칠 때 공기 중으로 구름이 가진 전류가 흐르면, 전류 주변의 공기가 순간적으로 섭씨 수천도로 뜨거워져 팽창하게 되고, 이때 진동하는 공기에서 음파가 생겨나게 된다. 천둥소리나 종이봉지가 터지는 소리는 모두 공기의 팽창에 의해 발생한 큰 음파이다. 풍선이 터지는 소리, 대포나 폭탄의 소리 등은 모두가 공기가 팽창하면서 만들어낸 것이다.

수만 가지 그림이 나오는 삼면경 만들기

- 무한반사가 만드는 신비스런 만화경 컬라이도스코프 -

준비물

- 가로 5, 세로 15센티미터 정도의 거울 조각 3장(거울조각은 가까운 유리점에 부탁하여 구한다)
- 반투명 비닐이나 유산지
- 삼면경 둘레를 감쌀 백지 한 장과 고무 밴드 몇 개
- 색종이 조각 또는 색이 있는 플라스틱 조각

대규모 어린이 공원에 설치된 신비한 거울방은 호기심을 한껏 불러일으킨다. 3개의 유리조각을 붙여 만 가지 영상을 보는 삼면경을 만들어 보자.

1. 유리점에서 3장의 거울 조각을 잘라온다. 이때 유리 절단면이 날카로우므로 손을 베지 않도록 가장자리를 연마해달라고 부탁한다.
2. 3장의 거울을 삼각구조가 되도록 맞대고 종이로 싼 후 고무 밴드로 고정한다. 고무 밴드 대신 접착테이프를 사용해도 된다.
3. 삼면경의 한쪽 끝에 반투명한 비닐 조각 (또는 유산지)을 대고 고무 밴드를 이용하여 3쪽의 거울을 고정한다.
4. 삼면경의 열린 구멍 속으로 색이 서로 다른 색종이 조각 몇 개를 넣어 바닥에 놓이도록 한다.
5. 삼면경을 두 손으로 잡고 들여다보면서 천천히 돌리며 무늬의 변화를 관찰해보자.

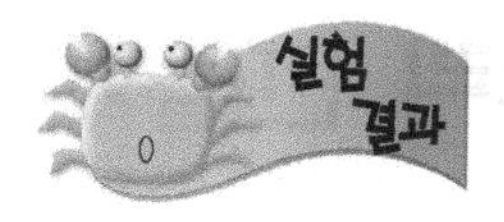

삼면경 안에 넣은 색종이는 내부에서 반사가 거듭되어(무한 반사) 상상도 못한 환상적인 무늬를 보이며 변화한다. 어느 한 순간도 같은 모양을 보여주는 때가 없다.

연구 이 삼면경은 매우 오래 된 어린이 장난감이다. 삼면경 내부의 그림은 너무나 다양하기 때문에, 만 가지 그림이 보인다고 하여 '만화경' (영어는 컬라이도스코프 kaleidoscope)이라 부른다. 만화경 안에는 나뭇잎 조각이나 꽃잎까지 무엇이나 넣고 그 변화를 관찰할 수 있다. 어린이 공원의 인기 장소인 마법의 거울방에서는 자신의 모습이 길게, 땅땅하게 변해 보이는 것만 아니라, 거울이 만드는 온갖 신비한 장면을 경험할 수 있다. 특히 삼면경 방에 들어가면 자신이 만화경의 주인이 되어 방향을 잃고 입구조차 찾지 못하게 된다.

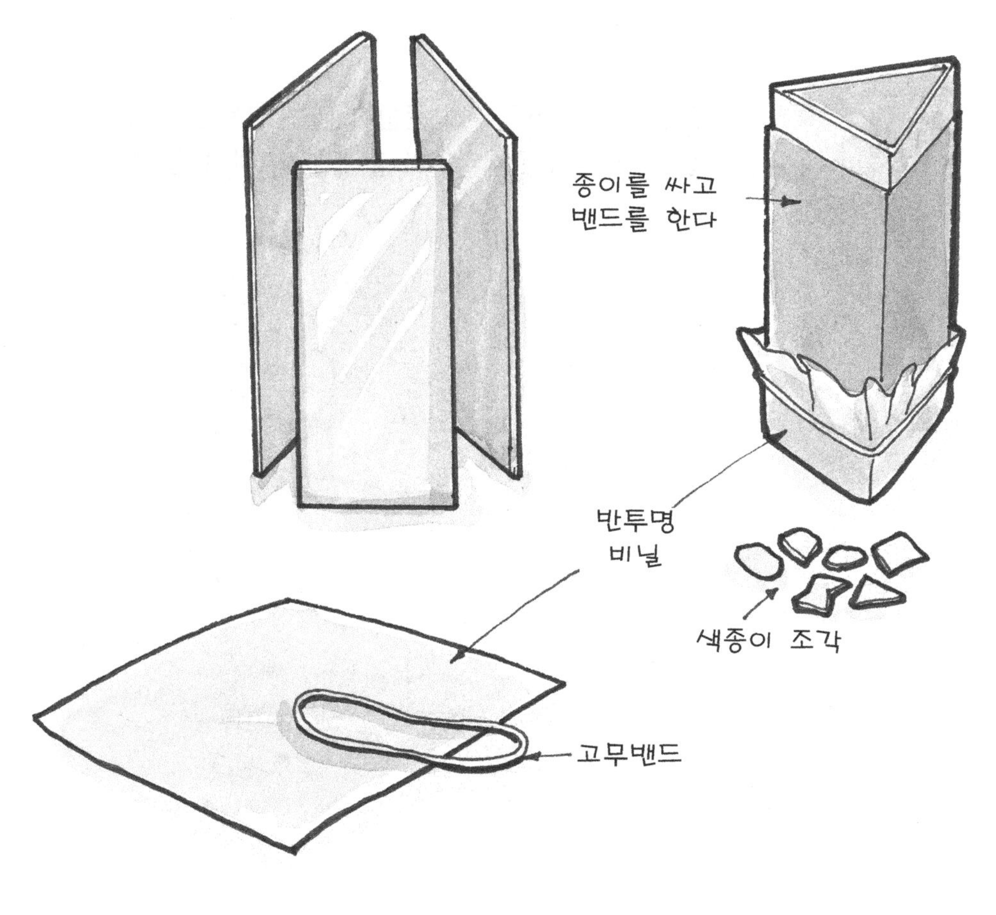

숟가락으로 크고 작은 종소리 만들기

- 작은 소리와 큰 소리의 차이는 무엇인가 -

준비물
- 어른 숟가락
- 질긴 실 약 1미터

쇠붙이로 만든 물건을 두드리면 여러 가지 쇳소리가 잘 난다. 어떤 것은 둔탁하게 진동하고 숟가락은 은은한 소리를 울린다. 숟가락에서 나는 소리를 들어보면서 큰 소리와 작은 소리의 차이를 알아보자.

1. 실의 중앙에 숟가락의 무게 중심이 되는 부분을 맨다.
2. 실의 끝을 양 손의 둘째손가락 끝에 서너 차례 감는다.

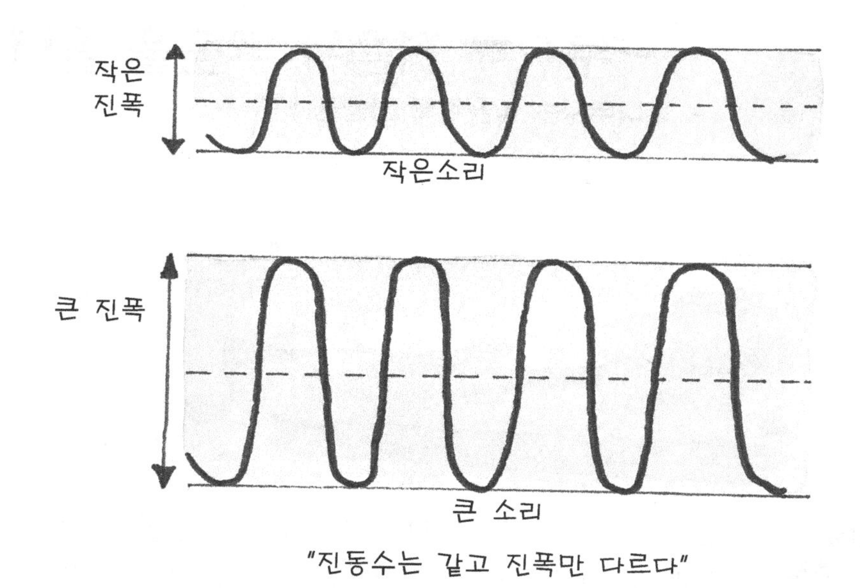

"진동수는 같고 진폭만 다르다"

3. 두 손가락을 그림처럼 양쪽 귓구멍에 꽂은 상태로 여러분의 몸을 기울이면서 숟가락을 식탁 가장자리에 부딪혀보자.
4. 숟가락을 조용하게 부딪혀보기도 하고, 강하게 부딪게 해보자. 부딪치는 정도에 따라 소리가 어떻게 달라지는가?

숟가락을 조용히 부딪치면 가느다란 작은 종소리가 난다. 그러나 좀 크게 부딪치면 교회의 종소리처럼 크게 들린다.

연구 숟가락을 식탁 가장자리에 부딪치면 숟가락의 분자가 진동하게 되고, 그에 따라서 주변의 공기가 떨려 소리가 된다. 가만히 부딪치면 진폭이 작은 소리(소음)가 만들어지고, 크게 부딪치면 진폭이 큰 소리(대음)가 된다. 그림에서와 같이 숟가락에서 나온 음파는 파장은 같고 진폭만 다르다. 진폭이 크면 교회의 종소리처럼 큰 소리로 들리게 된다.

피아노의 '도'음 건반을 가만히 누를 때와 강하게 누를 때도 소리가 크고 작게 구별되어 들린다. 그러나 두 소리는 파장은 같으면서 진폭(파고)만 다를 뿐이다. 진폭이 크면 큰 소리로 들리고 진폭이 작으면 작은 음이 된다.

대나무자로 저음과 고음을 울려보자

- 대나무자는 짧을수록 고음을 낸다 -

준비물
- 대나무자 (또는 30센티미터 길이 플라스틱 자)
- 책상

물체가 진동을 하면 소리가 난다. 대나무자의 일부를 책상 가장자리 밖으로 내밀고 그 끝을 손가락으로 튕겨주면, 대나무자는 팅! 하는 진동 소리를 낸다. 대나무자를 길게 하여 튕겼을 때와 짧게 하여 진동시켰을 때, 어느 경우에 높은 음이 나오는가? 그 이유는 무엇일까?

1. 대나무자의 한 쪽을 책상 가장자리 밖으로 길게 내밀고, 한손으로는 책상 위에 놓인 부분을 꾹 누르고 다른 손으로는 가장자리 밖으로 나온 부분을 살짝 눌러다 놓으며 튕겨보자. 대나무자가 진동하면서 어떤 소리를 내는가? 진동시간은 얼마나 긴가?
2. 자를 조금 더 짧게 내밀고 같은 방법으로 진동음을 만들어보자.
3. 자를 점점 짧게 내민 상태에서 튕겨보며 소리의 높이가 어떻게 달라지나 들어보자.
4. 대나무자를 같은 길이로 내민 상태에서 끝을 크게 튕겼을 때와 작게 튕겼을 때 소리의 높

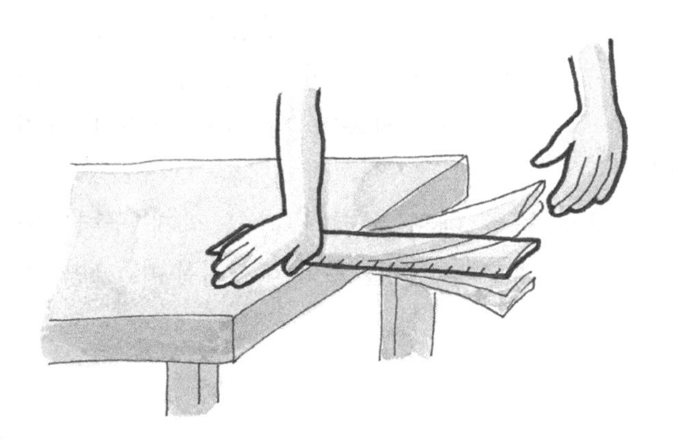

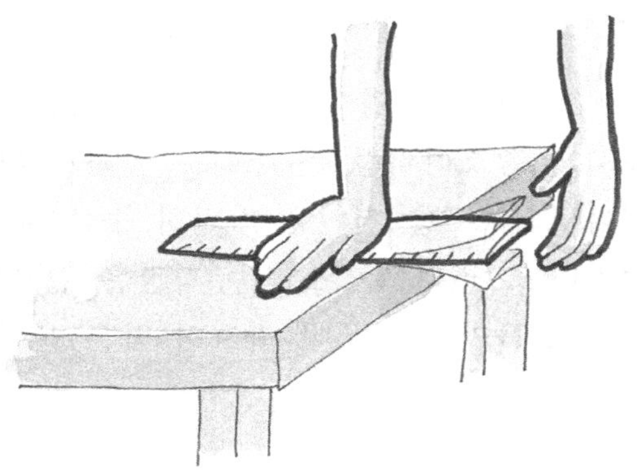

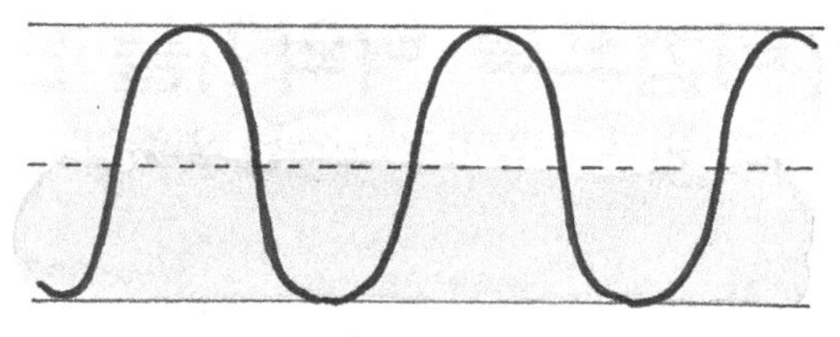
진동수가 적다(저음)

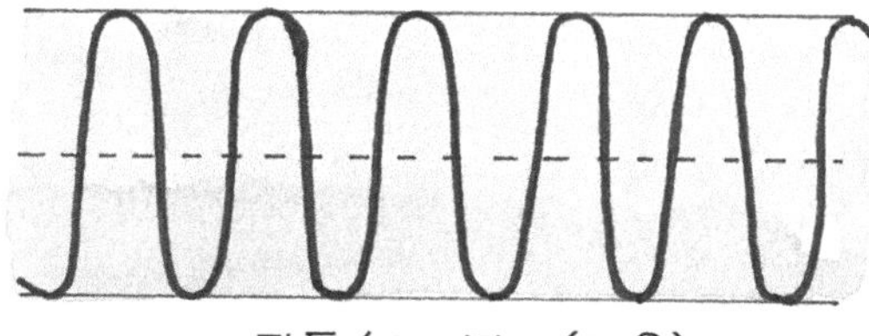
진동수가 많다(고음)

이가 달라지는가?

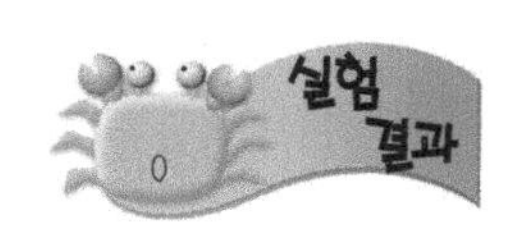

책상 가장자리 밖으로 많이 나올수록 대나무자의 진동음은 낮은 소리(저음)이고, 짧게 나올수록 띵! 하며 높은 음(고음)을 낸다. 그리고 대나무자가 길게 나와 크게 진동하면 진동시간도 길어진다. 만일 가장자리 밖으로 나온 대나무자의 길이가 같으면, 세게 튕기든 살짝 튕기든 소리의 높이는 같고, 다만 세게 튕길수록 소리만 크게 날 뿐이다.

실험45에서는 숟가락을 세게 치든 작게 치든 숟가락이 진동하는 진동수는 같기 때문에 같은 높이의 소리가 나면서, 다만 치는 세기에 따라 대음(큰 소리)이나 소음(작은 소리)이 생겨났다. 그러나 이 실험에서는 긴 대나무자가 흔들리면 진동수가 적어 낮은 소리(저음)가 발생하고, 대나무자가 짧을수록 높은 소리(고음)가 생겨났다.
기타나 바이올린과 같은 현악기는 같은 현(줄)이라도 진동하는 부분의 길이를 손가락으로 조정함으로써 음의 높이(고저)를 다르게 내도록 만들어져 있다. 이런 현악기들은 선이 굵을수록, 그리고 진동 부분이 길수록 낮은 소리(저음)가 나고, 선이 가늘고 진동하는 부분이 짧을수록 고음이 생긴다. 마찬가지로 현악기의 현을 세게 치면, 음의 높이는 같으면서 소리의 크기만 달라진다.

유리컵으로 타악기를 만들어보자

- 내가 만든 타악기로 노래를 연주한다 -

준비물
- 같은 종류의 물컵이나 포도주잔 8~12 개
- 물
- 젓가락

빈 유리컵을 식탁 위에 놓고 그 가장자리를 젓가락으로 살짝 때리면 띵! 하고 고운 소리가 난다. 컵에 물을 조금 붓고 다시 젓가락으로 때

려보면 빈 컵일 때와 다른 높이의 소리가 난다. 물의 양을 늘이면 소리는 어떻게 변할까? 도레미파... 음을 내는 타악기를 만들어보자.

1. 빈 유리컵 8~12개를 탁자 위에 나란히 놓아두고, 오른쪽에 놓은 첫 컵은 빈 컵으로 두고 나머지는 차례대로 물의 양을 많게 담는다.
2. 젓가락으로 물이 제일 많이 담긴 오른쪽 컵부터 그 가장자리를 조용히 차례로 때려보자. 어느 컵에서 가장 높은 음이 나는가? 그 이유는 무엇일까?
3. 컵에 담는 물의 양을 조절하여, 피아노 건반처럼 음계(音階)에 맞는 소리를 낼 수 있는 실로폰 같은 타악기를 만들어보자.

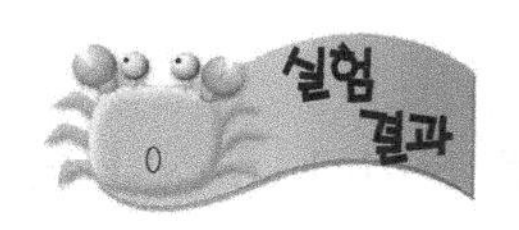

빈 컵 (또는 빈 병)에서 가장 높은 음이 나오고, 담긴 물의 양이 많을수록 진동수가 적어 소리의 높이는 낮아진다. 즉 물이 많이 담긴 컵에서는 저음이 나오고 물이 적으면 고음이 나온다.
컵 외에 유리병이나 다른 모양의 컵을 사용하면, 그 종류에 따라 나오는 음색이 달라진다.

빈 포도주잔을 쇠 젓가락으로 때리면 유리잔은 진동하여 소리(고음)를 낸다. 그런데 컵에 물이 많이 담기면 담길수록 컵의 진동은 물 때문에 방해를 받아 높은 소리(고음)가 나오게 된다.
실로폰의 경우에는 건반이 짧을수록 고음이고 길수록 저음이 나온다. 이것은 짧은 건반이 긴 것보다 더 빠르게 진동할 수 있기 때문이다.
피아노, 바이올린, 첼로 등 각종 악기는 같은 '도'음을 내더라도 각기 다른 모습의 소리를 낸다. 이처럼 독특한 소리를 **'음색'**이라고 한다. 사람들이 같은 노래를 각기 다른 목소리로 부르는 것은 음색이 사람마다 다르기 때문이다.

숟가락과 나이프가 연주하는 음악

- 아름다운 소리와 듣기 싫은 소리 -

준비물
- 숟가락, 나이프 또는 포크
- 30~40센티미터 길이의 실 2가닥
- 작은 고무 밴드 2개

유리잔, 실로폰 등을 때리면 우리 귀는 고운 소리로 느낀다. 그러나 탁자나 캔 따위를 두드리면 둔탁하게만 들린다. 귀는 어떤 소리를 아름답게 듣는가?

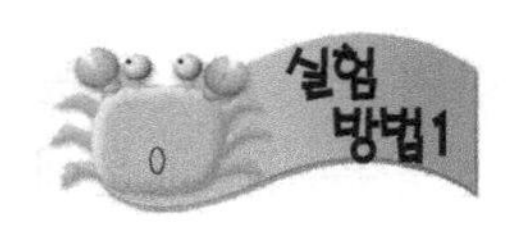

1. 두 가닥의 실 한쪽 끝에 각각 숟가락과 나이프를 매단다.
2. 각 실의 다른 끝을 좌우의 둘째손가락 끝에 감고 양쪽 귀에 꽂은 상태로 허리를 펴고 선다.
3. 머리를 설레설레 흔들어 숟가락과 나이프가 공중에서 서로 부딪히게 한다. 어떤 소리가 들리는가? 귀에 대지 않고 공기 중에서 그냥 부딪힐 때보다 소리가 크게 들리는가 아니면 작게 들리나?
4. 포크나 얼음집게 등도 매달아 실험해보자.

1. 같은 숟가락과 나이프를 사용하여 이번에는 실 끝에 고무 밴드를 연결한 뒤, 그것을

손가락에 감아 귀에 대고 소리를 들어보자. 여전히 아름다운 소리가 크게 들리는가?

숟가락이나 나이프를 직접 손에 잡고 서로 두드릴 때와는 다른 아름다운 소리가 양쪽 귀에 각각 다르게 들린다. 나이프 대신 포크로 실험하면 새로운 고운 소리가 들린다. 또 실을 통해 귀에 전해진 소리는 그냥 공기 중에서 들었을 때보다 더 크게 들린다.

고무 밴드를 통해서는 아무 소리도 전달되지 않는다.

숟가락, 나이프, 포크 등이 내는 진동음은 같은 파장의 소리를 길게 내기 때문에 악기소리처럼 곱다. 이러한 금속의 진동음이 실을 거치고 손가락을 지나 귀에 들어오면 더 크고 감미롭게 들린다. 실을 지나온 소리가 훨씬 아름답게 들리는 것은, 실이 약간의 잡음을 걸러내고 고운 소리만 전달한 때문이다.

반면에 실에 연결한 고무 밴드를 귀에 대고 같은 실험을 했을 때, 아무 소리도 들리지 않는 것은, 실과 달리 신축하는 고무줄을 통해서는 소리가 잘 전달되지 못하기 때문이다. 즉 소리의 진동이 고무줄을 만나면 열에너지로 변하여 아주 약해져버리는 것이다.

스트로로 만든 파이프 오르간 소리

- 스트로 안에서 소리의 공명이 일어난다 -

준비물
- 직경이 굵은 스트로 2개와 가위

파이프 오르간은 관 속으로 공기를 불어 넣어 소리를 내는 악기이다. 파이프 오르간의 관은 굵기와 길이가 다르기 때문에 그에 따라 다른 음이 난다. 스트로를 이용하여 파이프 오르간이 소리를 다르게 내는 원리를 실험해보자.

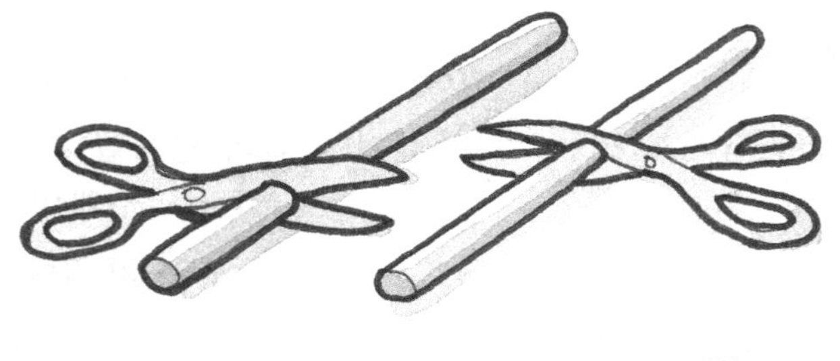

1. 잘 드는 가위로 스트로의 중간쯤을 자른다.
2. 반절이 된 스트로의 한쪽을 막은 상태로 손가락 끝에 얹어두고, 다른 반쪽 스트로를 입에 물고 끝 부분을 피리소리가 나도록 불어보자. 이때는 조용히 불어야 소리가 잘 난다. 소리가 나지 않으면 파이프가 마주하는 위치를 바꿔가며 여러 방법으로 불어보자. 소리를 낼 수 있기까지는 다소 노력이 필요

하다.

3. 이번에는 끝을 막지 않고 불어보자. 어느 경우에 더 높은 소리가 나는가?
4. 남은 스트로의 길이를 짧고 길게 자른 다음, 같은 방법으로 불어서 소리를 만들어보자. 긴 스트로와 짧은 것은 어느 쪽이 높은 음을 내는가?

같은 길이의 스트로를 불었을 때, 끝을 막고 불면 음이 낮고, 끝을 열어두고 불면 한 옥타브 높은 음이 난다. 그리고 파이프의 길이가 길수록 낮은 소리, 짧을수록 높은 음이 나온다.

소리를 잘 내려면, 입에 문 스트로 구멍의 중간쯤을 손에 든 스트로의 윗부분에 대고 가만히 분다.

연구

원통(파이프)인 스트로 끝으로 적당한 방향에서 알맞은 세기의 바람이 지나가면, 스트로가 진동할 때 원통 안의 공기가 함께 울려(공명) 소리를 낸다. 이때 반대쪽 끝이 열려 있으면 원통 안의 공기는 완전히 공명을 하여 높은 음을 내지만, 끝이 막혀 있으면 절반 높이의 음을 낸다.

그림처럼 길이가 다른 파이프로 소리를 내보면 파이프가 길수록 낮은 음이 나고, 짧으면 고음이 난다. 고음일수록 음파의 진동수가 많다.

고무 밴드로 현악기를 만들어보자

- 고무 밴드의 진동 모습에서 소리의 모양을 추측한다 -

준비물
- 음료수 캔 빈 것 1개
- 고무 밴드
- 작은 못 2개와 망치

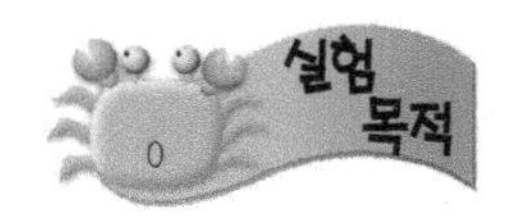

팽팽한 고무 밴드를 통기면 진동을 한다. 이 진동을 속이 빈 캔 안으로 전달하여 공명음을 만들어보자.

1. 빈 캔을 뒤집어 놓고 중앙부 양쪽 가장자리에 못을 반쯤 박는다.
2. 두 못 사이에 고무 밴드를 팽팽하도록 건다. 고무줄이 느슨하면 못 둘레에 밴드를 몇 차례 감아 팽팽해지도록 한다.
3. 손가락으로 고무줄을 통겨보자. 어떤 소리가 나는가?
4. 고무 밴드를 더 팽팽하게 조인 후 통겨보자. 소리는 어떻게 변하는가?

양쪽 못에 걸려 팽팽해진 고무 밴드를 퉁기면 캔에서는 큰 소리가 울려나온다. 이때 고무줄이 팽팽할수록 더 빠르게 진동하여 고음을 낸다.

연구

고무 밴드가 진동하면, 캔이 함께 진동하면서 그 안의 공기를 진동시켜 공명음이 크게 들리도록 한다. 고무줄이 팽팽할수록 진동수가 높아지고 그에 따라 소리는 점점 고음이 된다.

- 소리의 성질 -

1. 소리란 물체가 진동하는 것이 우리 귀에 전달된 것이다. 우리가 듣는 대부분의 소리는 공기를 통해 전달되고 있다. 책상에 귀를 대고 책상을 똑똑 두드렸을 때 들리는 소리는 책상의 재료(나무)를 통해 귀에 전달된 것이다. 그러므로 공기가 없는 진공 속에 있다면 귀에는 소리가 전달 될 수 없다.
2. 공기를 통해 전달되는 소리의 속도는 아주 느린 편이다. 만일 물속으로 소리가 전해진다면 공기 중에서보다 4배나 빠르다. 금속은 물보다 더 빨리 소리를 전달한다.
3. 공기 속으로 전달되는 소리의 속도는 온도가 높을수록 빨라진다.
4. 높은 산꼭대기는 공기가 희박하여 (공기 분자가 적어) 소리가 전달되는 속도가 느려진다.
5. 우리 귀는 아주 낮은 소리도 듣지 못하지만, 너무 높은 소리 (진동수가 많은 소리)도 듣지 못한다. 사람이 듣지 못할 정도로 높거나 낮은 소리를 '**초음파**' 라고 말한다. 박쥐, 돌고래, 나방 등의 동물은 사람이 듣지 못하는 초음파를 들을 수 있다.

이빨과 턱뼈도 소리를 전달한다

- 고무줄의 진동은 이빨을 통해 직접 귀로 간다 -

준비물
- 고무 밴드

우리의 귀는 고막을 직접 울리지 않아도 소리를 들을 수 있다. 자신의 숨소리, 이빨 부딪히는 소리, 배고플 때 뱃속에서 꾸르륵거리는 소리는 어떤 경로로 듣게 되는가?

1. 고무 밴드를 이빨에 걸고 손으로 잡아당기면서 다른 손으로 팽팽한 고무줄을 튕겨보자. 귀에 어떤 소리가 들리는가? 이 소리는 어떤 경로로 귀에 들리게 되었을까?

2. 고무 밴드를 동생의 이빨에 걸어두고 같은 방법으로 튕겨보자. 같은 소리가 자기의 귀에 들리는가?

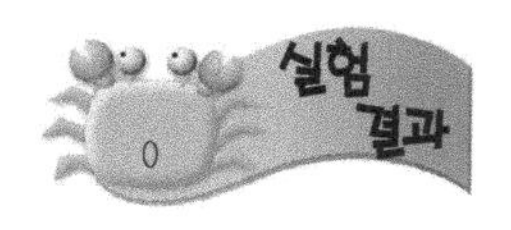

자기의 이빨에 고무 밴드를 걸고 튕기면 고운 소리가 아주 크게 들린다. 그러나 동생의 이빨에 걸고 튕기면, 소리도 다르고 크기도 훨씬 작게 들린다. 그 대신 동생의 귀는 고운 소리를 들을 것이다.

고무 밴드를 이빨에 걸고 튕기면 고무줄의 진동이 만들어낸 음파가 이빨을 진동시킨다. 또 이빨의 진동은 턱뼈를 진동시켜 바로 자신의 귀로 전달한다. 그러나 남의 이빨에 걸고 튕긴 고무줄의 진동 음파는 공기 중을 거쳐 고막으로 들어온 정상적인 소리이다.

1. 고무 밴드를 자기의 손가락 사이에 팽팽하게 걸고 튕겨보자. 이빨에 걸고 튕긴 소리와 어떻게 다르게 들리는가?

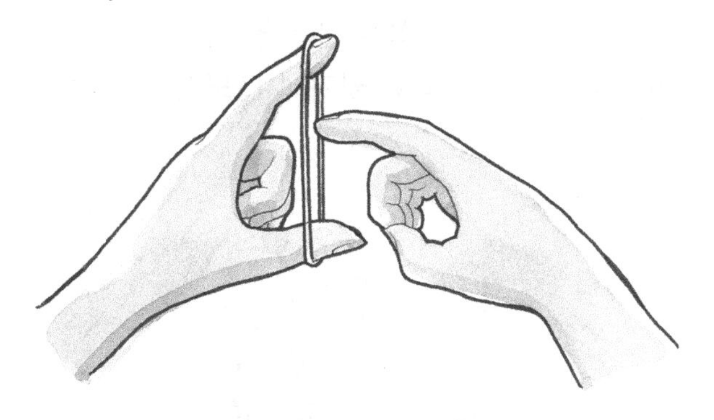

- 귀는 왜 좌우 둘 필요한가? -

우리의 귀는 양쪽에 있어 스테레오 음악도 즐길 수 있고, 전화기를 좌우로 바꾸어 가며 통화하고, 안경도 걸어둘 수 있다. 그러나 좌우 양쪽에 귀가 있는 것은 이보다 훨씬 중요한 이유가 있다.

귀가 하나 뿐이라면 소리가 오는 방향을 잘 알지 못한다. 귀가 좌우에 있으면 소리가 좌우 귀에 도착하는 시간이 조금이나마 다르고, 소리의 크기도 같지가 않다. 뇌는 두 귀에 들리는 이러한 작은 차이를 판단하여 소리의 방향을 아는 능력을 가지고 있다.

실험으로 눈을 가리고 있을 때, 소리가 머리 정면이나 뒷면 또는 머리 위에서 울려, 양쪽 귀의 고막에 동시에 도달한다면, 우리의 뇌는 소리가 발생한 방향을 정확하게 판단하지 못한다.

소라껍데기에서는 무슨 소리가 들리는가?

- 소리를 더 크게, 더 잘 듣는 방법 -

준비물
- 유리컵과 커다란 소라 껍데기

멀리서 오는 작은 소리를 듣기 위해 귓가에 손바닥을 펼쳐 대면 더 잘 들릴까? 실험으로 확인해보자.

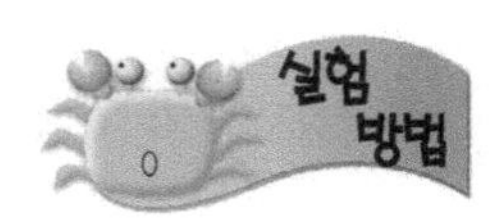

1. 유리컵의 열린 쪽을 귓가에 가져가보자. 어떤 소리가 들리는가?
2. 두 손바닥을 펴서 귓가에 대보자. 어떤 소리가 들리나?

3. 손가락으로 귀를 완전히 막고 있어보자. 소리가 전혀 들리지 않는가?

유리컵이나 손바닥을 귓가에 가져가면 듣지 못하던 솨! 하는 소음이 들린다. 또 손가락으로 귓구멍을 완전히 꽉 막아도 외부의 소리가 조금은 들린다.

연구

동물들 중에 토끼는 유난히 큰 귀를 가졌다. 밤에 활동하는 동물 중에는 큰 귀를 가진 종류가 많다. 동물들의 큰 귀는 소리를 모으는 역할을 하여 작은 소리를 잘 듣도록 해 준다.

만일 귓바퀴가 없다면 우리의 귀는 소리에 훨씬 둔감할 것이다. 유리컵을 귀 가까이 가져가면, 귓가를 지나가면서 컵을 진동시킨 여러 음파들이 귀에 들리게 된다. 그것이 솨! 하는 소음이다. 손바닥을 귓가에 대도 비슷한 잡음이 되어 들린다. 손바닥은 동물들의 큰 귀처럼 작은 소리를 잘 듣는데 도움을 준다.

커다란 소라껍데기를 귓가에 가져갔을 때 들리는 소리는 유리컵을 귓가에 댄 것과 마찬가지이다. 우리는 솜으로 귀를 아무리 틀어막아도 약간의 소리는 듣는다. 그것은 우리 몸을 지나가는 음파가 고막만 아니라 피부와 뼈 등도 조금이나마 진동시키고, 그것이 고막까지 전달된 때문이다.

물속으로 전해지는 소리를 들어보자

- 소리는 액체, 고체 속으로 더 잘 전달된다 -

준비물
- 물통
- 머리빗
- 친구나 동생

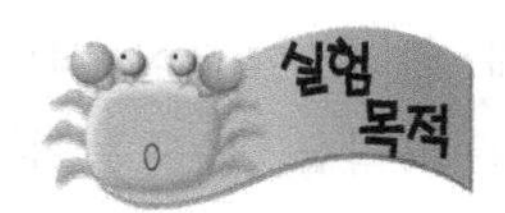

소리는 공기 중으로만 아니라 물속과 고체 속으로도 전달된다. 물속에서 만든 소리를 직접 들어보자.

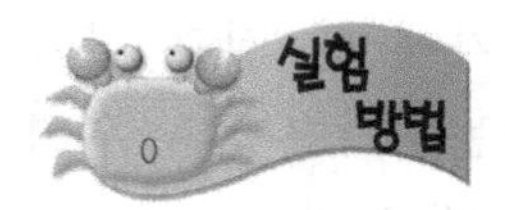

1. 책상 한쪽 끝의 바닥에 귀를 바짝 댄다. 친구로 하여금 책상 반대쪽 끝에서 책상을 톡톡 두드리게 한다. 책상(고체)을 통해 전달되어온

소리가 얼마나 잘 들리는가?

2. 머리빗을 손가락으로 드르륵 긁었을 때 들리는 소리를 기억해두자.
3. 물통에 가득 물을 담는다.
4. 친구로 하여금 머리빗을 물속에 잠거 손가락으로 긁게 한다. 남의 도움을 받지 않고 스스로 빗소리를 만들면, 자신의 몸을 통해서도 소리가 전달되므로 정확한 실험이 되지 않는다.
5. 물통 벽에 귀를 대고 그 소리를 들어보자. 공기 중에서 빗을 긁을 때와 다른 소리인가?

책상을 두드리는 소리는 공기 중에서보다 더 큰 소리로 잘 들린다. 그리고 물통 속에서 빗을 긁은 소리는 물통 벽에서 잘 들을 수 있다. 그 소리는 공기 중에서 듣던 소리와 거의 비슷하다.

소리는 물질을 통해 전달된다. 그러나 공기조차 없는 진공에서는 진동할 매체가 없어 소리는 전달되지 못한다. 분자의 밀도가 높은 물속에서는 소리가 공기 중에서보다 더 빨리 전달된다. 그리고 고체는 물보다 더 빨리 소리를 전한다.

어선에서 사용하는 음파탐지기는 우리 귀로 들을 수 없는 높은 주파수의 소리를 물속으로 발사하여, 그 반사음이 되돌아오는 것을 수신하여 물의 깊이라든가, 수면 하의 지형 그리고 그 사이에 있는 물고기의 모양과 크기, 수 등을 알려준다. 또 잠수함에서는 다른 잠수함에서 들려오는 엔진 소리를 들어 어떤 잠수함인지 상대를 구별한다.

- 소리의 높이(진동수)는 '헤르츠', 크기는 '데시벨'로 표시한다 -

소리의 파(음파)가 1초 동안에 진동하는 수는 '헤르츠'라는 단위로 표시한다. 사람은 20~20000헤르츠 범위의 소리만 들을 수 있고, 이보다 느리거나 빠른 진동수의 소리는 듣지 못한다. 새소리는 헤르츠가 높은 고음이고, 큰 트럭의 엔진 진동음은 저음이다.

소리의 크기를 측정할 때는 '데시벨'이라는 단위를 쓴다. 제트기의 소리, 대포소리, 바위를 뚫는 착암기 소리 등은 데시벨이 매우 높은 큰 소리이다. 낙엽이 떨어지는 소리는 10데시벨이고, 가장 큰 동물이면서 제일 큰 소리를 내는 청고래는 188 데시벨의 소리를 낸다.

종이컵으로 성능 좋은 전화기 만들기

- 실의 성질에 따라 소리의 전달 정도가 다르다 -

준비물
- 종이컵 2개
- 무명실, 질긴 실, 가는 철사 각 5~10 미터
- 이쑤시개 2개
- 친구나 동생 또는 부모님

종이컵에 실을 연결하는 전화는 아주 오래 된 장난감이다. 종이컵을 이용하여 소리가 잘 들리도록 만드는 방법을 실험해보자.

1. 2개의 종이컵 바닥 중앙에 작은 구멍을 뚫는다.
2. 무명실의 양쪽 끝에 이쑤시개를 맨 다음, 이것을 그림처럼 컵의 구멍에 각각 끼운다.
3. 종이컵 사이에 연결된 줄을 팽팽하게 펴고 친구와 통화를 해보자.

그림 1

4. 무명실 대신 잘 꼬인 질긴 실을 전화줄로 사용하여 같은 실험을 해보자.
5. 가느다란 철사를 전화줄로 사용해보자.
6. 어떤 전화줄이 가장 소리를 잘 전하는가? 그 이유는 무엇일까?

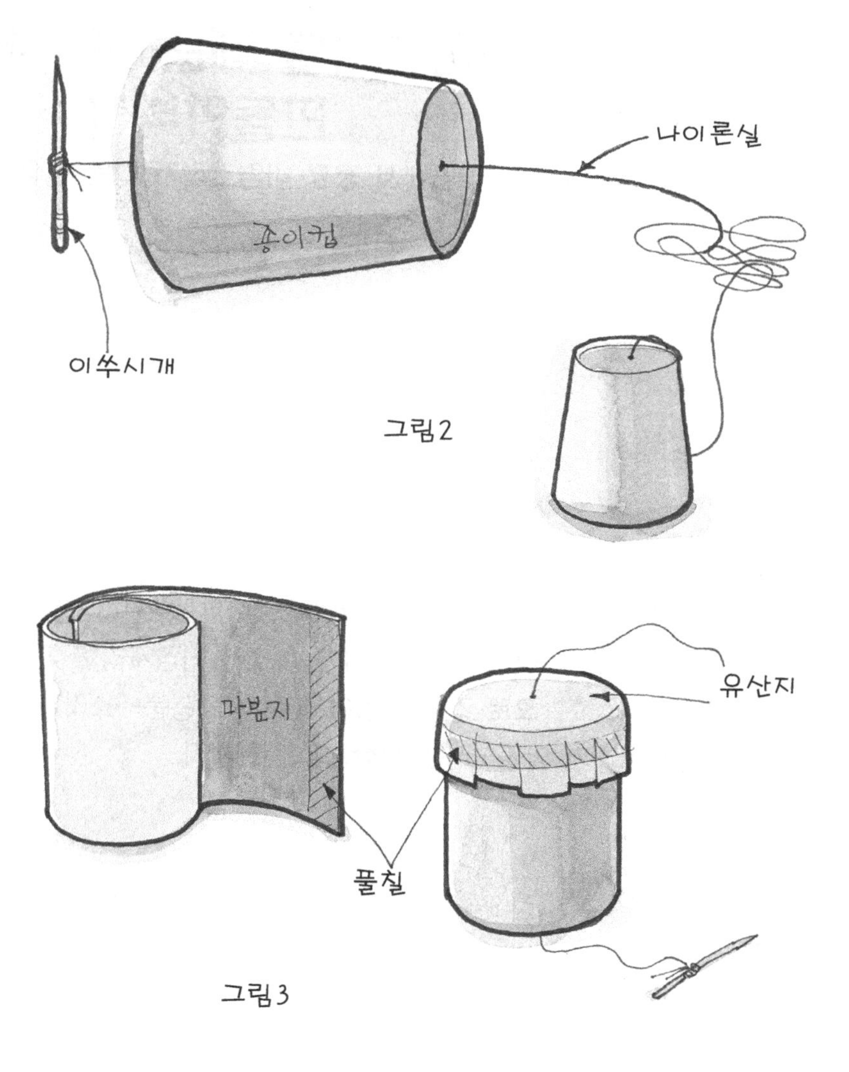

그림2

그림3

종이컵 전화기는 무명실보다는 질긴 나일론실이 소리를 더 선명하게 전하고, 가는 철사줄은 더 좋은 전화선이 된다. 무명실처럼 부드러운 재질은 진동을 많이 흡수하지만, 질긴 실이나 철사는 진동을 더 잘 전달하기 때문이다.

연구 종이컵 전화기는 매우 오래된 음파 실험도구로서, 목소리가 종이컵의 바닥을 진동시키면 그 진동이 실을 따라 상대의 종이컵 바닥을 진동시키도록 만든 것이다. 이 소리 실험도구는 종이컵이 없던 시절에는 그림3처럼 마분지를 잘라 종이컵처럼 만들어 사용했다. 그리고 진동판으로는 얇은 유산지 등을 사용했다. 종이컵보다 1회용으로 쓰는 얇은 플라스틱 컵의 바닥이 종이보다 더 진동을 잘 한다.

바람소리를 내는 나무토막을 만들어보자

- 패들에서 붕붕 바람소리가 나는 이유 -

준비물
- 커피를 휘젓는 작고 납작한 나무토막(패들) 4개
- 실 50센티미터
- 송곳

회초리나 나무막대를 빨리 휘두르면 쌩! 하고 바람 가르는 소리가 난다. 이것은 공기가 회초리 가장자리를 지날 때 만든 진동음이다. 문틈으로 강한 바람이 들어와도 붕붕- 소리가 난다. 구멍 속으로 바람이 빠르게 지날 때 소리가 만들어지는 현상을 실험해보자.

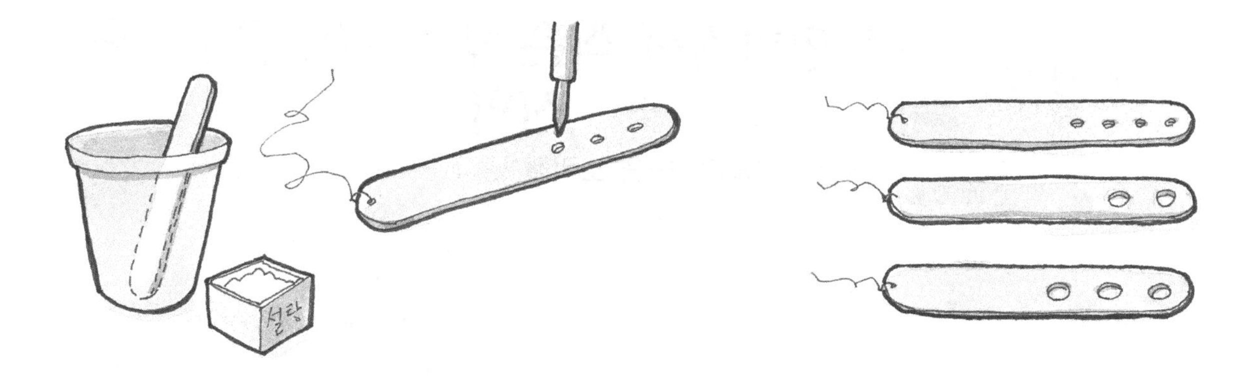

1. 커피 젓는 납작한 나무토막(패들) 한쪽 끝에 작은 구멍을 뚫고 실을 꿰어 빠지지 않도록 매듭을 한다.
2. 반대쪽 끝에 3개의 구멍을 송곳으로 그림처럼 나란히 1열로 뚫는다.
3. 마당이나 넓은 공간으로 나가, 실의 끝을 잡고 이 패들을 머리 위에서 빠르게 휘돌려보자. 어떤 소리가 나는가?

(* 이 실험은 패들을 휘돌릴 때 옆 사람을 다치게 할 염려가 있으므로 조심해야 한다.)

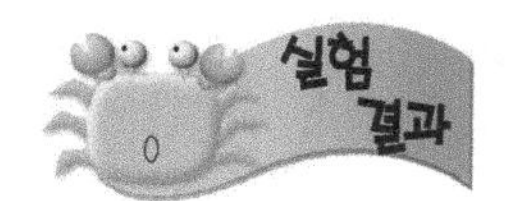

패들을 빠르게 휘돌리면 붕붕 소리가 난다. 이 소리는 패들 가장자리와 구멍을 지나는 바람 때문에 발생한 것이다.

구멍 뚫린 나무토막을 빨리 회전시키면, 구멍 속으로 바람이 빠르게 지나면서 진동음을 낸다. 이 바람소리가 구멍만 아니라 가장자리에서도 생긴 것임을 확인하려면, 구멍을 뚫지 않은 것을 돌려보면 알 수 있다.

1. 구멍을 4개, 5개를 뚫어서 돌려보기도 하고, 구멍의 크기나 위치를 다르게 하여 돌려보기도 하자. 서로 다른 소리가 나도록 연구해보자.
2. 패들의 구멍에서 나는 소리가 피리소리처럼 연속적으로 고르게 들리지 않고, 휘돌리는 회전속도에 맞춰 소리가 커졌다 작아졌다 붕붕거리며 들리는 이유에 대해 생각해보자. (과학백과사전에서 '**도플러 효과**'에 대해 찾아보자.)

큰 항아리와 작은 항아리의 울림소리 차이

- 작은 항아리가 높은 소리를 낸다 -

준비물
- 비어 있는 항아리 큰 것과 작은 것
- 큰 병과 작은 병

빈 방이나 강당에서 말을 하면 웅웅 울린다. 강당의 울림소리는 교실에서보다 더 심하게 난다. 소리의 울림은 왜 생겨날까?

1. 커다란 항아리에 입을 대고 '아!' 하고 작은 소리를 내보자. 이번에는 작은 항아리에 입을 대고 '아!' 소리를 한다.
2. 같은 방법으로 큰 유리병과 작은 유리병에 입을 대고 '아!' 소리를 내보자.
3. 어느 항아리가 큰 소리를 내는가? 높은 음을 내는 항아리는 어느 것인가? 병의 경우에는 어떤가? 그 이유는 무엇일까?

큰 항아리의 울림소리가 크게 들린다. 그러나 높은 음을 내는 것은 작은 항아리이다. 마찬가지로 큰 병이 큰 소리를 내고, 작은 병에서 높은 음이 난다.

연구 항아리나 병에 입을 대고 소리를 내면, 항아리가 클수록 파장이 긴 낮은 울림소리를 만들게 된다. 반면에 작은 항아리는 짧은 파장의 울림소리를 만들게 되므로 큰 항아리보다 높은 음(고음)이 난다. 마찬가지로 큰 강당 안에서는 교실보다 울림소리가 더 크다. 그러나 음의 높이는 낮다.

눈이 내리는 날은 왜 적막하게 느껴지나?

- 눈은 왜 소리를 잘 흡수할까? -

준비물
- 눈 내리는 날
- 빈 강당과 청중이 가득한 강당 안

잠자는 동안 아무도 모르게 조용히 눈이 내린 날 아침, "눈이 소리도 없이 내렸다."고 잘 말한다. 눈이 내린 날은 여느 때보다 온 세상이 조용하게 느껴진다. 그 이유는 무엇일까?

1. 평소 아침에 일어났을 때 사방에서 어떤 소음이 어느 정도 들리는지 유심히 들어보자. 그리고 눈이 내리는 때나, 눈이 쌓인 날 다시 들어

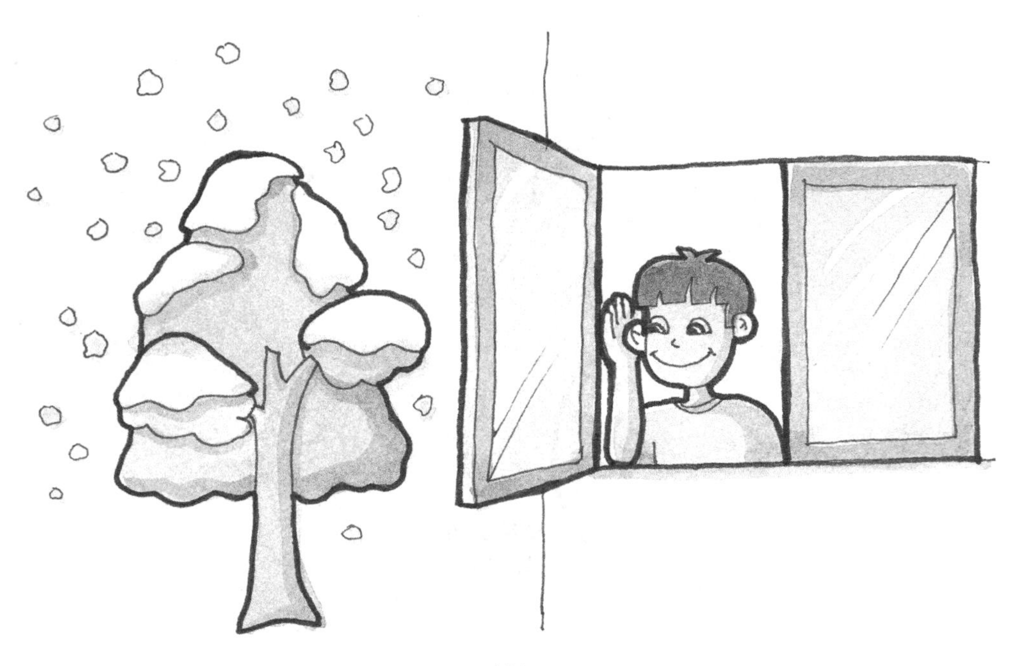

보자. 평소처럼 소음이 많이 들리는가?

2. 강당 안에 몇 사람만 앉아 있으면 마이크 소리가 울려 음성을 잘 알아듣기 어렵다. 강당에 학생이 가득한 때도 소리가 웅웅거리는가? 아니라면 그 이유가 무엇일까?

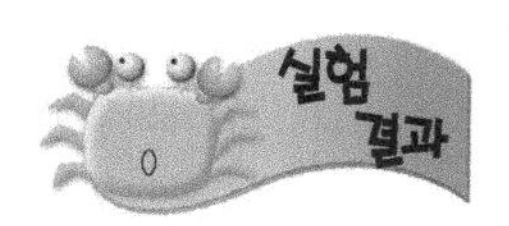

눈이 내리는 날은 평소보다 훨씬 조용하다. 그리고 강당 안에 사람이 가득하면 마이크 소리는 웅웅거리지 않고 잘 들린다.

연구 눈은 빗방울이나 우박과 달리 솜처럼 펼쳐져 있어 틈새에 많은 공간이 있다. 눈의 이러한 틈새는 음파를 잘 흡수해버린다. 눈이 내리는 날이면 사방에서 들려오던 소리를 눈이 많이 흡수한다.

강당 안에 사람들이 가득하면 사람들이 입은 옷이 소리를 흡수한다. 그러므로 강당 천정과 벽에 반사되어 웅웅거리던 소리가 감소하여 마이크 소리가 분명하게 들린다.

1. 자동차에는 '머플러(muffler)'라는 것이 있다. 머플러는 자동차의 엔진에서 배출되는 고압의 배기가스가 만드는 시끄러운 소리를 작게 해주는 '소음장치'이다. 머플러는 원래 목도리를 의미한다. 머플러로 입을 가리고 말하면 소리가 작아진다. 그래서 자동차의 소음기를 머플러라 부른다고 한다.

천이나 종이를 찢으면 왜 큰 소리가 날까?

- 급히 찢으면 더 큰 소리가 난다 -

> **준비물**
> - 못쓰는 셔츠의 천
> - 헌 신문지

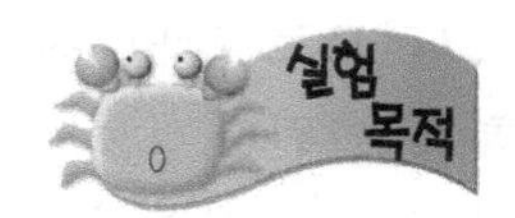

장난치고 놀다가 친구가 옷소매를 잡아당기는 순간 옷이 북- 찢어지는 수가 있다. 종이를 찢어도 좌악- 소리가 난다. 그 이유는 무엇일까?

1. 못쓰는 천을 두 손으로 잡고 좌우로 당겨 천천히 찢어보자. 또 빨리 찢어보자. 찢어지는 소리의 크기에 차이가 있는가?
2. 같은 방법으로 신문지를 서서히 그리고 빨리 찢어보자. 급히 찢으면 왜 소리가 크게 날까?

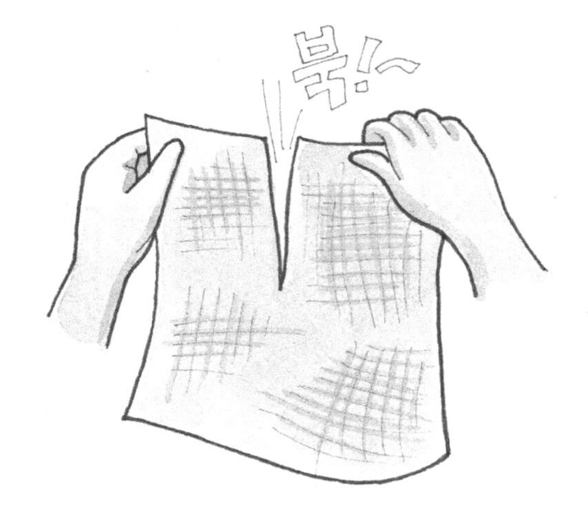

천이나 종이를 갑자기 확 찢으면 더 큰 소리가 난다.

친구들과 뛰며 놀다가 북- 하는 소리를 들으면 보지 않아도 옷이 찢어지거나 실밥이 터진 것을 안다. 이러한 소리는 천 주변에 있는 공기의 분자가 진동하여 생겨나는 것이다. 만일 갑자기 빠르게 찢는다면 짧은 시간 사이에 진동하는 공기의 분자가 한꺼번에 많이 생겨 큰 소리가 된다.

운동, 전기, 기계

바람의 힘으로 달리는 풍선 호버크래프트

- 밑판의 마찰을 줄이면 더 잘 달린다 -

준비물
- 마분지
- 빈 재봉틀 실패
- 고무풍선
- 접착제
- 가위와 자, 연필

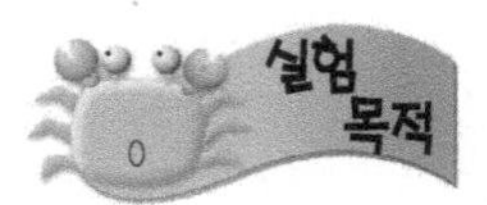

선체 아래로 강한 바람을 뿜어내며 달리도록 만든 호버크래프트는 지상과 물, 늪지 어디라도 달릴 수 있는 편리한 교통기관이다. 고무풍선의 바람을 이용하여 마루바닥을 달리는 호버크래프트를 만들어보자.

1. 마분지를 잘라 길이가 사방 10센티미터인 정사각형 밑판을 만든다.
2. 마분지 밑판 중앙에 재봉틀 실패의 구멍과 같은 직경으로 구멍을 뚫는다. 이 작업은 부모님에게 부탁한다.
3. 구멍 주변에 접착제를 칠하고 실패를 붙인다. 이때 실패 구멍과 마분지 구멍이 서로 통하도록 맞아야 한다. 접착제가 마르도록 몇 시간 놓아둔다.
4. 고무풍선에 바람을 불어 넣은 뒤, 입구를 비틀어 쥐고 바람이 나오지 않도록 한다.

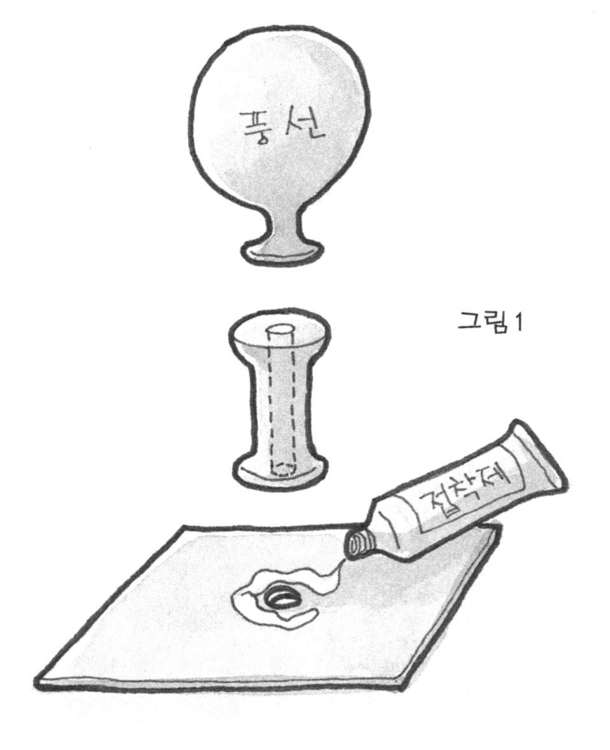

그림 1

5. 그 상태로 풍선의 입구를 늘려서 실패에 덮어씌우고, 밑판이 마루바닥에 닿도록 한 상태에서 풍선의 입을 열어준다.
6. 풍선 바람이 실패 구멍을 지나 밑판 구멍을 통해 마루바닥으로 쏟아져 나온다.
7. 사각형 마분지를 손가락으로 슬쩍 밀어주면서, 앞으로 달리는 것을 보자.

풍선 호버크래프트의 풍선에서 나온 바람은 마분지 밑판을 마루바닥에서 살짝 뜨게 해준다. 그 결과 밑판과 마루바닥 사이의 마찰이 적어지므로 풍선 호버크래프트는 쉽게 미끄러지듯 앞으로 나가게 한다.

고압 기체를 선체 바닥으로 내뿜어 빠르게 달리는 호버크래프트는 007영화에 등장하여 유명해지기 시작한 교통기관이다. 그림3과 같은 모양으로 마분지 밑판을 만들어 풍선 호버크래프트를 만들어보자.

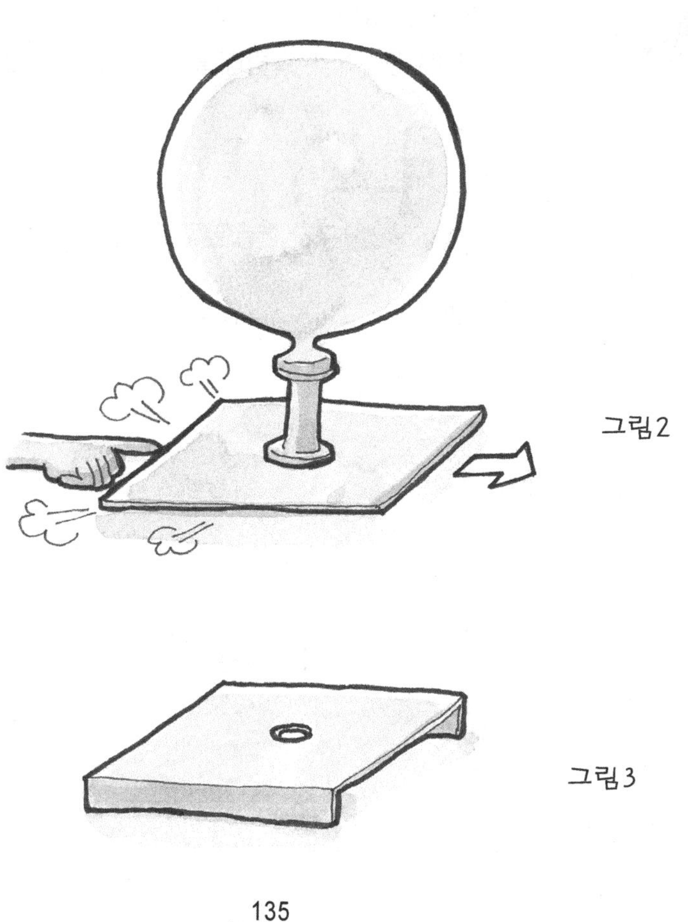

그림2

그림3

굴림대로 무거운 물체를 운반하는 원리

- 마찰을 줄이면 큰 바위도 쉽게 옮긴다 -

준비물
- 책 크기의 나무판자
- 작은 못 1개
- 벽돌 2장
- 고무 밴드
- 둥근 연필 몇 개와 자

바퀴는 마찰을 줄여주는 편리한 도구이다. 사람들은 무거운 가구나 기계를 옮길 때 몇 개의 굴림대를 받쳐 쉽게 운반하고 있다. 굴림대가 얼

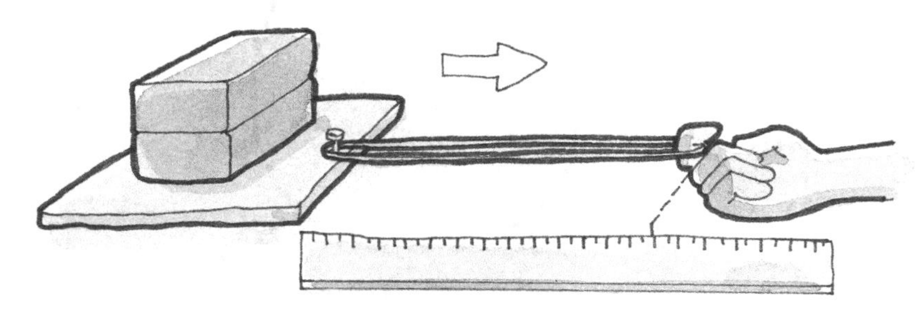

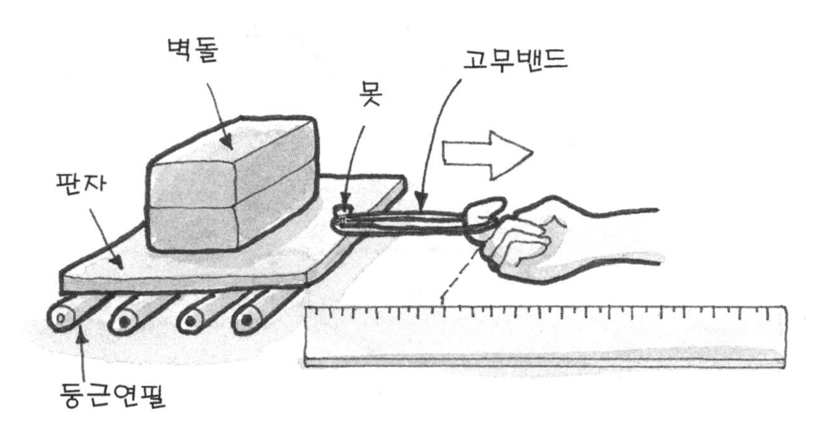

마나 힘을 줄여주는지 실험으로 조사해보자.

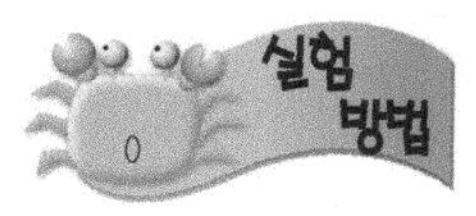

1. 나무판 뒤에 2개의 벽돌을 얹는다.
2. 나무판자 앞에 그림과 같이 작은 못을 박는다.
3. 못에 고무 밴드를 걸고 당긴다. 벽돌이 끌려오기 시작할 때 고무 밴드가 얼마나 늘어나는지 자로 잰다.
4. 나무판 밑에 둥근 연필을 나란하게 5개 정도 깔고 그 위에 벽돌 2개를 얹는다.
5. 같은 방법으로 고무 밴드를 당겨보자. 밴드는 얼마나 늘어났는가?

맨바닥의 벽돌은 좀처럼 끌려오지 않아 고무 밴드가 길게 늘어난다. 그러나 둥근 연필을 굴림대로 깔아두면 벽돌은 아주 쉽게 끌려온다.

선사시대에 만든 무덤이라는 고인돌을 보면, 저렇게 큰 돌을 어떻게 움직였을까 궁금해진다. 그러나 돌 밑에 굴림대를 받치고 끌면 훨씬 쉽게 이동시킬 수 있다. 이집트의 피라밋을 쌓은 큰 돌들도 이러한 굴림대를 사용하여 운반했다.

무거운 물체를 땅바닥에서 그대로 끌려고 하면 큰 힘이 들뿐 아니라 땅이 파지거나 마루를 상하게 만든다. 그러나 굴림대를 사용하면 마찰을 줄일 수 있어 마루를 긁지 않고 쉽게 이동시킬 수 있다.

굴림대를 사용하는 모습은 바닷가에서 어부들이 작은 어선을 해안으로 끌어올릴 때 자주 볼 수 있다. 굴림대로는 둥근 통나무라든가 쇠파이프가 쓰인다. 굴림대를 다른 말로 궁글대라고도 한다. 굴림대는 반드시 평행하게 놓아야 한다. 만일 아래 그림의 오른쪽처럼 굴림대가 나란하지 않으면 제대로 굴릴 수 없다.

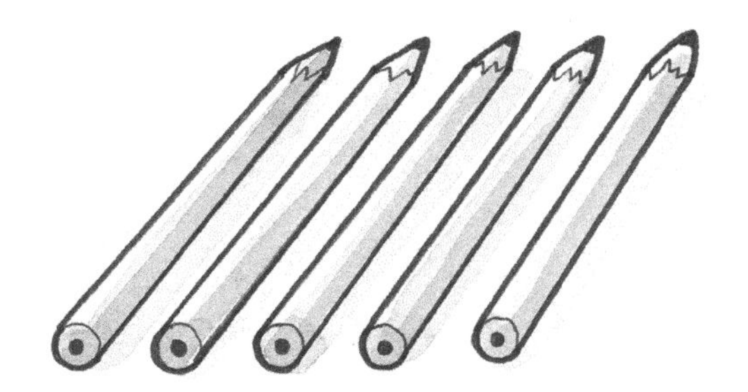

에너지를 주고받는 두 개의 고무공

- 에너지는 없어지지 않고 형태를 바꿀 뿐이다 -

준비물
- 대나무 자
- 벽돌이나 무거운 책
- 실 1미터 정도
- 같은 크기의 가벼운 고무공 2개

당구대에서 큐로 하나의 공을 쳤을 때, 그 공이 다른 공에 맞으면 맞은 공이 에너지를 받아 앞으로 굴러간다. 이처럼 물체가 가진 에너지는 다른 물체에 전달할 수 있다. 끈에 자유롭게 매달린 같은 크기의 두 공이 서로 에너지를 주고받는 현상을 실험으로 확인해보자.

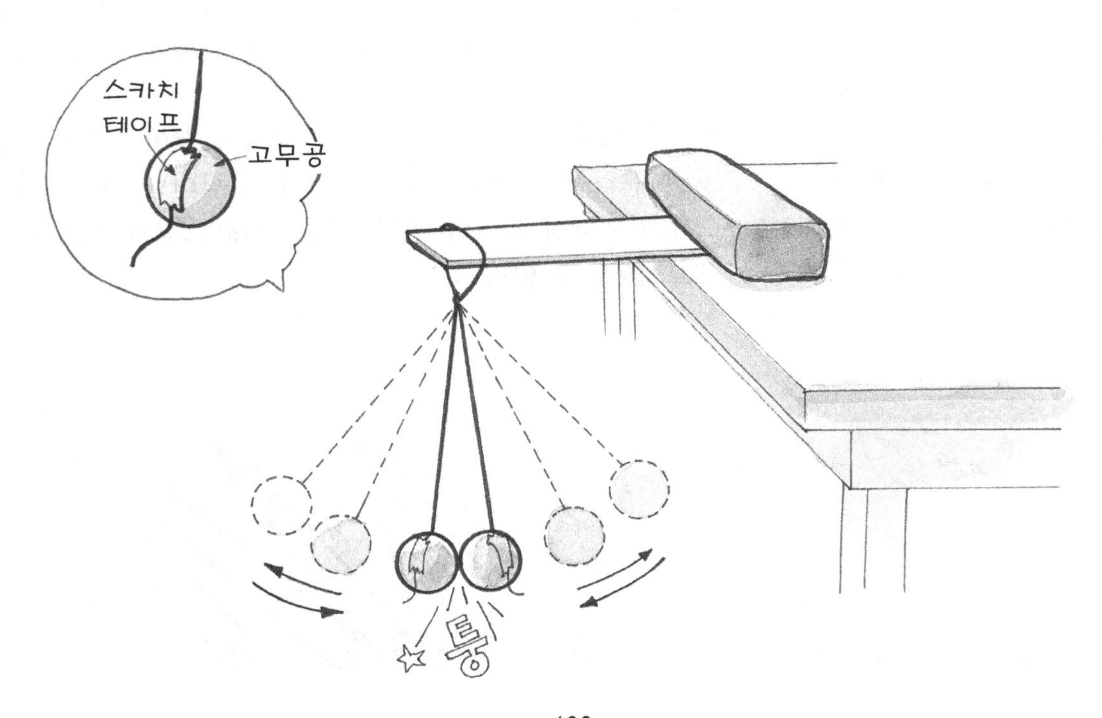

1. 대나무자를 책상 가장자리에 그림처럼 놓고 자의 끝 부분에 묵직한 벽돌이나 책을 얹어놓는다.
2. 약 1미터 길이의 실 중간을 감아 고리 매듭을 만들고 이것을 대나무자에 끼운다. 두 가닥의 실 끝은 아래로 드리워진다. 공의 크기에 따라 실의 길이는 적당하게 조절해야 한다.
3. 두 가닥의 실 끝에 고무공을 각각 매단다. 이때 스카치테이프를 이용하여 그림처럼 매달도록 한다.
4. 손으로 하나의 공을 옆으로 당겼다가 놓아보자. 공은 어떤 모습으로 에너지를 서로 주고받는가?

실에 매달린 공은 추처럼 오가며 서로 퉁!- 퉁!- 부딪는 소리를 내면서 교대로 에너지를 전달한다. 이러한 에너지 전달 운동은 한참동안 계속된다.

왼쪽 공이 오른쪽 공을 때리고 나서 그 자리에 멈추면, 이번에는 그 에너지를 받은 오른쪽 공이 반대쪽으로 밀려갔다가 다시 돌아와 왼쪽 공을 치게 된다. 만일 공기의 저항이 없고 중력이 약한 곳이라면 이러한 되튀김은 아주 오래도록 계속되다가 멈출 것이다.

"에너지는 없어지지도 않고 생겨나지도 않는다. 다만 형태를 바꿀 뿐이다." 이것은 에너지 법칙의 하나이다. 운동하는 공이 다른 공에 충돌하면 일부의 에너지는 열과 소리로 되고 나머지는 부딪힌 공에 전달한다. 서로 되 튕기는 공이 가진 운동에너지가 열에너지와 소리에너지로 다 소모되면 운동은 멈추게 된다.

관성의 원리를 확인해보자

- 운동하는 물체는 같은 운동을 계속하려 한다 -

준비물
- 책 몇 권
- 바퀴가 달린 의자

차를 타고 갈 때, 차가 갑자기 정거하면 서 있던 사람들은 모두 앞쪽으로 쏠린다. 반대로 차가 급출발하면 사람들은 뒤로 넘어지는 현상이 나타난다. 우리는 이것을 관성 때문이라고 말한다. 관성이란 무엇인지 실험으로 확인해보자.

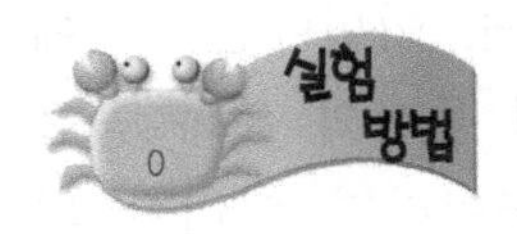

1. 바퀴가 달린 의자 끝에 책을 5~6권 가지런히 쌓는다.
2. 이 의자를 마루에서 밀고 가다가 딱 멈추어보자. 의자에 놓인 책은 어떻게 되나?
3. 정지해 있는 의자를 갑자기 빠르게 출발시켜보자. 어떤 현상이 나타나는가?

밀고 가던 의자를 갑자기 멈추면 쌓여있던 책은 앞으로 모두 쏟아져버린다. 반면에 의자를 급하게 출발시키면 책들은 의자 안쪽으로 쏠리는 현상을 나타낸다.

연구

정지해 있는 물체는 정지한 상태로 있으려 하고, 운동하는 물체는 같은 방향으로 동일한 속도로 운동하려는 성질이 있다. 이것을 '**관성**'이라 말한다. 의자를 밀고 가면 의자 위의 책도 의자와 같은 속도와 방향으로 운동하고 있다. 그러나 위의 책은 바닥에 고정되어 있지 않으므로, 의자가 멈추는 순간 책은 운동하던 방향인 앞쪽으로 모두 쏠린다.

자전거를 보자. 구르기 전까지는 손만 놓으면 금방 쓰러지던 것이 구르기 시작하면서부터 잘 넘어지지 않는다. 이것도 관성 때문이다. 운동하던 물체가 정지하게 되는 것은 마찰이라든가 저항, 충돌, 중력, 또는 에너지의 변환과 같은 어떤 현상이 운동을 방해했기 때문이다.

백지 위에 물이든 컵을 얹어두고 종이를 확 잡아당기면, 물 컵은 그 자리에 있다 (윗그림). 이것 역시 정지해 있던 물체는 정지해 있으려 하는 관성 때문이다.

볼베어링으로 회전판을 만들어보자

- 베어링은 마찰을 줄여준다 -

준비물
- 페인트가 담긴 열지 않은 새 캔
- 볼베어링 6개
- 무거운 책 몇 권

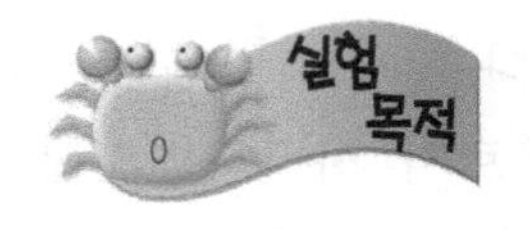

자동차나 자전거 바퀴의 축이라든가 선풍기 날개의 회전축에는 볼베어링이 들어있어 큰 소리를 내지 않고 원활하게 돌아갈 수 있다. 마찰을 줄여주는 볼베어링의 효과를 직접 실험해보자.

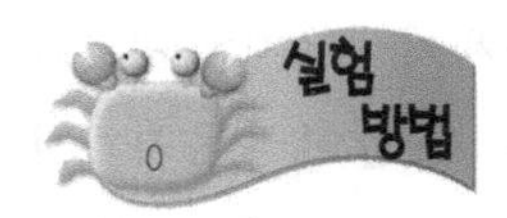

1. 새 페인트 캔의 뚜껑을 열면, 가장자리 둘레에 페인트가 묻지 않은 깨끗한 홈이 있다.
2. 이 홈에 볼베어링 5~6개를 그림1처럼 적당한 간격으로 놓는다.
3. 베어링 위에 묵직한 책을 몇 권 얹는다.
4. 그림2처럼 베어링 위의 책을 돌려보자. 얼마나 부드럽게 잘 돌아가는가?

그림 1

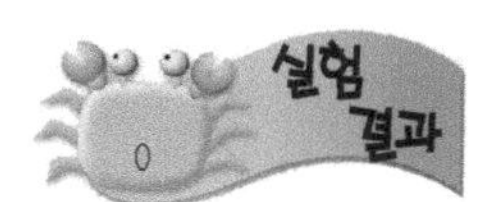

실험 결과

캔의 가장자리를 따라 동그랗게 놓인 베어링은 마찰을 줄여주어, 무거운 책이 마치 한 권의 가벼운 책처럼 빙 돌아간다.

그림2

연구

베어링은 회전하는 모든 기계 속에서 마찰을 줄여주는 중요한 역할을 한다. 두 물체가 서로 마주 닿아 회전할 때, 그 사이에 베어링을 끼우면 접촉면이 줄어들기 때문에 마찰이 매우 적어지므로 가볍게 돌아갈 수 있다.

베어링 중에 구슬처럼 동그랗게 만든 것은 '**볼베어링**'이라 하고, 작은 원기둥 모양으로 만든 것은 '**롤러 베어링**'이라 한다. 볼베어링은 둥글기 때문에 어느 방향으로든지 회전할 수 있다. 그러나 롤러 베어링은 한쪽 방향으로만 돌아갈 수 있다 (그림3).

베어링이 들어있는 케이스 안에는 베어링이 빨리 마모되지 않도록 윤활유를 넣어두고 있다.

마찰은 물체가 운동하는 것을 방해한다. 두 사람 사이의 관계가 원활하지 못하여 의견 충돌이 있으면, 사람들은 "두 사람 사이에 마찰이 있다."는 표현을 쓴다.

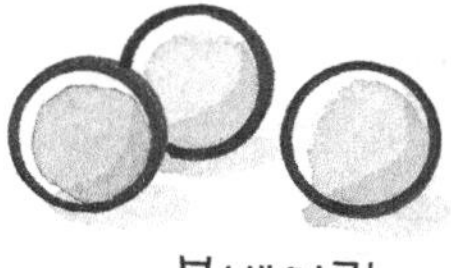

볼베어링

롤러베어링

그림3

톱니바퀴를 만들어 기능을 관찰해보자

- 톱니바퀴는 힘을 전달하고 회전방향을 바꾸어준다 -

준비물
- 직경 5센티미터 정도의 당근 뿌리 1개
- 이쑤시개 20여개
- 연필 두 자루

복잡하게 생긴 기계 속을 들여다보면 톱니바퀴가 여기저기 보인다. 전자시계가 나오기 전의 기계시계 내부는 톱니바퀴로 가득했다. 톱니바퀴가 얼마나 편리한 도구인지 직접 만들어 확인해보자.

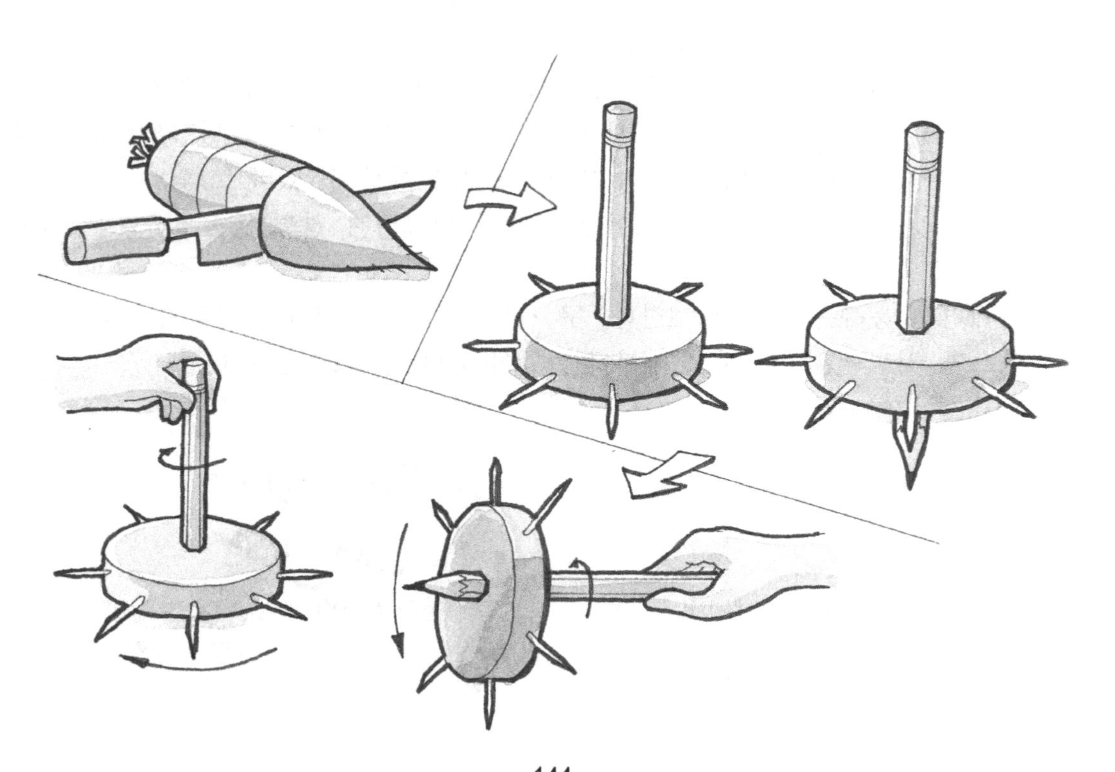

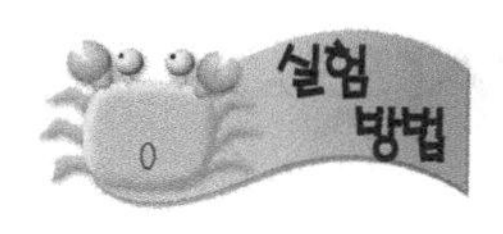

1. 당근뿌리의 원기둥이 둥글게 잘 생긴 부분을 두께 1센티미터 정도 되게 잘라 2개의 둥근 바퀴 재료를 준비한다. 손을 다치지 않도록 뿌리를 자르는 일은 부모님에게 부탁한다.
2. 당근 뿌리 둘레에 그림과 같이 8개의 이쑤시개를 같은 간격으로 꽂아 2개의 톱니바퀴를 만든다.
3. 톱니바퀴의 중심에 연필을 끼운다. 이때 그냥 연필을 끼우면 당근이 쪼개질 염려가 있으므로, 송곳으로 중앙부에 먼저 구멍을 낸 뒤 끼우도록 한다. 이제 연필은 톱니바퀴의 회전축이 되었다.
4. 그림과 같이 두 개의 톱니가 직각으로 만나게 한 뒤, 한쪽 톱니바퀴의 축을 돌려보자. 두 톱니바퀴가 어떻게 맞물려 돌아가는지 그 모습을 관찰해보자.

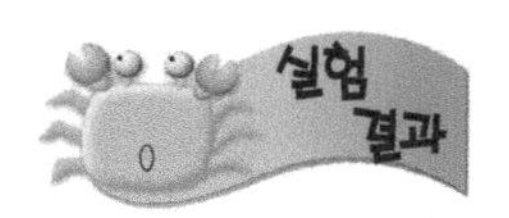

오른쪽 톱니바퀴의 돌아가는 힘은 왼쪽의 톱니바퀴에 전달되어 함께 돌아가게 한다. 이때 왼쪽 바퀴는 돌아가는 방향이 반대로 바뀌었다.

연구 톱니바퀴는 이빨이 서로 맞물려 돌아가면서 힘을 다른 바퀴에 전달할 뿐만 아니라 회전방향을 180도 바꾸어준다. 만일 톱니바퀴 하나를 더 설치한다면 회전방향은 360도 바뀌게 할 수 있다. 톱니의 수를 각기 다르게 하면 맞물린 톱니바퀴의 회전 속도를 빠르게 하거나 늦게 할 수 있다.

1. 톱니바퀴를 영어로 기어(gear)라고 한다. 이 실험에서는 같은 크기의 톱니바퀴를 사용했으나, 바퀴의 직경과 톱니의 수가 다른 톱니바퀴를 만들어 실험해보자.

비탈길의 원리를 이용한 나사못~

- 나사못은 망치 없이 박을 수 있는 비탈길 -

준비물
- 연필 2자루
- 사방 길이 15센티미터 정도의 백지 한 장
- 접착테이프
- 가위와 자

높은 고개를 오르는 비탈길, 고가도로에서 내려오는 경사길, 겨울철 스키장이나 눈썰매장의 슬로프는 차나 사람이 쉽게 오르내리게 해준다. 비탈길이 힘을 줄이게 하는 원리를 알아보자.

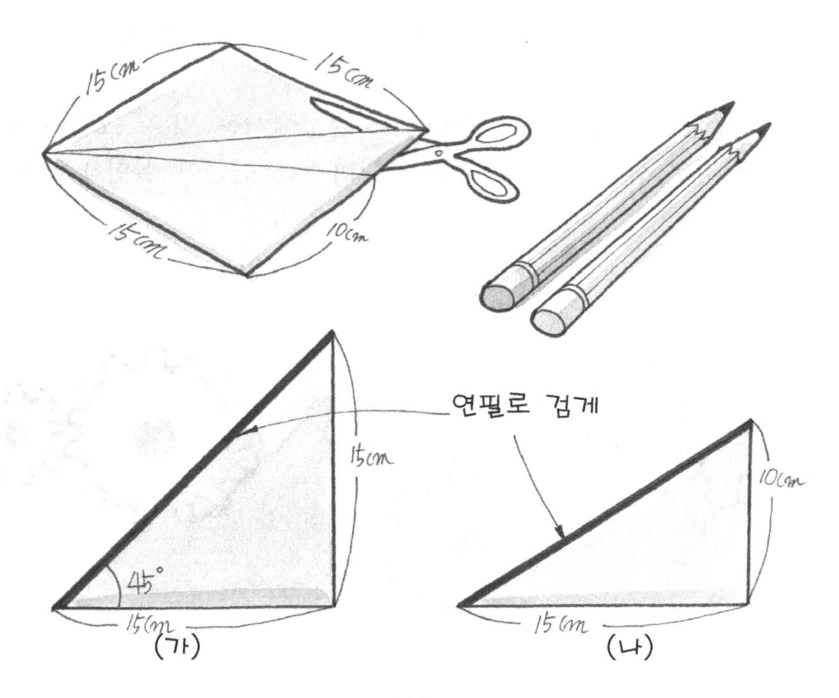

1. 사방 길이 15센티미터인 백지를 대각선으로 접어 가위로 잘라 2개의 삼각형 종이를 만든다.
2. 한 개는 그대로 두고, 나머지 하나는 한 변의 길이가 10센티미터가 되게 그림처럼 자른다.
3. 두 삼각형의 제일 긴 변을 따라 그 가장자리를 검게 칠한다.
4. 두 삼각형을 두 연필에 각각 감는다. 이때 종이와 연필이 처음 만나는 곳에 스카치테이프를 붙이면 쉽게 감을 수 있다.
5. '가'와 '나' 두 연필에 감긴 비탈길을 관찰하여 어느 쪽의 경사가 완만한지 비교해보자.

두 삼각형 종이의 경사각을 비교해보면, '가'는 45도이고, '나'는 각도가 그보다 작다. 그러므로 '나'의 비탈길이 더 쉽게 오르는 길이 된다.

연구 높은 산을 직선 길로 오르자면 거리는 짧지만 너무 힘들다. 그래서 산길은 오르기 좋도록 각도가 적은 경사 길을 만들고 있다. 만일 고각도로 만든 지름길이면 차는 오르기도 힘들고 위험성도 높아진다. 눈이 내린 겨울철에는 사정이 더욱 악화된다.

나사못은 경사를 이용한 대표적인 편리한 도구이다. 나사못은 산과 골이 있으며, 못 머리에 파인 홈에 드라이버를 끼워 돌리면 망치질 하지 않고 단단한 재목 속에 박을 수 있다.

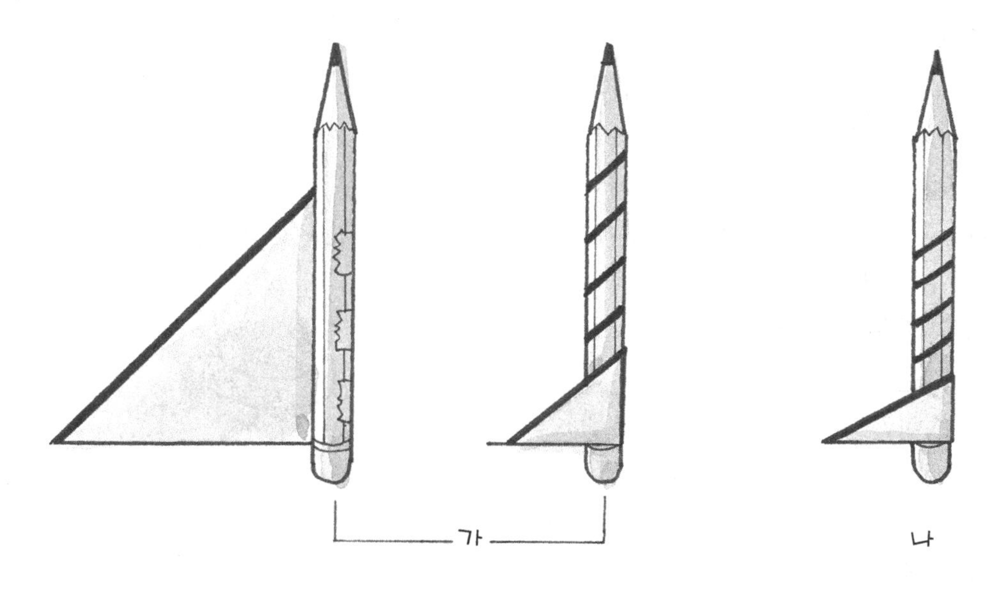

자기부상열차를 만들어보자

- 자석의 반발력으로 마찰 없이 달리는 열차 -

준비물
- 드롭스 사탕처럼 생긴 영구자석 (공구점이나 전기부속상점 등에서 구할 수 있다)
- 가벼운 종이컵과 연필 1자루

자석은 같은 극끼리 서로 반발하고, 다른 극은 서로 당기는 힘이 작용한다. 자기부상열차는 자석의 이러한 성질을 이용하여 달리는 열차이다. 서로 반발하는 힘 때문에 공중에 살짝 뜨게 되고, 또 자력에 끌려 앞으로 간다. 자기부상열차의 원리를 드롭스 형의 자석을 이용하여 실험해보자.

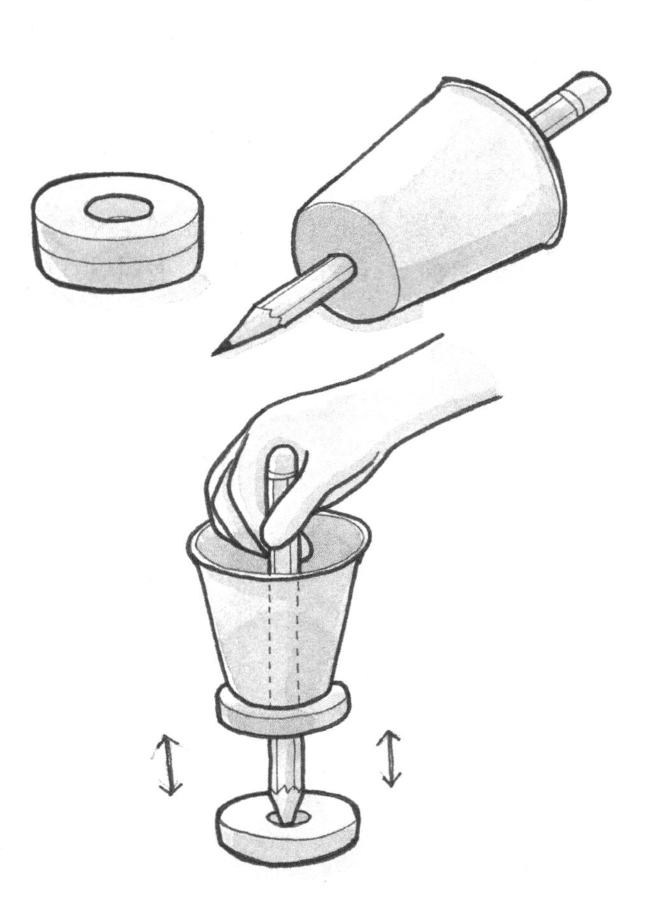

1. 드롭스 자석 하나를 탁상 위에 놓는다.
2. 연필 끝을 이용하여 종이컵의 밑바닥 중앙에 구멍을 뚫어, 연필이 쉽게 들락거릴 수 있게 한다.
3. 종이컵을 끼운 연필 끝에 다시 동그란 자석을 끼운다.
4. 자석과 종이컵을 끼운 상태로 탁상 위의 자석 중앙에 연필을 세운다.
5. 만일 바닥과 연필 쪽의 자석이 서로 끌어당겨 붙으면, 떼어서 바닥의 자석

을 뒤집어 놓는다.

6. 연필에 끼워진 드롭스 자석은 바닥에 놓인 자석 위에 떠서 종이컵을 공중에 들고 있는가?

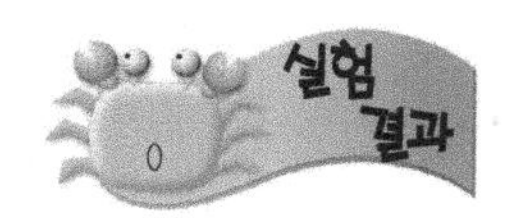

바닥의 자석과 연필 위의 자석은 서로 반발한 결과 종이컵을 든 상태로 공중에 떠 있게 된다.

연구 자석은 '남극(S)'과 '북극(N)'이라 부르는 극성을 가지며, 다른 극끼리는 서로 당기고 같은 극끼리는 반발하는 성질을 가지고 있다. 오늘날 개발하고 있는 자기부상열차는 자력의 반발력을 이용하여 차체가 공중에 살짝 뜨게 만든다. 그리고 공중에 뜬 차체는 자력에 끌려 전진하게 된다. 이렇게 만든 열차는 마치 비행기처럼 공중에 떠서 달리기 때문에 진동이 아주 적고 속도도 빨라진다. 그러나 자기부상열차(아래 그림)는 전자석을 이용하기 때문에 전력을 사용하게 된다. 과학자들은 전력 소모가 적은 자기부상열차를 만들도록 노력하고 있다.

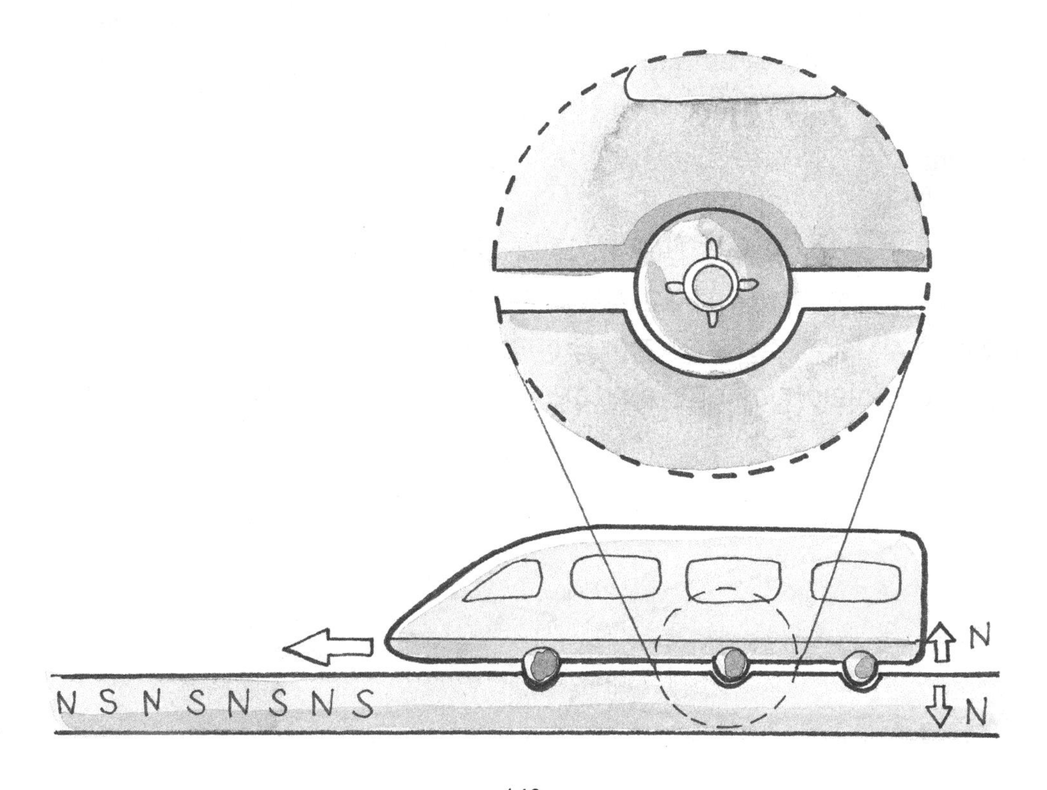

정전기로 이쑤시개를 움직여보자

- 플라스틱을 머리카락에 부비면 음전기를 가진다 -

준비물
- 10원짜리 동전
- 공작용 점토 조금
- 이쑤시개
- 플라스틱 자

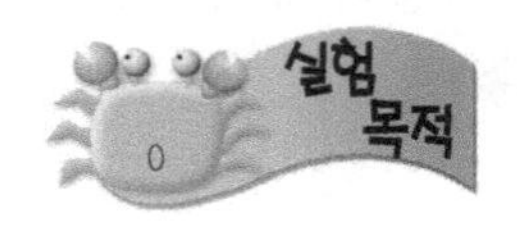

플라스틱 자를 머리카락에 부빈 뒤, 그 끝을 작은 종이 조각에 가져가면 종이가 자석에 끌리듯이 들어붙는다. 이 실험에서는 플라스틱 자의 정전기로 이쑤시개를 움직여보자.

점토

1. 점토 조각을 탁상 위에 눌러 붙인다.
2. 점토 중간에 10원짜리 동전을 꽂아 그림처럼 세운다. 만일 점토가 없다면 마루 틈새에 동전을 끼우고 실험해도 된다.
3. 동전 위에 이쑤시개를 중심을 잘 잡아 얹어 놓는다.
4. 플라스틱 자를 머리카락에 대고 10번 이상 문지른 뒤 그 끝을 이쑤시개 가까이 가져가보

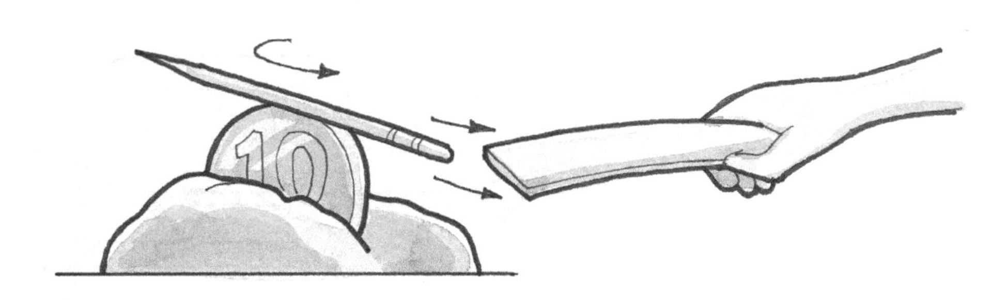

자. 어떤 현상이 나타나는가? 자를 문지르는 머리카락은 건조하고, 기름기가 묻어 있지 않아야 한다.

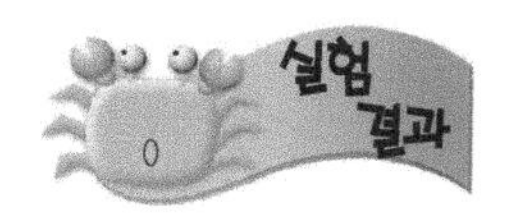

동전 위에서 간신히 중심을 잡고 있던 이 쑤시개는 플라스틱 자가 가진 정전기에 이끌려 방향을 바꾸다가 그만 동전에서 떨어져 내린다.

연구 모든 물질은 작은 원자로 구성되어 있다. 원자의 중심에는 핵이 있고, 그 주변에는 전자가 있다. 전자는 음(-)전기를 가진 입자이다.

플라스틱 자로 머리카락을 문지르면, 머리카락에서 나온 많은 전자가 플라스틱 자로 옮겨온다. 그러므로 자는 음전기를 가득 가지게 된다. 이렇게 모인 전기를 정전기라 한다. 자를 이쑤시개 옆으로 가져가면, 음전기를 가진 플라스틱 자는 양전기를 가지게 된 이쑤시개를 끌어당긴다.

플라스틱 자 대신에 고무풍선에 바람을 약간 넣은 것을 머리카락에 문질러 사용해도 같은 현상을 나타낸다.

전기 없이도 번쩍이는 형광등

- 형광물질은 에너지를 받아야 빛을 낸다 -

준비물
- 형광등
- 고무풍선
- 형광등의 먼지를 씻을 비누와 수건
- 도와줄 부모님

형광등은 어떻게 빛을 낼 수 있을까? 그 이유를 전기가 없는 캄캄한 방에서 확인해보자.

1. 형광등 주변의 먼지를 비눗물로 잘 씻어주도록 부모님에게 부탁한다.
2. 수건으로 물기를 닦은 다음, 형광등을 잘 말린다.

3. 고무풍선에 바람을 넣어 직경이 15센티미터쯤 되게 만든다.
4. 형광등과 고무풍선을 들고 캄캄한 방으로 들어간다.
5. 한 손으로는 형광등의 한쪽을 마루에 세운 상태로 가볍게 잡고, 다른 손으로는 풍선을 들고 형광등에 대고 오르내리며 문지른다.
6. 전기코드가 꽂혀있지 않은 형광등에서 번쩍이는 빛이 나지 않는가?
7. 고무풍선을 머리카락에 10회 이상 부빈 다음 형광등에 대어보자. 빛이 나지 않는가?

● **주의** - 풍선을 형광등에 너무 세게 문지르면 깨어질 염려가 있으므로 적당한 힘으로 문지른다.

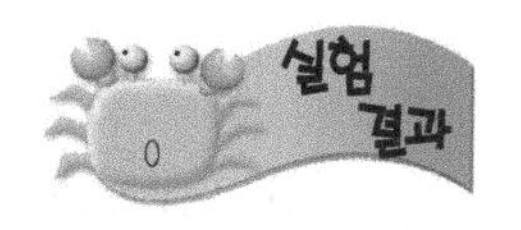

고무풍선을 형광등에 대고 비비면 얼마 지나지 않아 형광등에서 희미한 빛이 나타난다. 이 빛은 고무풍선을 따라 옮겨 다니기도 한다. 풍선을 머리카락에 부빈 뒤 형광등에 접촉해도 유리관에서 빛이 난다.

연구

형광등 안에는 약간의 수은과 아르곤 기체가 들어 있으며, 유리벽 안쪽에는 형광물질이 발려 있다. 전기를 꽂으면 형광등 안의 수은은 곧 증기가 되어 두 전극 사이에 전류(전자)가 흐를 수 있도록 해준다. 이때 형광등 안의 전자는 유리관 벽의 형광물질을 자극하여 빛을 내도록 만든다 (아래 그림 참고).
실험68에서 보았듯이 풍선을 형광등에 대고 문지르면 풍선에 정전기가 생긴다. 이 정전기는 형광등의 형광물질에 에너지를 주어 빛이 나게 한다. 형광물질은 빛이나 엑스선, 방사선으로부터 에너지를 받으면 빛을 낸다. 텔레비전이나 컴퓨터의 모니터 유리에도 형광물질이 발려 있다.
형광은 스스로 빛을 내는 것이 아니라 외부로부터 빛이나 방사선과 같은 에너지를 받아야만 빛을 낸다. 어둠 속에서 얼마큼 시간이 지난 형광시계의 문자판은 빛을 내지 않는다. 그것은 그 동안 에너지를 받지 못했기 때문이다.

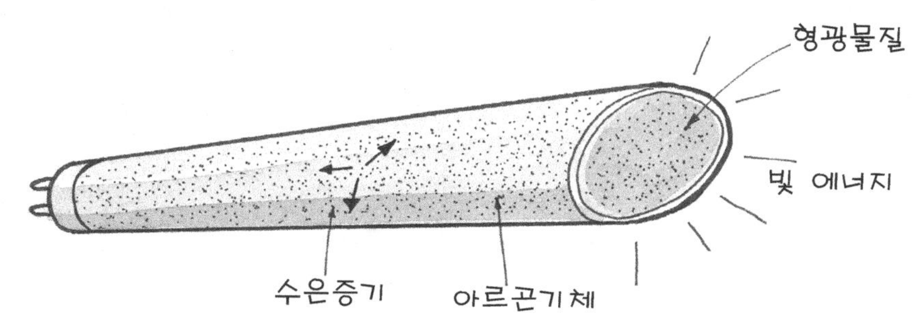

입맞추는 고무풍선 만들기

- 정전기를 이용한 재미난 트릭 -

준비물
- 둥근 고무풍선 몇 개
- 면이나 나일론 천
- 수성 컬러 펜

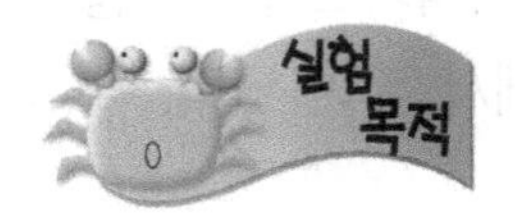

고무풍선도 정전기를 띠는가? 2개의 고무풍선이 정전기를 가지면 서로 입맞춤을 하게 되는지 실험해보자.

1. 2개의 고무풍선에 바람을 가득 불어넣고 입구를 실로 맨다.
2. 컬러 펜을 사용하여 풍선 하나는 소년, 하나는 소녀의 얼굴을 그린다.
3, 펜의 잉크가 마르면, 풍선을 천에 대고 몇 차례 문지른 후 서로 맞대어보자. 어떤 현상이 나타나는가?

4. 천에 문지른 풍선을 친구나 동생의 머리카락이나 옷에 가까이 해보자.

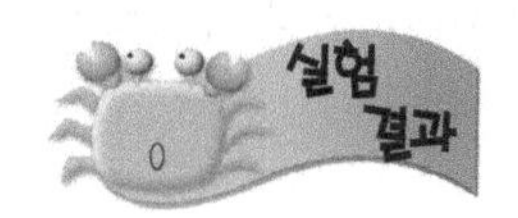

천에 문지른 두 풍선은 정전기를 갖게 되어 입 맞추듯 서로 붙는다. 또 풍선은 친구의 머리카락이나 옷에도 들어붙는다.

풍선을 천에 대고 문지르면 풍선은 －의 정전기를 가득 가지게 된다. －의 정전기를 가진 풍선에 정전기가 없는 풍선을 가까이 가져가면, ＋전기가 생겨난다. 이렇게 반대정전기를 띤 풍선은 서로 붙는다.

전선 속을 흐르는 전류는 위험하지만, 풍선을 문질러 생긴 정전기는 깜짝 놀라게는 하지만 위험하지 않다. 정전기는 물체를 서로 문지를 때 생기므로 '마찰전기'라고도 부른다.

고무풍선을 여러 가지 종류의 천에 대고 문질렀을 때, 어떤 천에서 정전기가 잘 생기는지 확인해보자. 겨울철에 어떤 옷은 정전기가 많이 생겨 몸에 들어붙기도 하고, 깜짝 놀라도록 방전을 일으키기도 한다. 겨울철에 정전기는 합성섬유에서 잘 생기며, 면이나 양모, 명주 등 천연섬유에는 잘 발생하지 않는다.

긴 막대는 짧은 것보다 천천히 쓰러진다

– 아기들이 넘어져도 잘 다치지 않는 이유 –

- 긴 연필과 절반 정도 짧은 연필

무게중심을 잡지 못한 물체는 넘어진다. 어떤 상태의 물체가 무게중심이 불안한가?

1. 길고 짧은 연필을 책상 위에 나란히 붙여 세우고 옆으로 넘어지게 해보자. 어느 연필이 먼저 바닥에 쓰러지는가? 그 이유는 무엇일까?
2. 아장아장 걷는 아기들은 얼마나 잘 넘어지는가. 그 이유를 생각해보자.

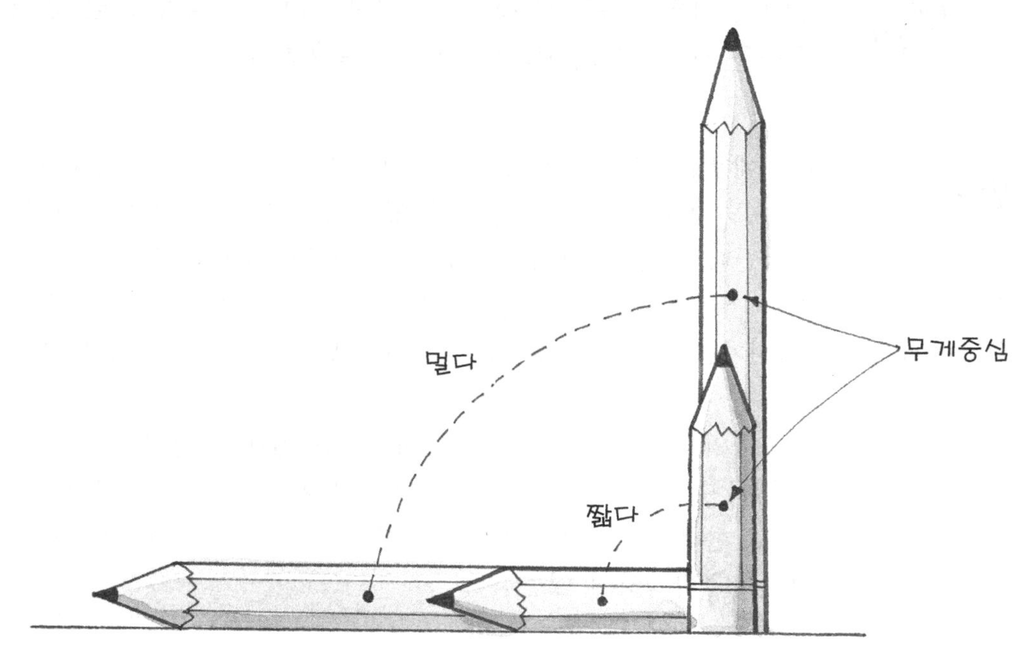

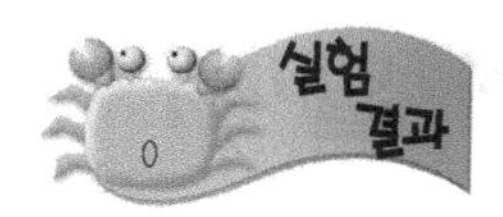

긴 연필보다 짧은 것이 먼저 바닥에 넘어진다. 연필 외에 짧고 긴 막대를 세우고 넘어지게 해도 짧은 것이 먼저 바닥에 쓰러진다.

연구 물체가 넘어진다는 것은 지구의 인력에 끌려 무게중심이 안정된 자세로 되는 것이다. 길고 짧은 연필의 무게중심 위치는 긴 것일수록 높은 곳에 있다. 두 연필이 넘어지는 상태를 나타낸 그림을 보자. 긴 연필은 무게중심의 위치가 높기 때문에 그만큼 길게 원을 그리며 넘어져야 하고, 짧은 것은 금방 바닥에 도달한다. 긴 장대를 세운 상태에서 쓰러뜨려보면 이것을 더 잘 알 수 있다.
걸음마를 배우는 아기들은 잘 넘어진다. 그러나 그들은 좀처럼 다치지 않는다. 그 이유는 키가 작으므로 쓰러지는 높이가 낮아 중력의 충격을 작게 받기 때문이다. 그러나 키가 자라 긴 막대처럼 무게중심이 높아지면, 넘어질 때 충격도 커지게 된다.

- 간편한 스포이트 만들기 -

실험에 사용하는 약품이나 액체를 한 방울씩 떨어뜨릴 때, 스포이트가 없어도 스트로를 그림처럼 사용하여 대신할 수 있다. 스포이트를 액체 속에 담근 뒤 검지나 엄지로 스포이트의 윗구멍을 막으면, 안에 들어간 액체는 쏟아져 나오지 않는다. 그 상태로 막은 손가락을 잠시 열면 안에 든 액체는 안약 방울처럼 떨어져 내린다.

곡예는 왜 높은 장대 위에서 할까?

- 대가 길수록 묘기를 부리는데 안전하다 -

준비물
- 자루가 긴 망치
- 날이 긴 드라이버

묘기를 부리는 서커스 맨은 왜 높은 장대 위에서 연기를 펼칠까? 드라이브와 망치를 이용하여 그 이유를 알아보자.

1. 드라이버의 손잡이 끝을 둘째손가락 끝에 얹어 쓰러지지 않게 균형을 잡아보자. 쉽게 균형을 잡을 수 있는가?
2. 이번에는 드라이버의 날 끝을 손가락 끝에 얹고 균형을 잡아보자. 어느 쪽이 오래도록 균형 잡기가 편한가?
3. 망치의 머리 부분을 그림처럼 손가락 위에 놓고 균형을 잡을 때와, 망치의 머리를 공중에 두고 손잡이 끝을 손가락에 얹어 두었을 때, 어느 쪽이 더 쉽게 균형을 잡을 수 있나?

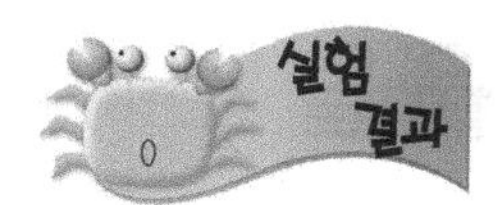

드라이브이든 망치이든 무거운 쪽인 드라이브의 손잡이나 망치의 머리를 공중으로 하고, 드라이브의 날 끝이나 망치의 손잡이 끝을 손가락 끝에 올리고 균형을 잡는 것이 더 쉽다.

연구

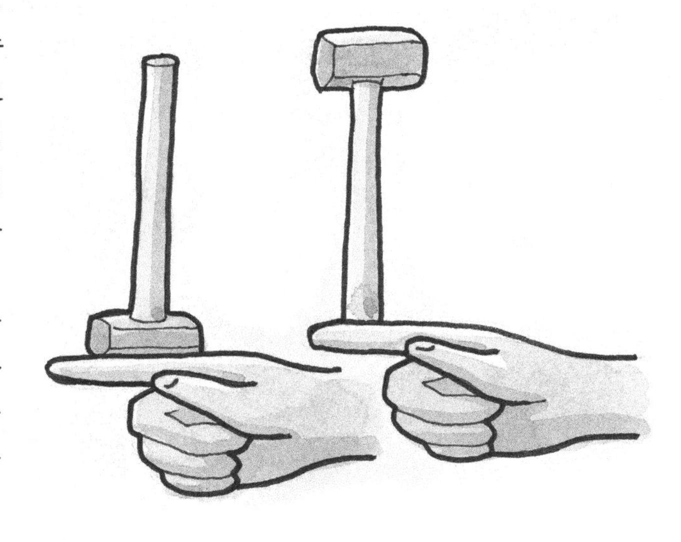

실험70에서와 마찬가지로 드라이브나 망치는 무게 중심이 위에 있을수록 넘어지는데 긴 시간이 걸린다. 그러므로 중심이 낮게 있어 금방 쓰러질 때보다 중심 위치가 높아 천천히 쓰러질 때 균형을 잡아주기가 더 용이하다.

장대 위에서 아슬아슬하게 곡예를 하는 서커스 맨은 이 원리를 이용하고 있다. 또한 줄 위를 걸어가는 줄타기 곡예사는 반드시 무겁고 긴 장대를 양손에 들고 있다. 이것 역시 무거운 장대가 몸의 무게중심 위치를 높게 해주는 동시에, 장대의 양쪽 끝은 무게중심이 빨리 변하지 않도록 해준다. 잘 알고 보면 곡예사와 마술사는 과학의 원리를 이용하여 여러 묘기를 부리고 있다.

쇠톱의 탄성을 이용하여 저울을 만들어보자

- 나의 실험실에서 사용할 다용도 저울 -

준비물
- 나무판자와 몇 개의 나무토막
- 플라스틱 병뚜껑
- 쇠톱 1개 (철물상에서 산다)
- 실, 나사못, 망치, 드라이버 등

탄성이란 늘어난 고무줄이 다시 본래 모습으로 줄어들거나, 휜 스프링이 되돌아오는 것처럼, 외부의 힘 때문에 모양이 변했다가 그 힘이 없

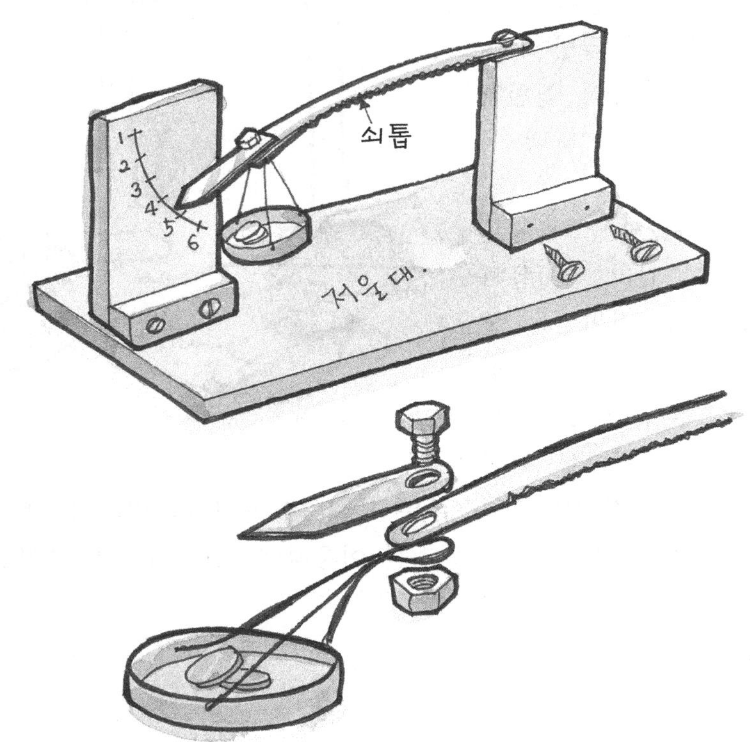

어지면 본래의 형태로 돌아오는 성질을 말한다. 쇠붙이를 자를 때 쓰는 쇠톱은 간단한 저울을 만들기에 적당한 탄성을 가지고 있다.

1. 나무판과 나무토막을 이용하여 저울대를 먼저 조립한다. 혼자 할 수 없다면, 부모님의 도움을 받도록 한다.
2. 쇠톱 끝에 눈금을 지시할 플라스틱 조각을 붙인다.
3. 쇠톱의 구멍이 있는 부분에 병뚜껑으로 만든 저울접시를 맨단다.
4. 쇠톱을 조립한 후 손으로 휘면서 눈금판 호(원의 일부)를 그린다.
5. 100원 동전을 1개씩 추가하면서 쇠톱이 휘어 가르치는 눈금에 1,2,3, 표시를 한다.
   〈* 보다 정확한 저울을 만들자면, 100원 동전 대신 실험실에서 쓰는 분동(分銅)을 이용하여 눈금을 매긴다. 분동은 약품의 무게를 재는 천칭의 무게 추를 말한다.〉

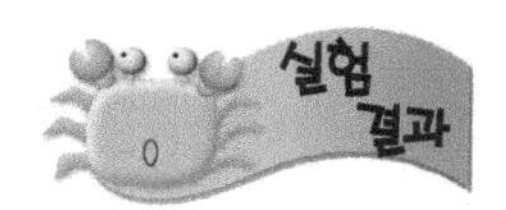

이 탄성 저울은 접시에 얹은 무게에 따라 휘어지는 각도를 재어 무게를 측정하는 것이다. 정밀하지는 않으나 대략의 무게는 잴 수 있다.

연구

쇠톱은 좋은 탄성을 가지고 있다. 이 저울은 100원 동전을 분동으로 사용하여 만든 간이 저울이기에, 동전이 몇 그램인지 정확히 알면 접시에 놓인 물건의 무게를 알 수 있다. 이 저울은 집에서 약재라든가 양념의 무게, 또는 다른 실험 때 쓸 재료의 무게를 달 경우 사용할 수 있다.

고구마 실린더로 쏘는 딱총 만들기

- 압축공기의 힘으로 마개를 발사한다 -

준비물
- 수도관으로 쓰는 플라스틱 파이프 토막 (직경 2.5센티미터, 길이 22센티미터 정도)
- 생고구마
- 과도

플라스틱 파이프가 없던 과거 시절에는 대나무를 이용하여 압축공기로 마개를 날려 보내는 팝건(pop-gun 딱총)을 만들었다. 플라스틱 파이프

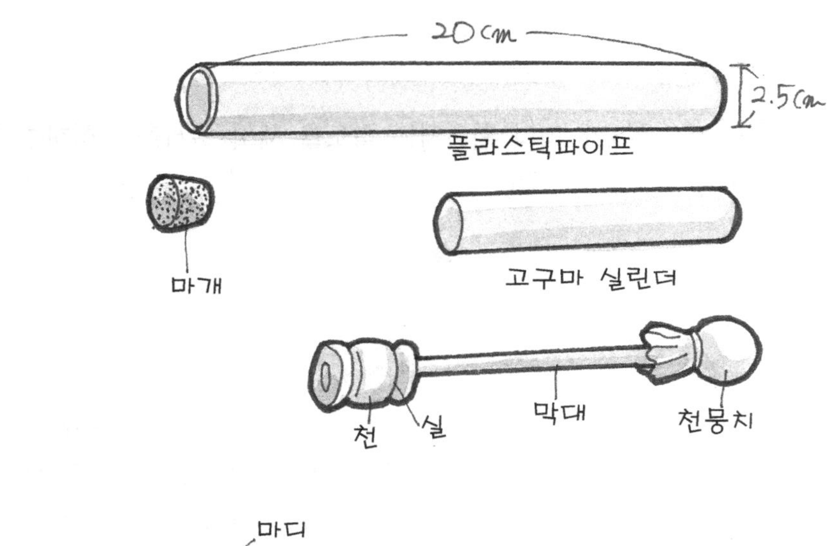

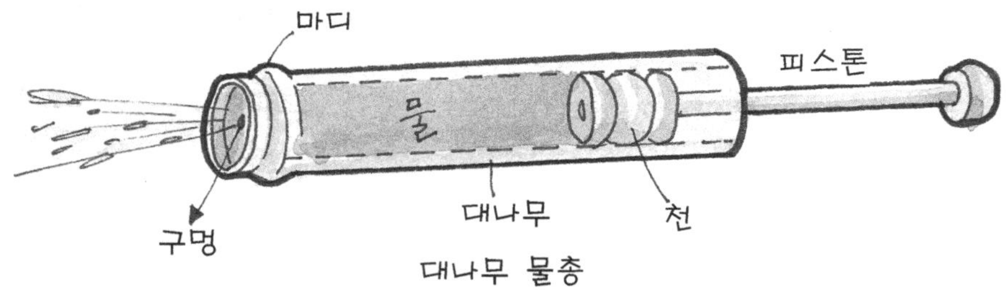

토막을 발사관으로 하고, 고구마를 잘라 압축 실린더로 사용하는 팝건을 만들어보자.

1. 플라스틱 파이프 속으로 집어넣도록 생고구마를 실린더 모양으로 그림처럼 10센티미터 정도 되게 자른다. 이때 고구마 실린더의 머리 부분은 파이프의 내부에 밀착될 수 있도록 한다.
2. 발사관 직경에 꼭 맞는 길이 2센티미터 정도의 코르크 병마개나, 고구마 조각을 잘라 마개처럼 발사관 입구에 끼운다.
3. 고구마 실린더를 파이프에 조금 밀어 넣는다.
4. 실린더 뒤를 손바닥으로 탁 때려 밀어 넣는다. 마개는 폭음과 함께 얼마나 멀리 날아가는가?

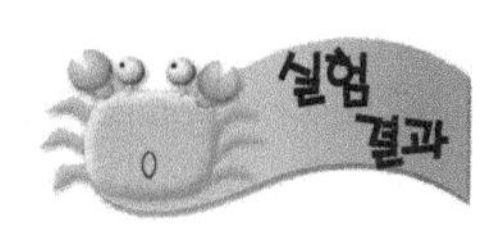

고구마 실린더의 뒤를 수직방향으로 빠르게 때리면, 파이프 속의 공기가 압축되어 앞에 끼운 코르크 마개를 딱 소리와 함께 멀리 날려 보낸다.

연구 이 공작품은 압축공기를 이용하여 마개를 발사하는 원시적인 장난감이다. 공기총은 이러한 팝건의 원리를 이용하여 만든 것이다. 공기는 강한 탄성을 가지고 있다. 부푼 고무풍선을 손으로 눌러보면 공기의 탄성을 알 수 있다. 타이어는 공기의 탄성을 이용하는 대표적인 도구이다.

대나무로 팝건을 만들 때는, 나무 막대기 끝에 천을 감아 물에 적신 것을 실린더로 사용한다. 이 실험에서도 생고구마 대신 막대에 천을 감은 실린더를 만들어 사용하면 잘 부러지지 않아 더 편리하다. 실린더 머리에 물을 적시면 더 밀착되어 공기가 효과적으로 압축된다.

우주선 안이 춥지 않게 하는 방법

- 온도의 전달을 막는 효과적인 단열재료 -

준비물
- 빈 음료수 깡통 4개
- 온도계
- 종이 타월과 고무 밴드
- 은박지(알루미늄 포일)

여객기를 타고 상공으로 10,000미터 이상 높이 오르면 그곳의 기온은 영하 40도 이하로 내려간다. 우주복을 입고 우주선 밖으로 나가면, 그늘진 곳은 영하 100도보다 더 낮고, 햇빛이 비치는 곳은 수백도의 높은 온도가 된다. 우주선이나 우주복은 이처럼 차거나 뜨거운 온도로부터 우주비행사를 보호해준다. 열의 전달을 잘 막아주는 단열재에 대해 실험해보자.

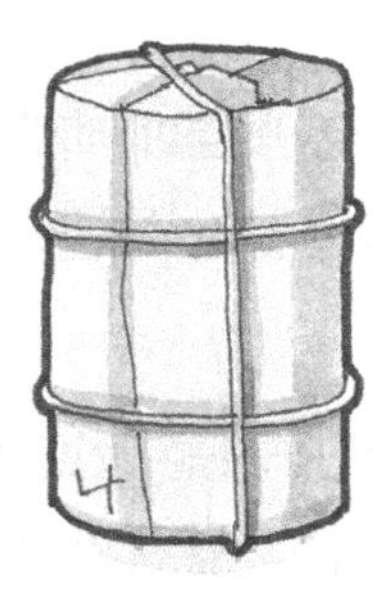

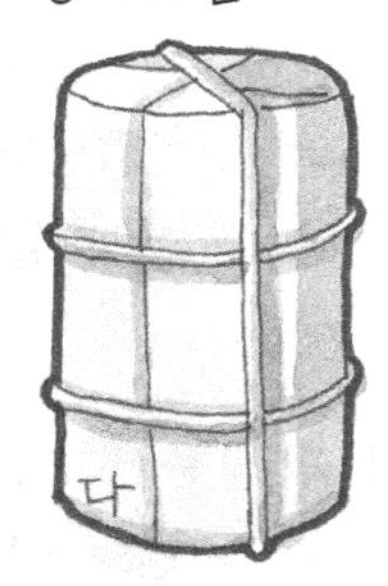

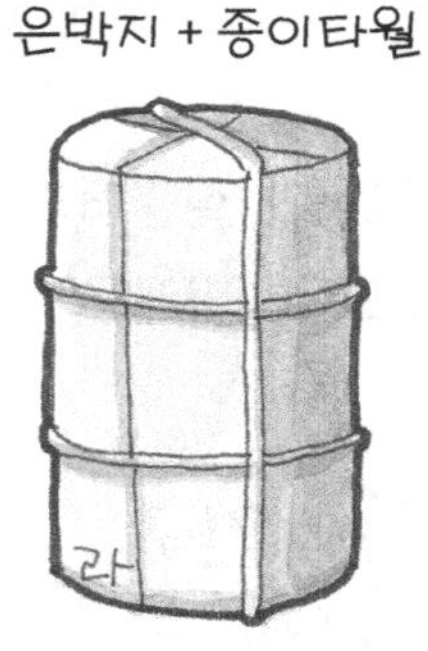

1. 4개의 빈 음료수 깡통에 3분의 2 정도 차도록 같은 양의 물을 컵으로 재어 담는다.
2. '가' 깡통은 그대로 두고, '나' 깡통은 은박지로 완전히 싸서 고무 밴드를 걸어 벗겨지지 않게 한다.
3. '다' 깡통은 부엌에서 쓰는 종이 타월(키친 타월)로 완전히 싸서 고무 밴드로 조인다.
4. '라' 깡통은 종이 타월로 한 겹 싸고, 그 외부를 다시 은박지로 싼 뒤 고무 밴드로 조여 벗겨지지 않게 한다. 이때 깡통 안의 물을 밖으로 흘리지 않

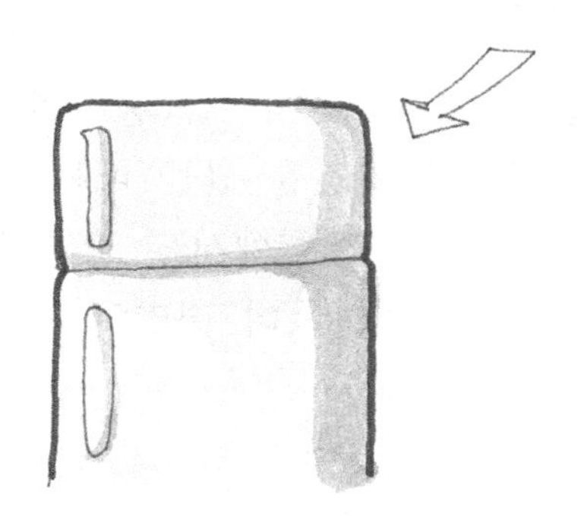

도록 조심한다. 만일 종이 타월이 젖으면 마른 것으로 다시 싼다.

5. '가' 깡통에 온도계를 꽂아 3분쯤 두었다가 꺼내어 그때의 온도를 기록해둔다.
6. 4개의 깡통을 냉장고에 넣고 30분 동안 두었다가, 4개를 동시에 꺼내어 가, 나, 다, 라 순서대로 싼 것을 벗겨내고 같은 방법으로 온도를 재어보자. 온도 측정은 빠른 시간 안에 끝내도록 한다.
7. 어느 깡통의 온도가 가장 변화가 적은지 알아보자.

아무 것도 싸지 않고 그대로 넣은 깡통의 물이 가장 온도가 낮다. 그 다음은 은박지로 싼 것이고, 그 다음은 종이 타월로 싼 것이며, 가장 온도가 적게 변한 것은 종이 타월과 은박지로 두 겹 싼 것이다. 종이 타월이 가장 단열효과가 크며, 이중으로 싸면 단열효과는 더욱 높아진다.

온도가 극도로 낮거나 높은 곳을 비행하는 비행기나 우주선은 외부의 저온과 고온을 막아주고, 내부의 열이 밖으로 나가지 않도록 해야 한다. 우리가 사는 집의 벽이나 지붕, 냉장고의 문과 벽도 마찬가지이다.

열이 외부로 이동하는 것을 **'열전도'**라고 말한다. 일반적으로 금속은 열이 잘 전도된다. 반면에 공기, 나무, 종이, 플라스틱, 양털이나 새의 깃털 등은 금속에 비해 열을 잘 전하지 않는다. 과학자들은 가볍고도 열전도가 잘 일어나지 않는 단열재를 개발하여 우주선과 우주복을 싸고 있다.

또한 우주선의 벽은 번쩍이는 은빛으로 싸서 빛이나 열이 반사되도록 한다. 야영할 때 천막 바닥에 까는 돗자리에 은빛이 칠해져 있는 것은, 땅바닥의 냉기가 올라오는 것과 몸의 열이 밖으로 빠져나가는 것을 차단하는 단열효과가 있다.

보온병의 내부에도 은빛이 칠해져 있다. 이 은빛은 더운물이라면 열이 식지 않도록 해주고, 냉수라면 온도가 오르지 않도록 막아준다. 보온병의 둘레는 진공으로 만들어 열이 더욱 이동하기 어렵도록 하고 있다.

분자의 운동 속도를 비교해보자

- 뜨거운 물의 분자는 빠르게 운동한다 -

준비물
- 뜨거운 물을 담아도 깨지지 않는 투명한 유리컵 2개
- 수채화 물감 붉은색과 붓

냉수를 데우면 뜨거워진다. 뜨거운 물의 분자는 찬물보다 분자의 운동 속도가 빠르다. 모든 물질은 온도가 높으면 분자의 운동 속도가 빨라진다. 그것을 간단한 실험으로 확인해보자.

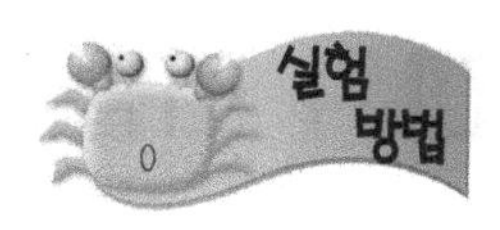

1. 유리컵 2개를 나란히 놓는다.
2. 진한 붉은색 수채화 물감을 차 숟가락 2개 분량만큼 준비한다.
3. 한 유리컵에는 냉수를 담고, 다른 컵에는 뜨거운 물을 담는다.
4. 각 컵에 붉은 물감을 1숟가락씩 조용히 붓는다.
5. 물을 휘젓지 않고 그대로 둔 상태로 물감이 물에 섞이는 모양을 관찰해보자.
5. 어느 컵에 부은 물감이 빨리 섞이는가?

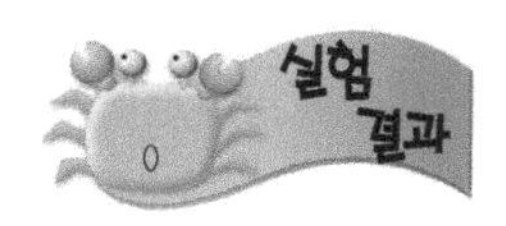

냉수 속에 부은 물감은 바닥으로 내려가 아주 느리게 섞이지만, 뜨거운 물의 물감은 빠르게 혼합된다.

분자는 너무나 작아 직접 볼 수 없다. 그러나 이 실험에서는 간접적인 방법으로 분자의 운동을 확인할 수 있다. 냉수의 물 분자는 운동 속도가 느리고, 반면에 뜨거운 물의 분자는 빠르게 운동하기 때문에 자연히 잘 섞인다.

물체의 온도가 높아지는 것은 그만큼 분자의 운동 속도가 빨라진 탓이다. 운동 속도가 빠르면 부피도 늘어난다. 바람이 빠진 고무풍선을 따뜻한 곳에 두면 팽팽해지는 것, 여름철에 철로와 철로 사이의 간격이 좁아지는 것 등은 온도 상승으로 부피가 늘어난 증거이다.

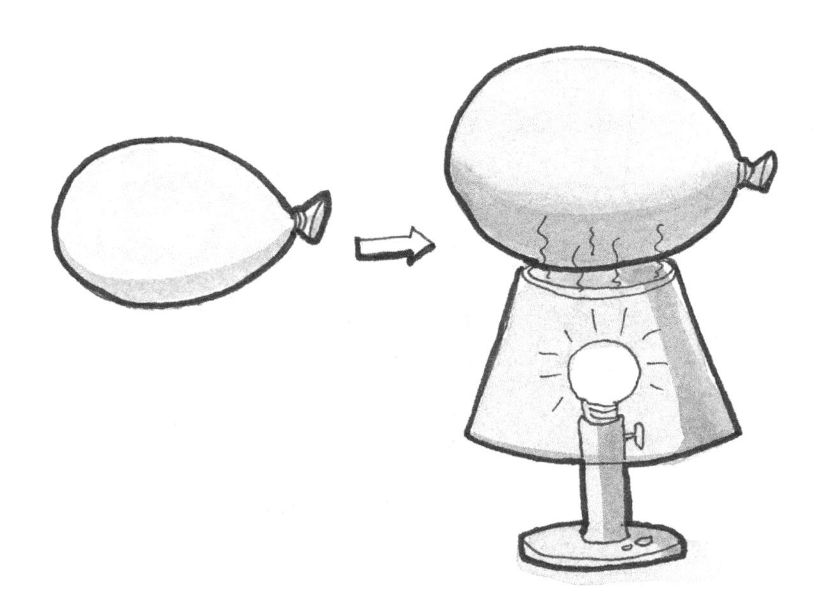

저절로 들썩들썩 춤추는 동전의 마술

- 온도가 내려가면 부피가 줄어든다 -

준비물
- 대형 플라스틱 생수병
- 10원 동전

온도가 높아지면 물체의 부피가 늘어난다. 이와 반대로 온도를 내리면 부피가 줄어드는 현상을 확인해보자.

〈* 친구나 동생 또는 부모님에게 플라스틱 생수병 주둥이에 올려둔 동전이 혼자서 저절로 움직이도록 하는 마술을 보여주겠다고 말한 다음, 다음과 같은 과정으로 마술을 실연해보자.〉

1. 빈 플라스틱 생수병을 뚜껑을 덮지 않고 냉장고 안에 5분 이상 넣어둔다.
2. 냉장고에서 꺼낸 생수병을 친구 앞에 놓는다. 이때 생수병을 냉장고에서 꺼내는 것을 다른 사람이 보지 않게 해야 더 멋진 마술이 된다.
3. 생수병의 입에 동전을 올려놓는다.
4. 생수병 위에 놓인 동전이 어떤 반응을 보이는가? 그 이유는 무엇인가?

생수병 위의 동전은 수시로 덜컥거리며 저절로 움직인다. 동전이 혼자서 움직일 수 있는 시간은 길지 않다.

연구 모든 물체는 온도가 내려가면 분자의 운동 속도가 느려져 부피가 줄어든다. 냉장고 속에 넣은 생수병 안의 공기는 차기 때문에 부피가 줄어들어 바깥 공기를 병 안으로 더 끌어들이게 된다.

이런 생수병을 바깥으로 들어내어 그 입구를 동전으로 막아두면, 병 내부의 공기는 온도가 오르는 탓에 부피가 늘어나고, 자연히 병 안의 공기 압력이 높아진다. 그리고 팽창한 공기는 가벼운 동전을 밀고 밖으로 나간다. 동전은 생수병 안의 공기가 바깥 온도와 같아질 때까지 계속 부피가 늘어난다.

1. 플라스틱 생수병에 더운 물을 한 컵 담고 흔들다가, 더운 물을 쏟아버린 즉시 마개를 꽉 막아둔다면, 병이 식으면서 병 모양이 찌그러드는 현상을 관찰할 수 있다.

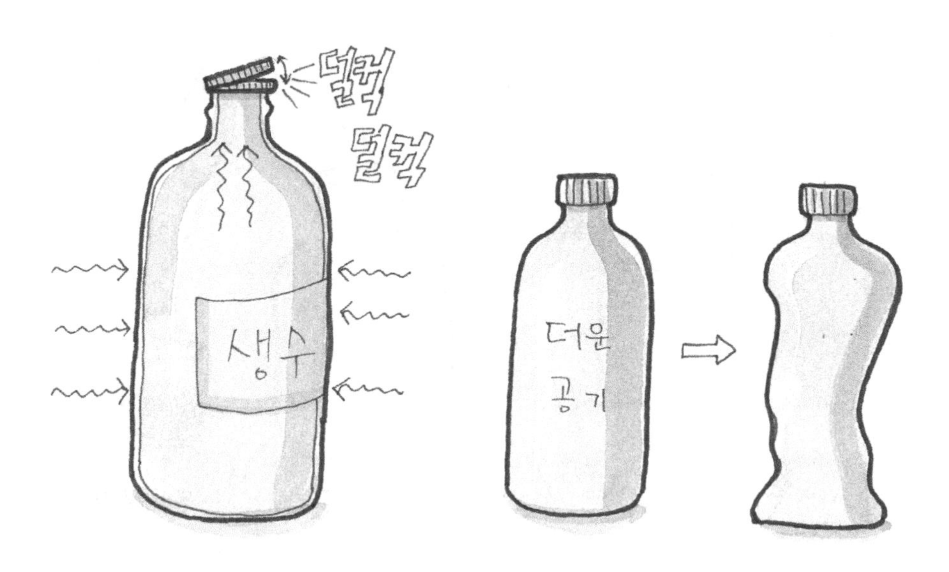

위쪽으로 흘러가는 물

- 물이 중력 반대 방향으로 이동한다 -

준비물
- 작은 유리 우유병 2개
- 붉은색 수채화 물감
- 친구나 동생
- 냉장고
- 명함 카드

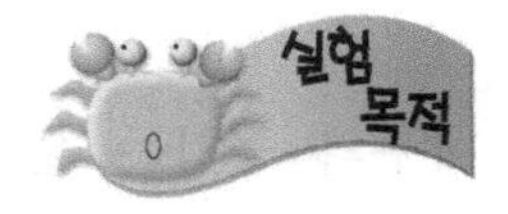

물은 항상 아래로만 흐른다. 그것은 중력에 끌리기 때문이다. 그러나 물이 거꾸로 올라가는 현상을 마술처럼 실현해보자.

1. 실험을 시작하기 전에, 유리병 하나에 물을 가득 채우고 냉장고에 넣어 30분 정도 둔다.

2. 실험 준비가 되면, 다른 유리병에는 더운 물을 가득 채운다. 이때 물이 너무 뜨거우면 병이 깨지므로 더운 목욕물 정도 온도의 물을 담는다.

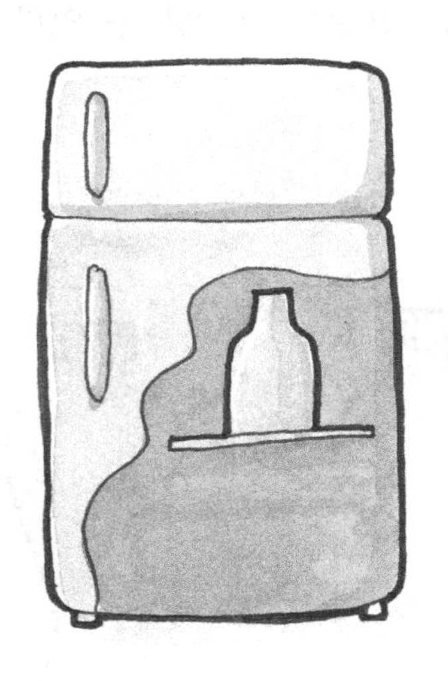

3. 더운물이 담긴 유리병 안에 수채화 물감 (또는 식용 색소)을 몇 방울 넣고, 붉은색이 고루 퍼지도록 기다린다.
4. 더운 물병 위에 명함 크기의 종이 카드를 얹고, 그 위에 냉장고 속의 유리병을 꺼내 빠른 동작으로 카드 위에 거꾸로 세워 놓는다.
5. 두 유리병의 입이 서로 마주보는 상태에서 병을 단단히 잡고, 친구로 하여금 사이에 낀 카드를 쑥 뽑아내게 한다.
6. 아래의 더운 물과 위의 냉수 사이에 어떤 현상이 나타나는가?

(* 이 실험은 물을 흘리거나 쏟을 염려가 있으므로 싱크대 같은 안전한 장소에서 한다.)

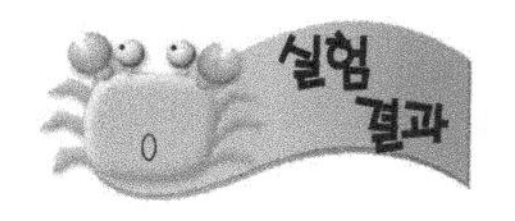

아래에 놓인 붉은색 더운물은 중력의 법칙을 무시하고 연기처럼 위의 냉수 속으로 올라간다. 더운물과 냉수 사이에 대류가 일어나는 것이다. 이러한 대류는 두 병에 든 물의 온도 차이가 클수록 빨리 진행된다.

냉수는 더운 물보다 무겁다. 그러므로 위쪽의 무거운 냉수는 아래의 병으로 내려오고, 가벼운 붉은색 더운물은 위로 올라가게 된다. 만일 더운 물을 위쪽에 둔다면 물의 대류는 빨리 일어나지 않는다.

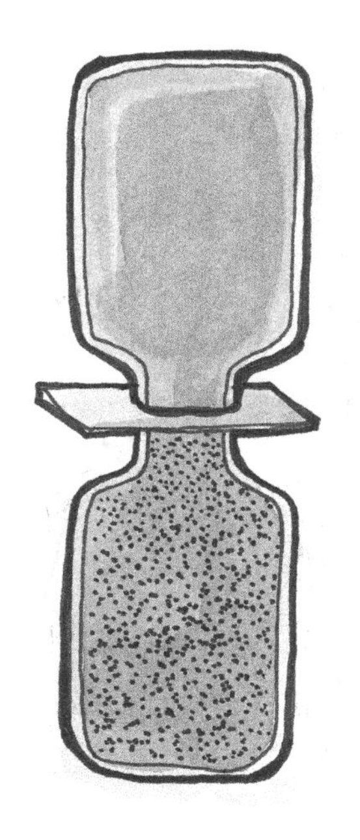

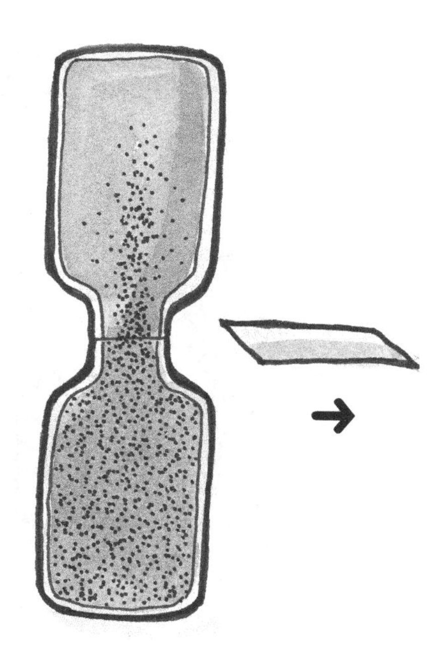

스트로로 음료수를 더 빨리 마시는 트릭

- 물을 더 잘 빨아들이는 스트로 만들기 -

준비물
- 굵은 스트로
- 바늘이나 핀
- 유리컵과 음료수

같은 양의 음료수를 친구와 누가 먼저 스트로로 빨아먹는지 내기를 한다. 여러분이 이길 수 있는 트릭을 소개한다.

1. 2개의 컵에 같은 양의 음료수를 담고 굵기와 길이가 같은 스트로를 꽂는다.

(* 스트로에는 빙빙 돌아가는 나선이 있다. 음료수 속에 꽂을 쪽의 스트로 끝 부분에 나선을 따라 바늘로 구멍을 15개 정도 뚫어 둔다. 나선 위에 뚫은 구멍은 친구의 눈에 잘 보이지 않는다.)

2. 친구에게는 구멍을 뚫지 않은 스트로를 내민다. 시작 소리와 동시에 빨아먹기 시작하여 누가 먼저 마시나 내기를 한다.

구멍 뚫은 스트로로 마시는 독자가 언제나 이길 수 있다.

연구

스트로를 빨면 파이프 내부의 기압이 낮아지므로 물이 입안으로 빨려 든다. 만일 스트로 끝에 구멍이 여럿 뚫려 있으면, 물은 작은 바늘구멍으로도 빨려 들어와 더 많은 양을 먼저 마실 수 있게 되는 것이다.

- 우리가 마시는 물은 수백만 년 전의 인류가 먹던 물 -

물은 지구상에서 가장 흔한 물질이다. 지구의 표면은 70퍼센트가 물로 덮여 있다. 바다의 물은 푸른색 또는 녹색으로 보이기도 하지만, 아무런 색깔이나 냄새가 없으며 깨끗하다. 물은 동식물의 몸을 구성하여 생명을 유지해준다.

물은 바다, 강, 호수, 남국과 북극, 구름 그 어느 곳에도 있다. 몹시 가물 때라도 땅을 파들어 가면 거기서는 깨끗한 지하수가 나온다. 이러한 물은 비와 눈이 되어 하늘과 땅 사이를 끊임없이 순환하고 있다. 지구상의 모든 물은 지구가 만들어질 때 생겨난 이후 없어지지도 않고 지금까지 그대로 있는 것이다. 그러므로 우리가 마시는 컵 속의 물에는 수백만 년 전 한 원시인이 마시던 물도 포함되어 있을지 모른다. 이것은 우리가 호흡하는 공기도 마찬가지이다.

풍선으로 얼굴 인형 만들기

- 재미있는 생일 축하 선물이 된다 -

준비물

- 둥근 고무풍선 몇 개
- 엽서 크기의 카드용지
- 스카치테이프, 가위
- 유성 사인펜

풍선에 동물의 얼굴을 그린 다음, 두 발을 달아주면 얼굴 인형이 된다.

1. 둥근 고무풍선에 바람을 불어넣어 직경이 10센티미터 정도 되게 한다.
2. 종이 클립으로 입구를 조인 상태에서 재미난 얼굴 모습이나 동물의 얼굴을 사인펜으로 그린다.
3. 바람을 가득 불어 부풀린 뒤 입구를 조인다.
4. 카드 용지 중심에 작은 구멍을 낸다. 이때 그림처럼 카드 뒤쪽에서 중심으로 가위로 잘라 들어가 작은 구멍을 만든다.
5. 카드에 발을 상징하는 그림을 그리고 필요 없는 부분은 잘라낸다.
6. 카드가 갈라진 사이로 풍선의 입구를 중심까지 끼운다.
7. 풍선 입구는 카드 바닥에 스카치테이프로 붙여 고정한다.

카드의 갈라진 부분에도 스카치테이프로 붙이고, 발바닥을 아래로 카드를 세우면 얼굴 인형이 된다.

재미난 모습의 풍선 얼굴을 여러 개 만들어, 친구들의 생일 축하에 사용하면 즐거운 선물이 될 것이다. 컬러 사인펜으로 여러 가지 재미난 얼굴을 그려보자.

물비누 병에서 실끈이 튀어나오는 트릭

- 플라스틱 병의 압력을 이용하는 실험 -

준비물
- 그림과 같은 모양의 빈 플라스틱 물비누 병
- 굵은 실 (길이 15센티미터 정도)

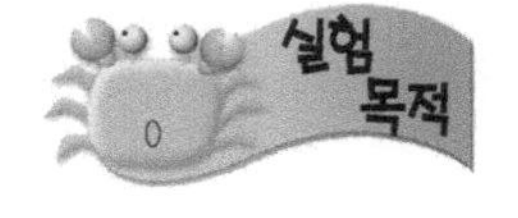

세제 병의 몸통을 손으로 누르면 내부의 물비누가 구멍으로 쏟아져 나온다. 병을 꾹 눌렀을 때 물비누가 아니라 실끈이 쑥 나오는 재미난 트릭을 실연해보자.

1. 빈 세제 병을 구하여, 그 마개를 뽑아내고 마개의 구조를 살펴보자.
2. 작은 드라이버 등을 마개 내부로 밀어 넣어 내용물을 뜯어내면, 세제가 나오는 구멍만 보이게 된다.
3. 이 구멍으로 굵은 실을 꿴다.
4. 실의 양쪽 끝에 굵게 매듭을 만든다. 이때 매듭의 크기는 구멍 속으로 빠지지 않을 정도여야 한다.
5. 마개를 닫고 병을 세우면, 한쪽 매듭은 병 안으로 내려가고, 구멍 바깥 매듭은 입구를 막는다.
6. 병을 두 손으로 꽉 눌러보자. 매듭이 얼마나 힘차게 튀어 나오나?

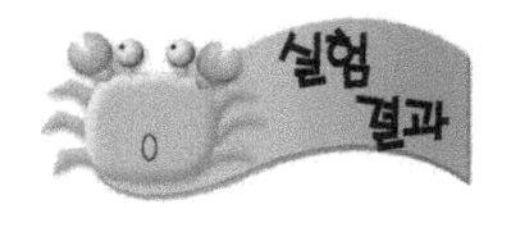

병을 누르면 병 안의 공기가 좁은 입구 구멍으로 힘차게 나가게 된다. 이때 공기의 힘은 매듭을 구멍으로 밀어 올린다.

물비누 병에는 손으로 누르지 않고 꼭지의 버튼으로 펌프질을 하여 세제를 밀어 올리도록 만든 것도 있다. 로션 등을 담은 플라스틱 병도 그 구조를 살펴보자. 내용물이 어떻게 나오도록 하고 있는가?

병 안에서 벌레처럼 춤추는 국수 가락

- 물속에서 오르락내리락하는 국수 가락 -

준비물

- 삶은 국수나 우동 또는 스파게티 가락 조금
- 큰 유리병
- 식초 1컵과 물 1컵
- 제빵용 소다 1숟가락(베이킹파우더라고도 부름)
- 진하게 탄 수채화 물감 붉은색과 청색 각 몇 방울

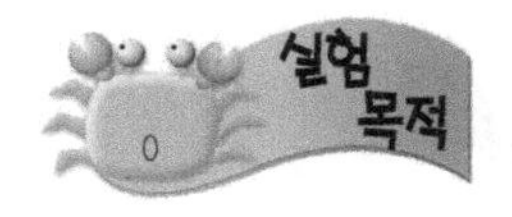

유리병 안에 담은 국수 가락이 저절로 흔들거리며 오르락내리락하는 트릭을 친구나 가족에게 보여주면서, 탄산가스를 간단히 발생시키는 한 가지 방법에 대해 알아보자.

1. 삶은 국수 가락을 지렁이 길이 정도 되게 잘라 작은 접시에 조금 담는다.
2. 커다란 유리병에 식초를 한 컵 붓고, 그 위에 물 한 컵을 더 넣는다.
3. 이 물에 진하게 탄 붉은색 수채화 물감을 몇 방울 넣는다.
4. 거기에 다시 청색 물감을 몇 방울 추가한다. 물빛은 약간 보랏빛을 띠게 된다.
5. 여기에 제빵용 소다(베이킹파우더) 1숟가락을 넣은 뒤, 그 속에 접시에 담아둔 국수 가락을 넣는다.
6. 국수 가락이 어떻게 움직이는지, 얼마나 오래도록 운동이 계속되는지 관찰한다.

국수 가락의 표면에 잔잔한 기포가 가득 들어붙으면, 국수 가락은 액체 위로 떠오른다. 수면에서 기포를 공중으로 날려 보낸 국수는 다시 아래로 가라앉고, 기포가 붙으면 다시 떠오른다. 모든 국수 가락은 지렁이가 흔들거리듯이 이런 운동을 얼마 동안 계속한다.

연구

베이킹 소다의 성분인 중탄산나트륨은 식초와 섞이면 탄산가스를 발생시킨다. 탄산가스의 기포는 국수 가락의 표면에 가득 붙어 수면 위로 들어올린다. 수면으로 떠오른 국수의 표면에서 기포가 떨어져 나가면 국수는 다시 바닥으로 가라앉는다. 떠오르고 가라앉고 하는 현상은 탄산가스가 발생하는 동안 계속된다.

약을 담는 캡슐이 벌레처럼 살아서 움직인다

- 무거운 것은 운동량이 크다 -

준비물
- 약을 넣는 빈 캡슐
- 캡슐 속에 들어갈 정도의 작은 쇠구슬 (베어링)

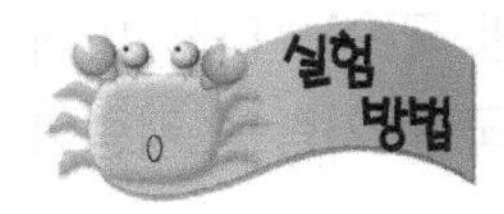

1. 빈 캡슐을 손에 들고 책상 위로 가볍게 던지며 굴려보자.
2. 빈 캡슐 속에 베어링을 넣고 뚜껑을 닫은 후, 책상 위로 굴려보자. 어떻게 움직이는가?
3. 책을 비스듬히 놓고 베어링이 든 캡슐을 그 위로 굴려보자. 어떻게 움직이는가?

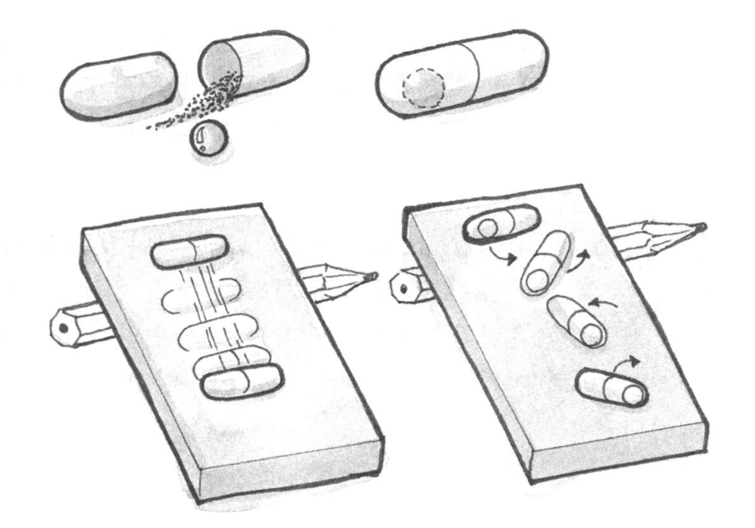

빈 캡슐은 작은 원통으로서 원운동을 하며 굴러간다. 그러나 베어링이 든 캡슐은 마치 그 안에 살아있는 벌레라도 든 것처럼 뒤뚱거리며 굴러간다. 경사면을 구를 때도 원운동을 하지 않고 뒤뚱뒤뚱 굴러 내린다.

연구 약 캡슐은 아주 가볍고, 그 안에 든 베어링은 무겁기 때문에, 베어링이 구르면 캡슐은 베어링이 구르는 대로 흔들리면서 따라 운동한다. 그러므로 캡슐의 외형은 원통이지만 운동은 제멋대로 살아있는 듯이 구르게 된다. 무거운 베어링은 속이 빈 가벼운 캡슐보다 '운동량이 크기' 때문에 일어나는 현상이다.

동식물의 사육과 재배

나뭇잎의 무늬를 원색으로 프린트해보자

- 잎맥의 모양은 잎마다 서로 다르다 -

준비물
- 잎맥이 두드러진 몇 가지 나뭇잎
- 크레용
- 흰 종이
- 다리미

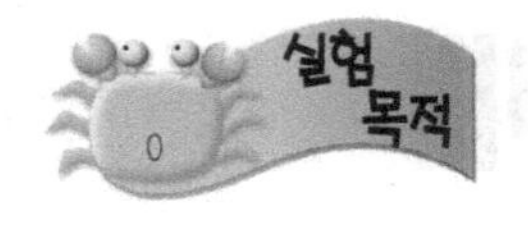

잎맥(엽맥)은 잎의 끝부분까지 수분과 영양이 오가는 혈관과 같은 통로이다. 예쁜 낙엽을 신문지 사이에 끼워 말린 후 화판에 붙여 액자에 넣으면 아름다운 식물 그림이 된다. 단풍색이 곱게 물든 낙엽이 아닐지라도, 크레용을 이용하여 아름다운 색의 잎맥 그림을 만들어보자.

1. 잎맥의 모양이 선명하게 드러난 몇 가지 잎을 채집한다.
2. 원하는 색의 크레용을 잎맥에 대고 고르게 문지른다.
3. 흰 종이를 반으로 접고, 그 사이에 크레용 칠을 한 잎맥을 적당한 위치에 놓고 덮는다.
4. 그 위를 다리미로 다린다. 잎맥만 잘 프린트되도록 해보자.
5. 하나의 흰 종이에 여러 개의 잎맥 무늬를 프린트해보자.

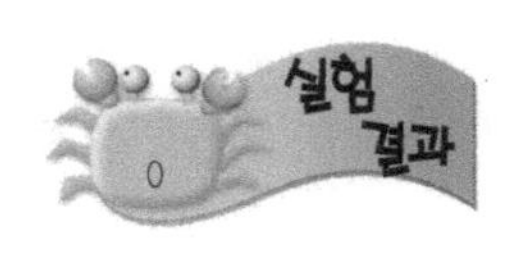

잎맥에 묻었던 크레용이 흰 종이에 그대로 프린트되어 아름다운 선으로 나타난다. 나뭇잎의 종류와 크레용의 색에 따라 다양한 잎맥 프린트를 얻을 수 있다.

나뭇잎의 모양은 나무 종류마다 다르고, 같은 나무라도 잎맥의 모양이 같은 잎은 찾을 수 없다. 잎맥은 물과 영양의 통로이므로 물관과 체관 세포로 가득하다. 여러 가지 나뭇잎의 잎맥을 한 장의 커다란 종이 위에 보기 좋게 배열하여 프린트한다면 아름다운 그림이 된다.

크레용

맴돌고 나면 왜 어지러운가?

- 습관화된 감각과 행동은 틀리기 쉽다 -

준비물
- 얼음 조각
- 뜨거운 물이 담긴 잔
- 성냥
- 친구

인체는 습관적으로 해오지 않은 동작은 잘 하지 못한다. 보통 사람은 두세 바퀴만 돌아도 어지러운데, 빙상 위의 스케이터는 단번에 수십 바퀴를 맴돌고도 어지럼 없이 다음 동작을 계속한다. 그들이 어지럼을 적게 타는 이유를 확인해보자.

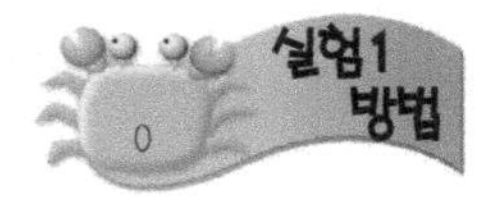

왼손으로 오른쪽 귀를 잡고, 팔과 목 사이로 오른팔을 뻗어 내민다. 그 자세로 허리를 굽혀 오른손 손가락 끝을 마루에 대고 한쪽 방향으로 5회전 한 뒤 일어서 보자. 얼마 동안 어느 정도 어지러운가?

왼손으로 배를 문지르고 오른손으로 이마를 때리다가, 즉시 바꾸어 왼손으로 이마를 때리고, 오른손으로 배를 문지른다. 이 동작을 다시 바꾸어보자, 쉽게 잘 되는가?

친구로 하여금 손을 등 뒤로 하여 보지 못하게 하고, 둘째와 셋째 손가락을 엇갈린 손 자세를 취하게 한다. 엇갈린 손가락 중 하나의 끝에 손을 살짝 댄 뒤에, 어느 손가락을 내가 만졌는지 물어보자. 쉽게 바르게 대답하는가?

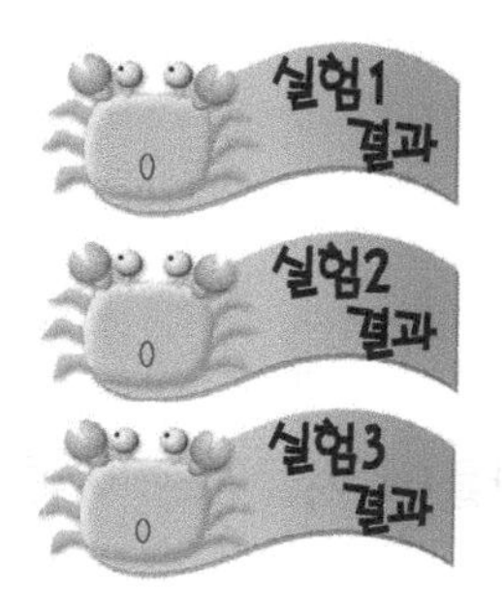

뺑뺑이를 돌고 나면 누구나 심한 현기증을 느낀다. 특히 머리를 숙이고 좌우의 손까지 바꾼 자세로 돌면 더욱 심한 어지름을 느낀다.

두 손을 동시에 같은 방식으로 동작하면 잘 할 수 있지만, 서로 다른 동작을 하던 좌우 손의 동작을 즉시 바꾸려 하면 쉽게 되지 않는다.

손가락이 엇갈려 있으면 접촉된 손가락이 어느 것인지 착각되어 다르게 말하거나 잘 모르거나 한다.

연구 사람들은 습관화된 동작은 익숙하게 한다. 그러나 평소 자주 하지 않는 뒤로 걷기를 하면 균형이 흔들리고 불안을 느낀다. 뺑뺑이를 하면 견디기 어려운 어지럼을 느낀다. 그러나 이런 동작도 자꾸 연습을 하면 훨씬 쉽게 할 수 있게 된다. 아이스 스케이팅이나 체조선수들은 이런 훈련이 잘 되어 있다. 한 손은 이마를 문지르고 한 손은 배를 두드리다가 두 손의 동작을 바로 바꾸어 해보도록 하면, 한동안 제대로 못하고 혼란을 일으킨다. 또한 엇갈린 손가락 역시 접촉감각에 혼란을 느낀다. 이 모든 것은 습관화된 동작이나 자세가 아니기 때문이다.

1. 엇갈린 손가락 자세를 한 친구에게, 엇갈린 손가락 끝에 뜨거운 물 잔을 대겠다고 말한 다음, 몰래 얼음을 살짝 대면, 친구는 "앗! 뜨거!"라고 말할 것이다. 이것은 뜨거울 것을 기대하고 있었기 때문에 뇌는 찬 것을 뜨겁다고 느낀 것이다.

베란다용 미니 비닐하우스 만들기

- 겨울에도 봄꽃을 피워보자 -

준비물
- 대형 골판지 상자
- 철사로 된 옷걸이
- 커다란 투명 비닐 봉투

우리 집의 베란다나 앞뜰에 작은 비닐하우스를 만들어 겨울에도 아름답게 꽃을 피워보자.

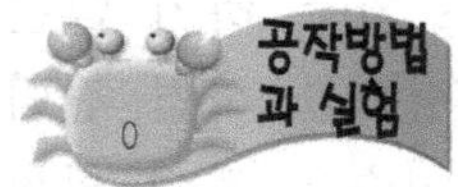

1. 골판지 상자를 그림처럼 잘라 접착테이프를 붙여가며 벽과 바닥을 튼튼하게 만든다.

2. 옷걸이의 철사를 펜치로 잘라 곧게 편 다음, 그림처럼 ㄷ자로 휘어 상자 좌우에 끼운다. 이때 철사는 중간이 아닌 3분의 2 위치에 세워도 좋다.

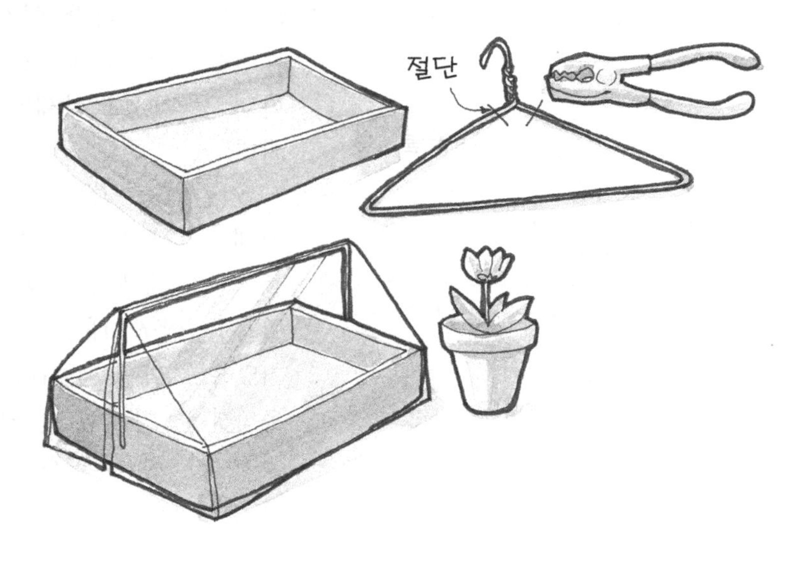

3. 비닐봉투를 잘라 온실 모양이 되도록 덮는다. 비닐의 가장자리는 접착테이프로 붙여 움직이지 않도록 하고, 화분을 넣고 들어낼 입구는 쉽게 여닫을 수 있게 궁리한다.
4. 상자 안쪽 바닥에 비닐을 깔면 화분 밑으로 물이 스며나와도 골판지가 젖지 않는다.

겨울방학 동안 이 작은 온실에서 봄에 일찍 피는 화초를 키울 수 있다. 비닐 사이에 틈이 생기거나 찢어진 곳이 있어 찬바람이 안으로 들어가지 않도록 한다. 바닥이 튼튼하지 않으면 화분을 담은 상태로 들어 옮길 수 없다.

겨울철에 해가 지고 나면 비닐하우스 안에 둔 식물도 추위를 견디기 어렵다. 그러므로 밤이면 전체를 실내로 들여놓고 햇빛이 비칠 때만 내놓아야 한다. 봄이 가까운 늦겨울에는 햇볕이 강해지므로 내부 온도가 너무 높아질 수 있다.
이런 미니 비닐하우스를 몇 개 만든다면 여러 개의 화분을 겨울 동안 키우면서 꽃을 볼 수 있을 것이다. 또한 미리 싹을 틔워 남 먼저 이른 봄에 꽃을 볼 수도 있다.

흙으로 물재배 배양액 만들기

- 병에서 식물을 재배한다 -

준비물
- 물통
- 배양토가 담긴 화분
- 유리병, 컵
- 재배할 식물 (고구마, 양파, 튤립, 수선화 등)
- 스티로폼 조각

식물의 생장에 필요한 영양분이 포함된 물에서 식물을 키우는 것을 물재배 또는 수경재배라 한다. 흙으로 물재배용 배양액을 만들어 꽃이나 야채를 키워보자.

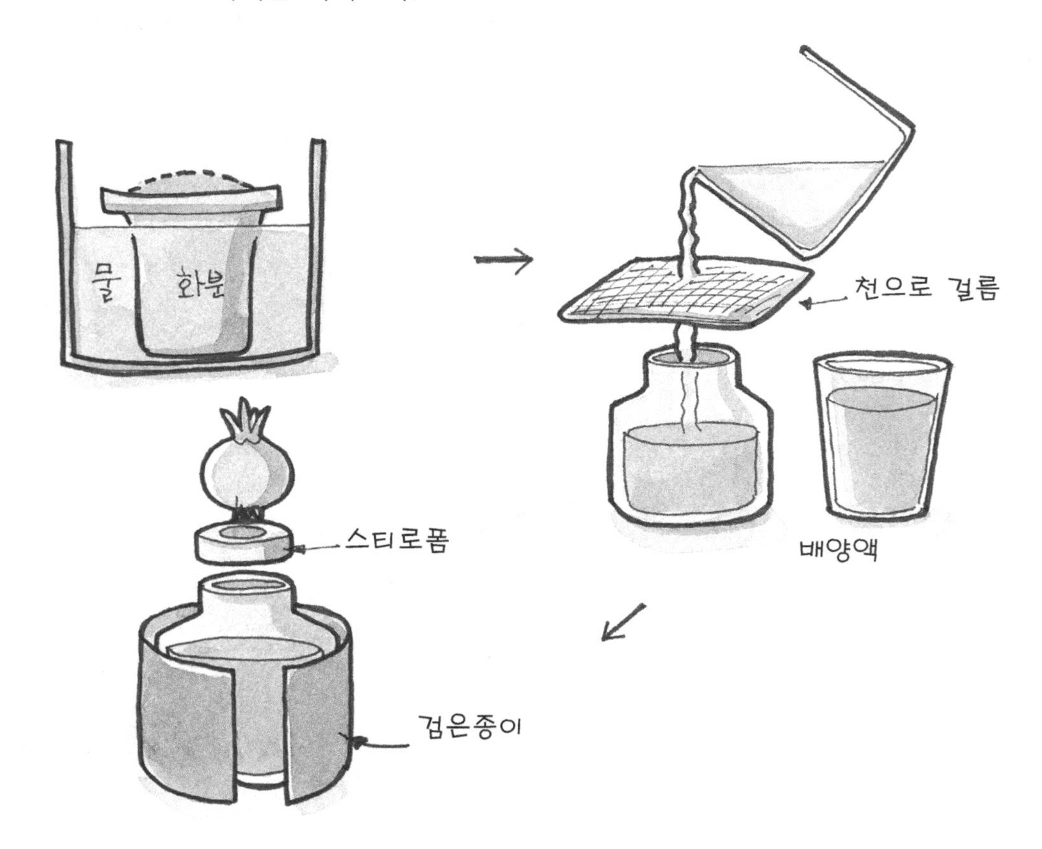

1. 화분이 충분히 들어갈 크기의 물통에 물을 반쯤 채운다.
2. 그 물 속에 배양토가 든 화분을 잠거 12시간 정도 두었다가 꺼낸다.
3. 물통의 물을 천 조각으로 걸러 깨끗이 하고, 그 물을 유리병에 담는다.
4. 유리병 위에 스티로폼 조각을 얹는다. 이때 배양할 식물의 모양에 알맞은 구멍을 낸다. 이 작업은 부모님에게 부탁한다.
5. 배양액에 식물의 뿌리나 일부가 잠기도록 하여 재배한다.
6. 유리병 주변을 검은 종이로 싸주면 초록색 물이끼(녹조류)가 적게 생긴다.

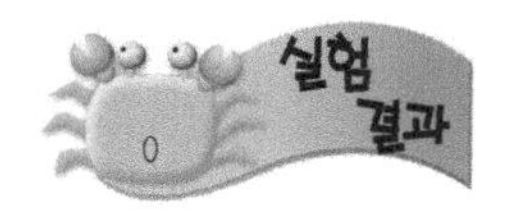

물에 담거 둔 화분흙에 포함된 영양분이 물 속에 녹아 나오므로, 불완전하지만 수경재배를 위한 용액으로 쓸 수 있다. 맹물에 담아 배양하는 것보다 훨씬 건강하게 식물은 자란다.

연구

식물은 태양 에너지와 물, 그리고 탄산가스를 이용하여 온갖 영양분을 만든다. 이때 식물에게는 질소비료와 칼륨, 인, 마그네슘 등의 무기물이 소량 필요하다. 물에 이러한 무기 영양물질을 적당량 녹이면 수경재배용 배양액이 된다. 배양토를 물에 담가두면 무기물과 질소비료 성분이 녹아나온다. 그러므로 이 물에서 식물을 재배하면 맹물에서보다 잘 자란다.

튤립이나 수선화 등 재배할 식물의 몸체 일부를 스티로폼 구멍에 끼워 물에 잠그면, 빠뜨리지 않고 키울 수 있다. 스티로폼 구멍은 식물의 모양과 크기에 따라 조정해야 할 것이다.

배양병 주변을 검은 종이로 싸주면 햇볕이 들어가지 않아 물속에 녹색의 하등식물이 자라는 것을 막아준다.

1. 흙을 우려낸 물과 맹물에서 배양한 식물의 생장상태를 비교해보자.

파인애플을 화분에 길러보자

- 온도만 따뜻하면 잘 자란다 -

준비물
- 잎이 달린 파인애플 열매
- 중간 크기의 화분
- 모래가 많이 섞인 배양토 (식물 재배용 흙)

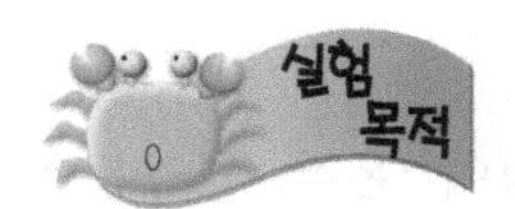

열대식물인 파인애플은 열매 위에 왕관처럼 잎과 줄기를 달고 있다. 이 부분을 잘라내어 화분에서 완전한 파인애플로 길러보자.

1. 파인애플 열매의 머리 위에 달린 잎 부분을 칼로 잘라낸다. 이때 파인애플의 과육이 3~5센티미터 정도 붙어 있도록 자른다.

(* 열매는 잘 드는 칼로도 자르기 어려우므로 반드시 부모님에게 잘라달라고 해야 한다.)
2. 자른 부분이 마르도록 36시간 정도 그늘에 둔다.
3. 커다란 화분에 배양토를 담고 잎이 흙에 파묻히지 않을 정도의 깊이로 심는다.
4. 온도가 섭씨 25도 정도 이상 되는 곳에서 키운다. 물은 너무 많이 주지 않아야 한다.

파인애플이 화분에서 자라기 시작한다면 뿌리가 내린 것이다. 겨울에도 햇볕이 잘 드는 따뜻한 곳에서 길러보자.

파인애플은 열대 및 아열대지방에서 자라는 상록의 식물이다. 파인애플 열매의 껍질은 커다란 비늘이 서로 이어진 것처럼 보인다. 이것은 여러 개의 열매가 서로 붙어서 하나의 과일을 이룬 때문이다. 이런 과일은 특별히 '**다핵과**'라고 부른다.

- 신비한 식물 이야기 몇 가지 -

1. 지구상에 사는 식물의 종류는 약 25만종 알려져 있다.
2. 벌레를 잡아먹는 식물의 하나인 벌레잡이통풀(Venus fly-trap)은 벌레가 들어왔을 때 문을 잠그는데 걸리는 시간이 2분의 1초 정도로 빠르다.
3. 키가 약 100미터 정도로 높이 자라는 거목인 시코이어(giant sequoia)라는 거목은 나이가 175~200살쯤 되어야 그때부터 꽃을 피워 열매를 맺기 시작한다.
4. 붉은삼목(redwood)이라 부르는 미국에 자라는 거목은 어찌나 큰지 한 그루의 뿌리와 줄기와 잎에 포함된 물의 양이 자그마치 500톤 가까이 된다.
5. 태평양에 사는 패시픽 켈프(Pacific kelp)라는 해조류는 하루에 43센티미터나 자라기도 하며, 개중에는 전체 길이가 90미터나 되도록 자란 것이 있다.
6. 대나무의 새싹인 죽순은 빨리 자랄 때 하루에 90센티미터나 쑥쑥 크기도 한다.
7. 사과나무 한 그루가 잎의 숨구멍을 통해 하루 동안에 내보내는 물의 양은 약 19리터에 이르기도 한다.
8. 전 세계에 사는 식물 중에서 85퍼센트는 육지의 정글지대가 아니라, 바다에 살고 있다. 또한 바다 식물의 대부분은 미역이나 김 같은 해조가 아니라 물에 떠서 사는 규조라고 부르는 단세포의 하등식물이다.
9. 미국 애리조나사막에 사는 사구아로(큰기둥선인장)라는 거대한 선인장은 무게가 10톤(어른 약 150명의 무게)이나 되며, 체중의 80퍼센트는 수분이다.
10. 식물의 씨앗 중에서 제일 큰 것은 야자열매이다.

자기 이름이 새파랗게 자라는 묘판을 만들어보자

- 이름 모양으로 씨를 뿌려 싹을 트게 한다 -

준비물
- 무 씨 약간
- 납작한 골판지 포장 상자
- 비닐 약간

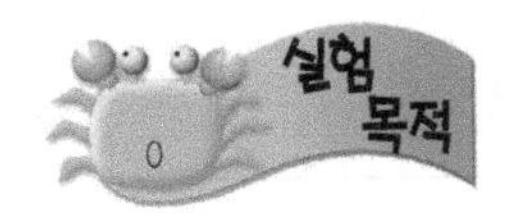

작은 묘판에 자기의 이름대로 골을 파고 무 씨를 뿌려 싹을 틔워보자.

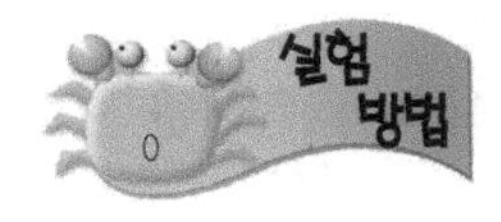

1. 골판지 상자 바닥에 비닐을 깔고 그 위에 배양토를 담아 묘판을 만든다. 비닐을 깔지 않으면 포장상자가 젖어 묘판이 찌그러지게 된다.
2. 묘판 위에 이름 모양대로 깊이 2센티미터 정도의 골을 판다.
3. 이름을 따라 씨앗을 뿌린다.
4. 흙을 덮고 스프레이로 물을 뿌려준다. 싹이 돋을 때까지는 묘판을 그늘에 두어도 좋다.

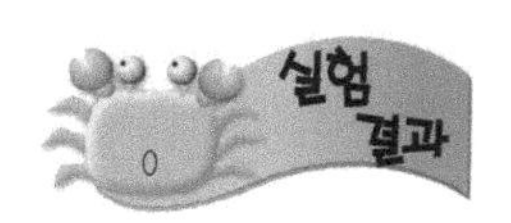

3~4일 지나면 이름자를 따라 파랗게 새싹이 돋아나온다.

연구

무 씨는 꽃가게나 종묘회사에서 살 수 있다. 싹이 나오기까지 며칠이 걸리는지 조사하여 기록해두자. 자기 이름 외에 부모님의 생일에 맞추어, '축 생일' 또는 '사랑해요' 등의 글씨가 쓰인 묘판을 만들어 축하해 드려보자.

- 콩과 완두는 발아하는 모양이 다르다 -

콩(대두)과 완두는 비슷한 모양을 하고 있으며, 같은 콩과식물이다. 이 두 가지 씨앗은 모두 2개의 떡잎을 가지고 있다. 이 떡잎은 새싹이 처음 자랄 때 필요한 영양분을 저장하고 있다.

그러나 콩과 완두는 싹이 나올 때 떡잎의 변화에 큰 차이가 있다. 콩은 발아하여 처음 땅 위로 나올 때 떡잎(자엽)을 머리에 이고 있다. 그러나 녹색의 완두는 떡잎을 땅속에 두고 새눈만 쏙 나온다.

과학자들은 콩처럼 떡잎을 머리에 이고 나오는 것을 '지상성 떡잎'이라 하고, 완두처럼 땅에 묻어두고 나오는 것은 '지하성 떡잎'이라 한다.

콩의 씨를 배게 심으면 어떻게 되나?

- 식물은 비좁은 것을 왜 싫어하는가? -

준비물
- 콩 20여개
- 골판지 포장상자
- 배양토
- 비닐

한 장소에 씨앗이 많이 쏟아지면 싹이 소복하게 자라나온다. 식물을 배게 자라게 하면 어떤 현상이 일어날까?

1. 포장상자 바닥에 비닐을 깔고 배양토를 담는다.
2. 상자의 한쪽에는 10개의 콩을 다닥다닥 붙여 배게 심고, 반대쪽에는 10개의 씨를 4센티미터 정도 서로 떨어지게 심는다.
3. 스프레이로 너무 질지 않을 정도로 물을 뿌려주고 싹이 트기를 기다린다.
4. 밴 곳과 성긴 곳 어디에서 더 많은 씨가 발아했는가?
5. 밴 곳과 성긴 곳 어느 쪽의 싹이 더 잘 자라는가? 그 이유를 생각해보자.

배게 심은 곳의 씨앗은 발아를 다 못해 발아율이 낮으며, 싹이 나더라도 어린 싹은 자라는 것이 더디고 약하다. 그러나 성기게 심은 씨앗은 모두 발아하고 성장도 좋다.

연구 배게 심은 씨앗은 서로 경쟁하며 발아하기 때문에 생장에 필요한 물, 영양, 산소, 태양빛 등이 부족하여 발아율만 떨어지는 것이 아니라, 싹이 나더라도 튼튼하게 자라지 못한다. 그래서 농부들은 벼나 보리, 콩 등의 씨를 심을 때 씨앗의 간격을 잘 조정하여 파종한다.

채소밭에서는 너무 배게 자라면 솎아주어야 잘 자란다. 나무를 심은 조림지에서도 나무들이 빽빽하게 자라 잎이 서로 경쟁하게 되면, 나무 간격이 적당하도록 솎아내는 간벌 작업을 해야 한다.

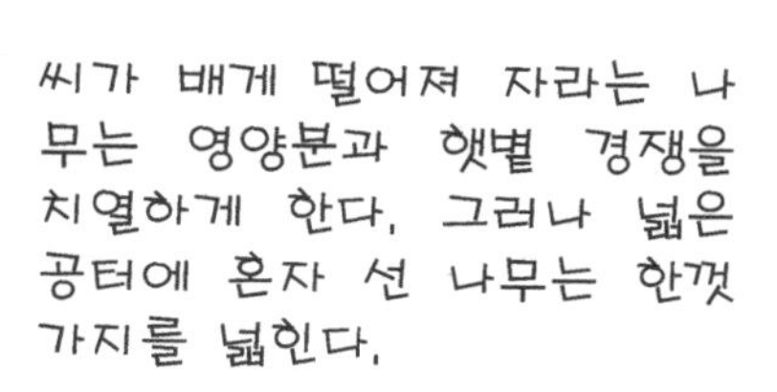

씨가 배게 떨어져 자라는 나무는 영양분과 햇볕 경쟁을 치열하게 한다. 그러나 넓은 공터에 혼자 선 나무는 한껏 가지를 넓힌다.

수생식물에서 나오는 산소를 모아보자

- 물속의 산소는 수생동물이 호흡한다 -

준비물
- 어항
- 말 등의 수생식물
- 대형 플라스틱 음료수병
- 투명한 소형 유리병
- 가위

식물은 태양빛을 받으며 탄소동화작용을 하여 산소를 만들어낸다. 지상의 식물이 산소를 만드는 것은 눈으로 볼 수 없다. 그러나 수생식물이 생산하는 산소는 간단한 방법으로 확인할 수 있다.

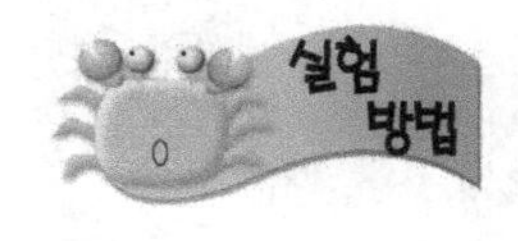

1. 어항(수조)에 약간의 수생식물을 넣는다.
2. 플라스틱 물병을 그림과 같이 가위로 잘라 원뿔 모양의 깔때기를 만든다 (이 작업은 부모님에게 부탁한다).
3. 깔때기를 수생식물 위에 덮어씌우고, 병 입구 위에 물을 가득 채운 투명한 유리병을 거꾸로 세워 입구를 끼운다.
4. 햇빛이 잘 비치는 곳에 이 수조를 몇 시간 놓아둔다. 유리병 속에 기포가 모이는 양을 관찰해보자.

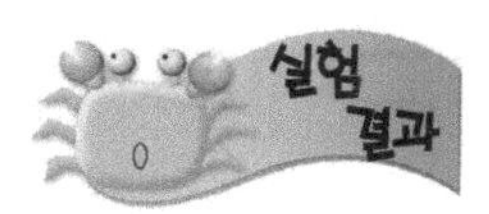

수생식물이 탄소동화작용을 하여 만들어낸 산소는 깔때기를 따라 유리병 안으로 들어가 모이게 된다.

연구 이 실험에서 유리병 안에 모인 공기는 식물이 만들어낸 산소이다. 이렇게 생산된 산소는 물속에 녹아 물고기나 다른 수생동물이 호흡하며 살아갈 수 있게 한다. 물이 심하게 오염되면 수생식물이 살지 못하고, 그에 따라 물속에는 산소가 부족하여 다른 수생동물도 생존하지 못하게 된다.

수생식물이 하루 동안에 얼마나 많은 산소를 생산하는지 조사해보자

뿌리가 자라는 모습을 자연 그대로 관찰하기

- 뿌리 모양은 식물마다 다르다 -

준비물
- 구두상자 크기의 골판지 상자 (또는 스티로폼 상자)
- 유리처럼 생긴 투명 플라스틱판
- 콩, 무, 배추 등 몇 가지 씨앗
- 배양토, 자갈, 꽃삽
- 가위, 접착테이프

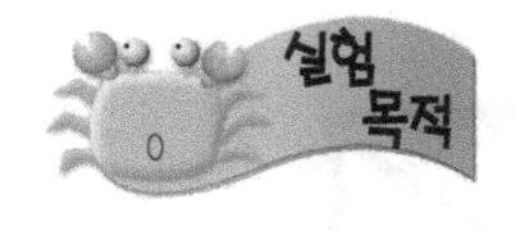

지하로 뻗어나간 뿌리의 모습은 자연 그대로 관찰하기는 어렵다. 투명 플라스틱판을 통해 뿌리가 나오는 곳, 뿌리의 가지치기, 뿌리털 모습 등을 조사해보자.

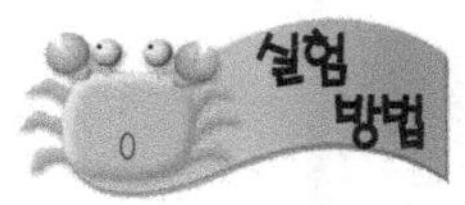

1. 구두상자의 한쪽 벽을 그림과 같이 잘라내고 투명 플라스틱판으로 막는다 (유리를 사용하면 다칠 위험이 있다).
2. 플라스틱판과 골판지 상자가 서로 접촉하는 부분은 접착테이프를 붙여 물기와 흙이 빠져나가지 않도록 한다.
3. 상자 안에 배양토를 담고 플라스틱판에 바짝 붙여서 준비한 씨를 심는다.
4. 플라스틱판으로 된 벽을 검은 종이로 막아둔다.
5. 스프레이로 물을 조금씩 여러 차례 뿌려 흙이 적당히 젖도록 한다. 너무 질지 않도록 한다.
6. 심은 씨앗의 싹이 흙 위로 자라나왔을 때, 막아둔 검은 종이를 걷어내고 뿌리가 자란 모습을 관찰한다. 이때 씨앗의 종류에 따라 뿌리 모습이 서로 어떤 차이가 있는지 관찰하고, 그림으로 그려둔다. 또한 뿌리가 씨의 어느 부분에서 자라나왔는지 확인해보자.
7. 관찰 후 검은 종이를 다시 덮어두었다가, 2~3일 후 뿌리 모양이 어떻게 변했는지 살펴보고 기록해두자.

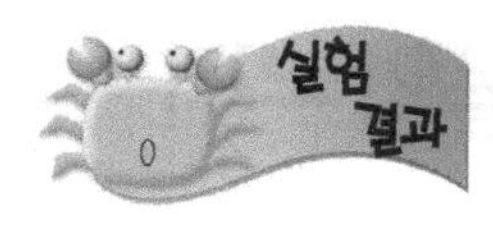

유리를 통해 뿌리 모습을 자연 그대로 관찰할 수 있다.

식물이 싹틀 때는 뿌리가 먼저 자라나온다. 그러므로 새싹이 흙 위로 보일 때는 이미 뿌리가 자라있다. 투명한 플라스틱판을 통해 우리는 뿌리가 자란 모습을 자연 그대로 잘 볼 수 있다. 이때 확대경을 사용하여 뿌리털이 솜처럼 자란 것도 관찰한다. 식물의 뿌리는 씨의 눈(씨눈, 배) 부분에서 자라나온다. 이를 잘 확인해보자

1. 식물은 종류에 따라 뿌리 모습이 많이 다르다. 여러 종류의 씨를 심어 비교하면서 왜 각기 다른 모습인지 생각해보는 것은 훌륭한 연구가 된다.

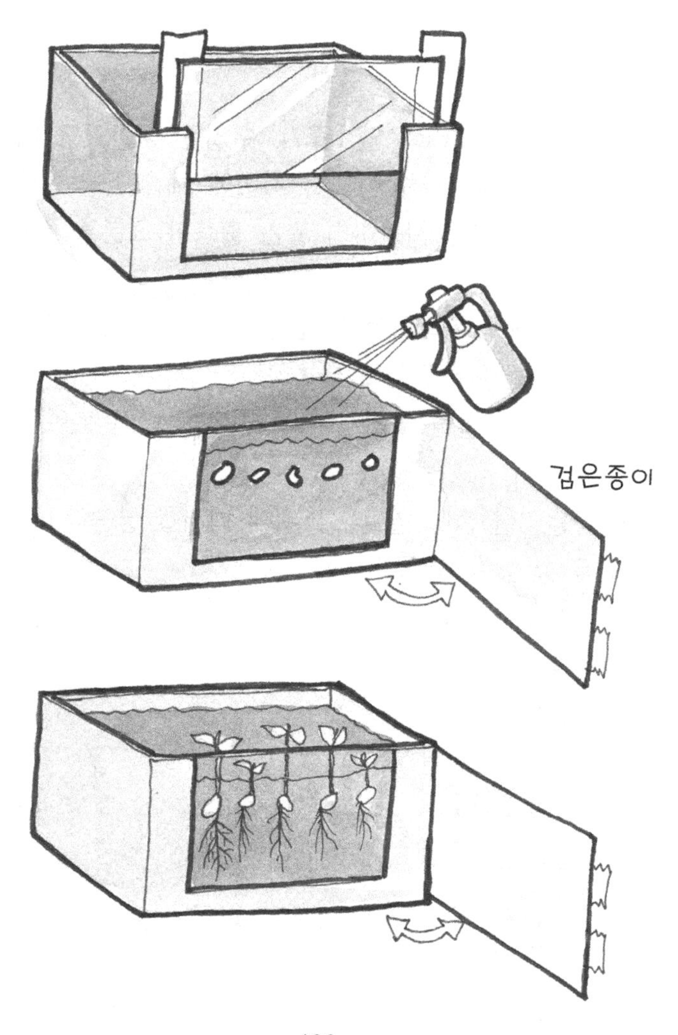

예쁜 꽃을 눌러 압화를 만들어보자

- 압판은 식물표본을 반듯하게 만드는 도구 -

준비물

- 가로 25센티미터, 세로 35센티미터 정도의 베니어 합판 2장 (두께 약 2센티미터 이상)
- 4개의 긴 볼트와 나비나사 4개
- 구멍 뚫는 핸드드릴
- 두터운 용지(신문지 온장을 3번 접은 16절지 크기)
- 신문지

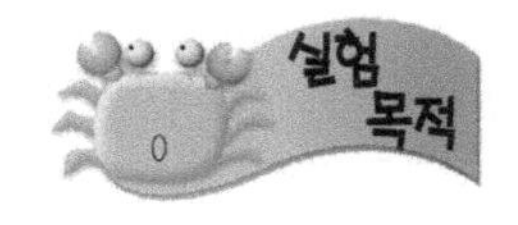

식물표본은 꽃이나 잎, 줄기, 뿌리를 살아있을 때의 모습 그대로 눌러 말린 것이다. 흔히 신문지 사이에 채집한 식물을 끼워 말리는 방법을 쓰는데, 압판을 사용하면 훨씬 훌륭한 표본을 만들 수 있다.

1. 어른에게 부탁하여 두 합판을 포개어 놓고, 네 모서리에 너트를 끼울 구멍을 핸드드릴로 뚫는다.
2. 합판 한 장을 놓고 네 모서리의 구멍에 볼트를 바닥 쪽에서 위로 나오도록 끼운다.
3. 합판 위에 신문지 한 장을 3번 접어 깔고, 그 위에 백지를 놓는다.
4. 백지 위에 꽃 또는 잎을 함께 잘 펼친다.
5. 그 위에 다시 3번 접은 신문지를 놓는다.
6. 다시 백지를 깔고 다른 꽃을 놓는다.
7. 그 위에 접은 신문지를 깐다.
8. 제일 위에 볼트 구멍에 맞게 합판을 끼워 덮고 나비나사를 단단히 조인다.
9. 2~3주일 후에 나사를 풀고 열어보자.

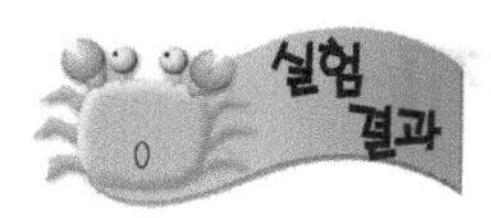

합판과 종이 사이에 단단히 눌러둔 꽃과 식물은 말라서 훌륭한 압화 표본이 되어 있을 것이다.

꽃이나 잎을 눌렀을 때 베어 나온 즙액은 신문지가 흡수한다. 그러므로 표본은 빨리 말라 흰 종이 위에 압화를 만든다. 압판을 사용하여 여러 가지 꽃, 잎, 낙엽 등의 표본을 만들어보자. 이것을 액자에 넣어 벽에 걸어두면 훌륭한 장식품이 되기도 한다.

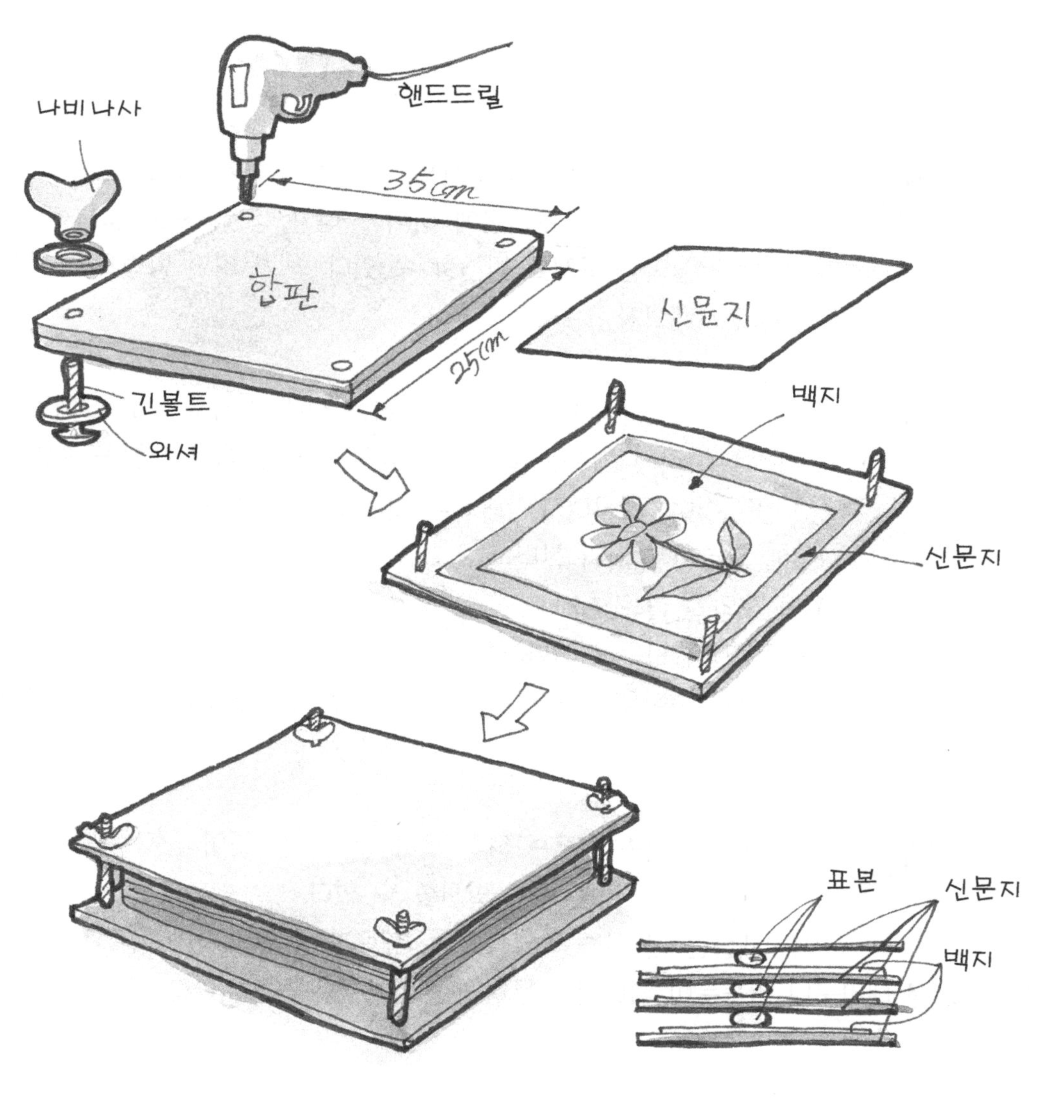

새의 둥지가 얼마나 훌륭한지 관찰해보자

- 새는 동물계에서 제일 훌륭한 건축가 -

준비물
- 쌍안경, 핀셋(족집게), 확대경

새들이 숲 속에 지은 집(둥지)은 발견하기 쉽지 않다. 그러나 잎이 다 떨어진 늦가을이나 초겨울에 야외에 나가 쌍안경으로 덤불 속이나 나무 위를 살피면 둥지를 발견할 수 있다. 새가 어떤 방법으로 어떤 모양의 보금자리를 만들었는지 조사해보자.

1. 알이 있거나, 새가 살고 있는 집은 절대 만지지 말고 그대로 두어야 한다. 그러나 겨울에 발견되는 숲이나 덤불 속의 새집은 주인이 떠나버린 것이 보통이다. 새집을 발견하면 어른에게 내려주도록 부탁한다. 위험하게 나무에 오르지 않아야 한다.
2. 새집을 집으로 가져와 모양을 잘 관찰하자.
3. 새집을 지은 재료가 무엇인지 모두 적어보자.
4. 새는 어떤 방법으로 지푸라기를 얽고, 흙을 바르고, 깃털을 붙여놓았는지 핀셋으로 지푸라기 올을 집어 당기면서 관찰해보자.

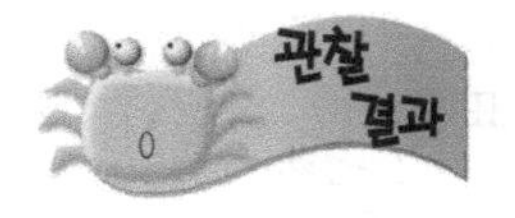

1. 새집의 건축 재료는 여러 가지이다. 마른 풀이나 지푸라기, 잔가지, 끈, 머리카락, 깃털 등을 발견할 수 있다.
2. 새들은 집 짓는 방법과 건축 재료가 종류에 따라 다르다.
3. 지푸라기를 대바구니 만들듯이 엮어서 든든하게 집을 짓는 솜씨는 놀랍기만 하다.

연구 새들은 아무런 도구도 없이 부리와 두 발만으로 멋진 집을 정교하게 건축한다. 그들은 종류에 따라 각기 다른 모양과 크기의 집을 짓는다. 전문가들은 새 둥지 형태를 보면 주인이 어떤 새인지 알 수 있다.

새들은 접착제나 못 따위를 쓰지 않고도 아주 튼튼하게 집을 짓는다. 새집을 들여다보면서, 같은 재료를 가지고 우리가 새처럼 집을 지을 수 있을지 생각해보자. 새들은 집을 건축하는 기술을 어미에게 배우는 것도 아니다. 그들은 본능적으로 집짓는 법을 알고 있다.

1. 과학관이나 자연사박물관에 가면 새와 새집을 소개하는 전시장을 찾을 수 있다. 자세히 보고 기록하여 여러분이 관찰한 것과 비교해보자.
2. 뻐꾸기는 스스로 집을 짓지 않고 다른 새의 보금자리에 알을 낳는 새로 유명하다. 뻐꾸기가 산란하고 새끼를 키우는 방법에 대해 알아보자.
3. 시골집에서는 처마 밑에 제비가 집을 지으면, 그 아래에 나무판자를 받쳐주어 부스러기나 새끼가 떨어지지 않도록 한다.
4. 지구상에는 현재 약 8700종의 새가 살고 있다. 이 중에서 가장 작은 새는 벌처럼 작은 꿀벌새이다. 쿠바에 사는 이 꿀벌새는 부리 끝에서 꼬리 끝까지 길이가 약 6센티미터이고 몸무게는 3그램 정도이다. 반면에 가장 큰 새인 타조는 키가 2.5미터에 이르고 체중은 135킬로그램이나 나간다.

유리병에 지렁이를 길러보자

- 지렁이는 매우 유익한 동물이다 -

준비물
- 커다란 유리병
- 모래가 많이 섞인 흙
- 1센티미터 정도 크기의 잔잔한 돌 약간
- 5~6마리의 지렁이
- 검은 종이 또는 비닐

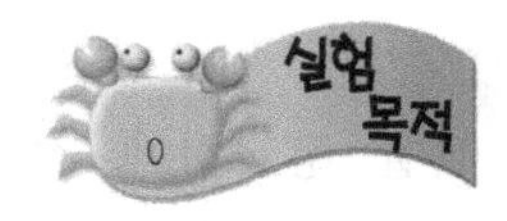

땅에 지렁이가 없으면 식물이나 농작물이 잘 자랄 수 없다고 한다. 그 이유가 무엇인지 지렁이를 기르면서 알아보자.

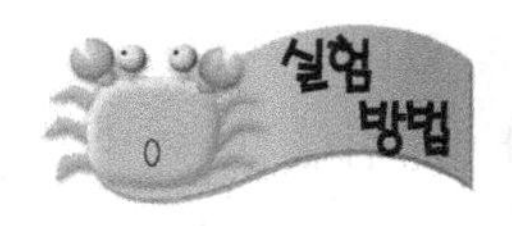

1. 커다란 유리병 안 중앙에 그림처럼 빈 깡통을 놓는다.
2. 깡통 주변 바닥에 잔잔한 돌을 깔고 그 위에 흙을 깡통 높이까지 채운 뒤 흔들어 흙이 약간 다져지게 한다.
2. 거름더미나 낚시미끼 가게 등에서 구한 지렁이를 5~6마리 병에 넣는다.
3. 너무 질지 않을 정도로 흙에 물을 뿌려준다. (흙에 물을 미리 뿌려 질면 작업하기 불편하다.)
4. 유리병을 검은 종이로 완전히 싸서 내부가 캄캄하도록 한다.
5. 이 병을 4~5일 두었다가 병을 싼 검은 종이를 걷어내고 지렁이가 땅속에 구멍을 판 모양을 관찰해보자.
   (* 실험이 끝난 뒤에는 지렁이를 정원의 흙에 부어준다.)

지렁이가 여러 갈래로 구멍을 파고 다닌 통로를 발견할 수 있다. 이 좁다란 굴은 유리병 벽을 따라 만들어진 것도 있다. 병 중앙에 지렁이가 갈 수 없도록 깡통을 놓았기 때문에 가장자리로만 지렁이가 다녀 그 통로를 더 쉽게 관찰할 수 있다.

지렁이는 땅속에 살면서 흙과 함께 유기물(동식물의 부스러기)을 먹어 그 속의 영양분을 섭취한다. 지렁이는 먹이를 찾아 끊임없이 땅속을 돌아다니고, 그 결과 흙 속에는 공기가 잘 통할 수 있는 통로가 많이 생긴다. 이 땅속의 숨구멍은 식물의 뿌리가 자라는데 필요한 산소를 공급해주는 길이 된다. 또한 지렁이의 소화관을 거쳐 나온 흙에는 식물의 뿌리가 바로 흡수할 수 있는 비료분이 많이 포함되어 있다.

농작물이 자라는 논밭이나 나무들이 자라는 숲의 흙에는 많은 지렁이가 살고 있기 때문에 식물의 뿌리는 숨을 쉴 수 있다. 밭갈이를 해주지 않아도 숲의 식물들이 잘 자랄 수 있는 것은 지렁이가 숨구멍을 뚫어준 덕분이다.

지구상에는 약 1800종의 지렁이가 살고 있다. 그중에 가장 큰 것은 오스트레일리아에 사는 길이가 3.3미터에 이르는 종류이다. 지렁이가 붉은색인 것은 혈액 속에 헤모글로빈이라는 색소가 포함되어 있기 때문이다.

지렁이는 대개 얕은 곳에서 살지만, 몹시 건조하거나 춥거나 하면 지하 2미터 깊이까지 들어간다. 지하의 지렁이는 새들을 비롯하여 온갖 동물의 먹이가 되므로 아주 유익한 동물임이 분명하다.

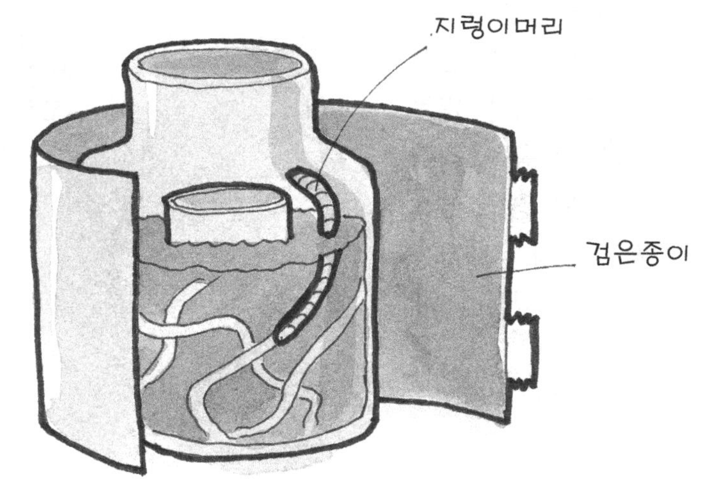

물이 잘 빠지는 흙을 찾아내보자

- 엽서 구멍 속으로 머리가 들어간다 -

준비물
- 대형 종이컵 6개
- 무명천(헌 러닝셔츠)
- 고무 밴드
- 모래, 퇴비가 많이 포함된 정원 흙(밭 흙), 진흙(또는 황토)

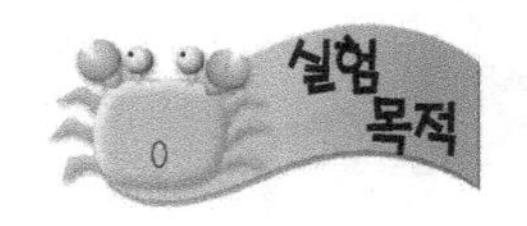

흙은 물이 잘 빠지는 것과 그렇지 못한 것이 있다. 물이 쉽게 빠지지 않는 (배수가 나쁜) 흙에서는 식물이 잘 자라지 못한다. 그것은 뿌리에 산소가 충분히 공급되지 않기 때문이다. 어떤 흙이 물이 잘 빠지는지 실험해보자.

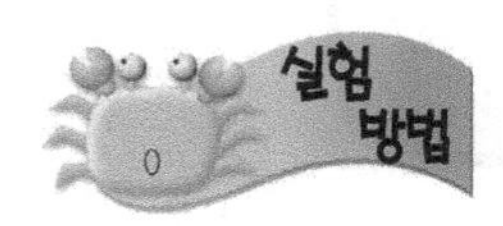

1. 3개의 종이컵 밑바닥을 칼로 오려낸다.
   (* 이 작업은 부모님에게 부탁한다.)
2. 컵 입구를 무명천으로 막고 고무 밴드로 조여 단단하게 한다.
3. 천으로 막은 각 컵에 모래, 거름기가 많은 밭 흙, 진흙을 각각 컵의 절반 정도 높이까지 담는다.
4. 이들을 그림처럼 새 종이컵 위에 얹고, 흙 위에다 같은 양의 물을 붓는다.

5. 어느 흙이 물이 잘 빠지는가?

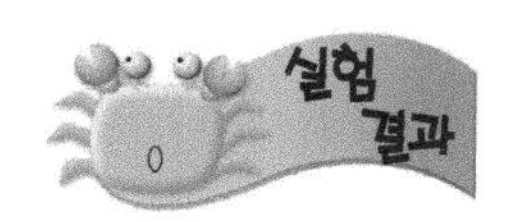

모래에 물을 부으면 금방 아래의 컵으로 흘러 내려간다. 그러나 진흙에 부은 물은 거의 빠져나가지 않고 그대로 고여 있다. 한편 밭 흙에 쏟은 물은 서서히 흙에 베어들어 천천히 빠져나온다.

연구

식물의 뿌리는 항상 산소가 있어야 한다. 입자가 너무 미세하여 틈이 없는 진흙에서는 물이 빠져나갈 수 없다. 이런 흙이라면 공기도 들어가지 못해 산소 공급이 어렵다. 반면에 모래흙에서는 공기 공급은 잘 되지만 물이 너무 잘 빠져 건조해지기 쉽고, 흙 속의 양분이 빨리 씻겨나간다. 그러나 비료(퇴비) 성분이 많은 흙은 틈새가 많아 공기와 물이 잘 스며들기도 하려니와, 퇴비가 물을 머금고 있어 빗물에 영양분이 잘 씻겨나지 않는다.
지렁이는 퇴비가 많은 흙에 잘 번식하고, 지렁이가 지나다닌 구멍으로는 산소와 물이 잘 스며든다. 물이 잘 빠지는 흙을 '배수성이 좋은 토양'이라고 말하며, 식물을 재배하기에 적합한 흙이다.
옛사람들은 물이 잘 스며들지 않는 진흙으로 벽돌을 만들어 벽이나 담장을 쌓았다.

* 퇴비 - 지푸라기나 풀, 동물의 배설물, 농산물이나 음식물 쓰레기 등을 섞어서 부패시킨 것을 퇴비라고 한다. 퇴비는 식물의 비료가 되며, 논밭에 퇴비를 많이 넣어주면 비료성분이 많은 비옥한 땅이 되는 동시에, 물이 잘 빠지고 공기도 잘 통하며, 땅이 산성화되는 것을 방지해준다.

달팽이의 생활을 살펴보자

- 달팽이는 여린 잎을 먹고 자란다 -

준비물
- 주둥이가 큰 유리병
- 정원이나 야외에서 채집한 달팽이
- 검은 종이나 비닐
- 상치, 사과 등의 과일 조각
- 그물 천 (헌 스타킹 또는 양파 포장용 비닐 그물)
- 고무 밴드
- 약간의 흙

달팽이는 무얼 먹고 살까? 그들은 어떻게 이동할까? 달팽이는 익충인가 해충인가? 이들을 병 안에서 기르며 관찰해보자.

1. 유리병 안에 5센티미터 정도 깊이로 흙을 깐다.
2. 채집한 달팽이를 흙 위에 놓는다.

3. 병 아가리를 그물 천으로 막고 고무 밴드를 걸어 달팽이가 밖으로 나오지 못하게 한다.
4. 흙 위에 물을 약간 뿌려준다.
5. 상치나 배추의 잎, 사과 절편 등을 매일 조금씩 넣어주고 달팽이가 돌아다니며 먹이를 먹는 모습을 관찰하자. 몸의 형태와 잎을 갉아먹는 모습을 확대경으로 조사하자.

달팽이는 나선형 껍데기 집을 등에 지고 이동하며, 편평한 발바닥의 근육을 움직여 기어 다닌다. 그들은 식물의 여린 잎을 갉아먹고 자라며, 흙 속에 알을 낳는다. 달팽이가 기어간 자리에는 점액이 남아 있다. 달팽이는 위험을 느끼면 내밀었던 눈과 촉각을 즉시 감추고, 껍데기 안에 몸을 집어넣는다.

연구

지구상에는 약 22,000종의 달팽이가 살고 있다. 우리가 정원이나 채소밭 등에서 쉽게 관찰할 수 있는 달팽이에는 소라껍데기 같은 패각을 가진 것과, 가지지 않은 민달팽이가 있다. 달팽이는 한 개의 편평한 발(배에 붙은 발이라는 뜻으로 '**복족**'이라 부름)을 움직여 이동하며, 머리에 뻗었다 감추었다 할 수 있는 눈을 가지고 있는 것이 매우 인상적이다.

달팽이의 몸에서 분비되는 점액질은 거친 곳을 지나가도 부드러운 몸이 다치지 않도록 해주는 작용을 한다. 그래서 달팽이는 면도날 위라도 베이지 않고 기어간다.

아프리카에는 몸길이가 20센티미터나 되는 '아카티나'라는 큰 달팽이가 있다. 인공사육하여 요리의 재료로 쓰는 달팽이 종류도 있다. 그러나 채소밭이나 꽃밭의 달팽이는 잎을 갉아먹는 해충의 하나이다.

개미를 길러 땅 속의 집을 살펴보자

- 일개미는 공동생활의 일꾼이다 -

준비물
- 개미를 사육할 아가리가 큰 유리병
- 검은 종이 - 못쓰는 스타킹
- 꽃삽 - 모래가 많은 마당 흙
- 설탕물(물 한 컵에 설탕 1숟가락 녹인 것)
- 과자 부스러기

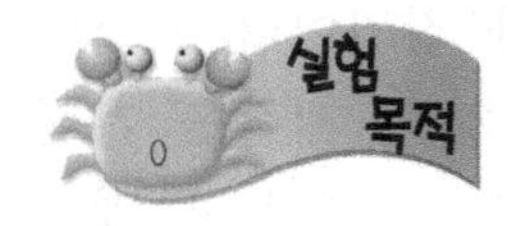

개미는 땅속에 굴을 파고 살기 때문에 내부의 모습을 관찰하기 어렵다. 개미를 병 안에 기르면서 그들이 어떻게 일하고 생활하는지 관찰해보자.

1. 야산의 고목나무 등을 쓰러뜨리면 그 안에 사는 개미떼를 발견할 수 있다. 50여 마리의 일개미와 20 여개의 알들을 꽃삽으로 다치지 않게 채집하여 유리병에 담는다. 이때 병에 주변의 흙을 약간 담는다. 집으로 가져오는 동안에 개미가 나오지 못하도록 뚜껑을 잘 닫는다.
2. 병에 젖지 않은 흙을 채우고, 가볍게 다독거려 흙이 자연스럽게 다져지도록 한다.
3. 개미가 좋아하도록 흙 위에 설탕물을 약간 뿌려준다.
4. 개미 먹이로 떡이나 과자 부스러기를 조금 넣어준다.
5. 개미가 나오지 못하도록 입구를 눈금이 촘촘한 그물 천이나 스타킹으로 덮고, 고무 밴드로 병목을 조인다.
6. 병 둘레를 검은 종이로 완전히 감싼다. 조용한 곳에 두고 병을 흔들거나 하지 않도록 한다.
7. 1주일에 한 번 정도 검은 종이를 열고, 개미들이 굴을 판 모양과 병 안에서 일어나는 변화들을 잘 관찰해보자.

병 안이 깜깜하면 개미는 굴을 파기 시작하며, 유리병 벽을 따라 파진 굴을 관찰할 수 있다. 일개미는 굴을 파고, 먹이를 물어와 저장하고, 새끼를 기르는 일을 한다. 일개미는 여왕개미가 없어도 자기의 일을 한다.

지구상에는 8,000종 이상의 개미가 살고 있다. 개미의 특징은 여왕개미, 수개미, 병정개미, 일개미가 한 가족을 이루어 자기가 맡은 일을 하며 공동생활을 한다는 것이다. 이들 중에 일개미는 가족 중에 가장 수가 많으며, 집을 짓고, 먹이를 찾아오고, 새끼를 기르는 일을 한다.

개미 종류 중에 작은 것은 길이가 2밀리미터에 불과하고, 큰 종류는 2.5센티미터 쯤 되는 것도 있다. 개미는 종류마다 모양과 생활 습성이 다르다. 개미는 자기 체중보다 50배나 무거운 짐을 입에 물고 운반할 수 있는 장사이다.

지구상에는 엄청나게 많은 개미가 산다. 만일 지상의 모든 동물의 무게를 전부 합한다면, 그중 10~15퍼센트는 개미의 무게일 것이라고 과학자들은 추산한다.

1. 개미들이 굴 안에 방을 만들어 애벌레를 기르는 것도 관찰해보자. 서점이나 도서관에서 개미에 대한 책을 찾아 읽어보면 큰 흥미를 느낄 것이다.

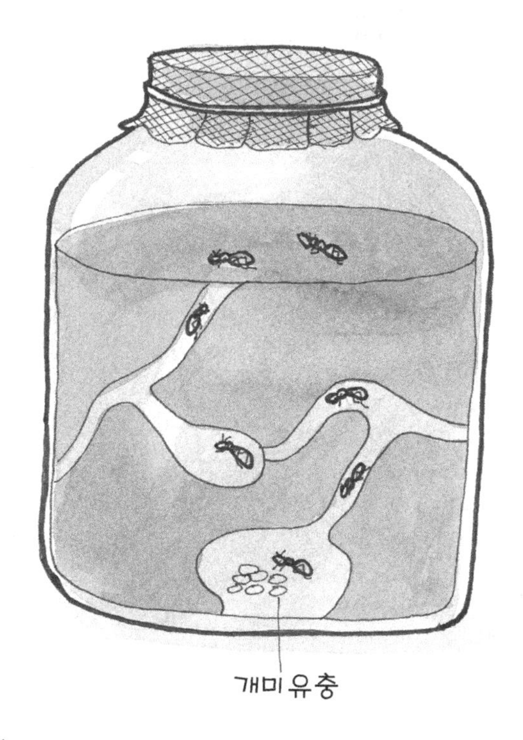

여러 종류의 거미집 표본 만들기

- 종류마다 다른 모양의 집을 짓는다 -

준비물
- 검은 종이(16절지)
- 접착테이프 (스카치테이프 등)
- 헤어스프레이(머리카락이 휘날리지 않게 하는 화장품의 일종)
- 음식물을 싸는 비닐 랩
- 레이블

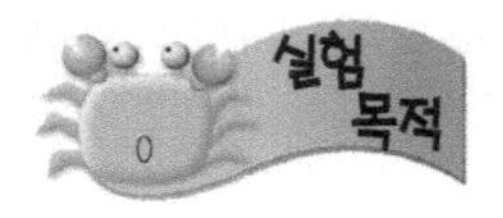

거미는 종류마다 다른 모양의 거미줄을 쳐서 먹이를 잡는다. 거미줄의 모양을 자연 상태로 표본을 만들어 서로 어떤 차이가 있나 연구해보자.

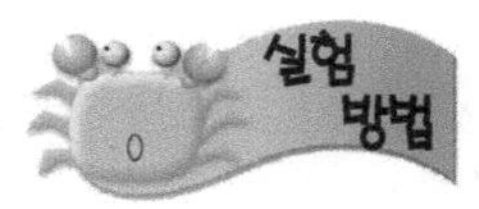

1. 거미줄을 붙일 검은 종이를 준비한다.
2. 한쪽 손의 다섯 손가락에 그림과 같이 접착테이프를 뒤집어서 붙여

끈적이 손이 되도록 한다.

3. 야외에서 깨끗하게 잘 지어진 거미줄을 찾아낸다.
4. 도감을 보고 거미줄의 주인 종류를 미리 알아두거나, 거미의 모양과 크기 등을 그림과 글로 기록한다.
5. 검은 종이를 한쪽 손바닥에 붙인 후, 거미줄 뒤에서 조심스럽게 접근하여 거미줄이 종이에 붙도록 한다.
6. 그 상태에서 다른 손으로 헤어스프레이를 잡고 거미줄에 뿌리면, 거미줄은 검은 종이에 붙어서 고정된다.
7. 검은 종이 위에 음식물을 싸는 비닐 랩을 짝 펴서 덮어씌운 다음, 가장자리를 뒷면으로 접어서 접착테이프로 붙인다. 이때 혼자서는 하기 어려우므로 부모님의 도움을 받는다.

헤어스프레이는 거미줄이 종이에 접착하도록 해준다. 그 위를 비닐 랩으로 덮어 씌우면 거미줄이 상처받는 것을 방지할 수 있다.

연구 거미줄 표본이 완성되었다. 표본이 채집된 종이 한쪽에 주인 거미의 이름, 채집 날자와 장소를 기록한 레이블 붙인다. 여러 종류의 거미집 표본을 만들어 거미 종류에 따른 거미집의 차이를 살펴보자. 거미에 대한 책을 읽어, 거미줄은 어떻게 만들어지며, 얼마나 강인한 실인지, 그리고 거미가 얼마나 많은 해충을 퇴치하는 중요한 익충인지 알아보자.

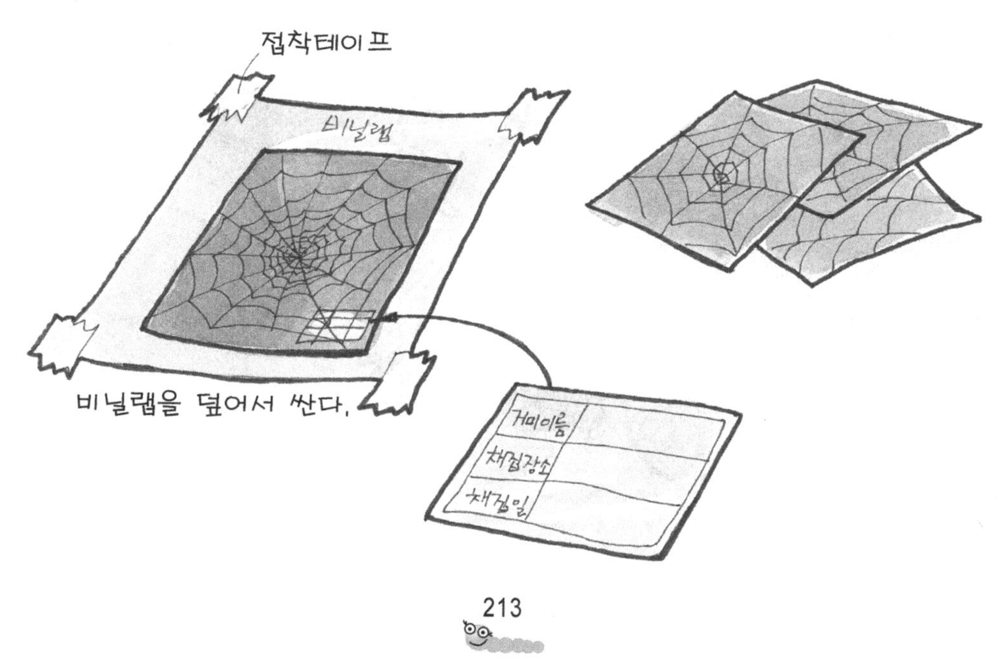

곤충을 채집하는 포충망 만들기

- 파는 것보다 훨씬 훌륭한 채집 도구 -

준비물

- 모기장 그물 (또는 양파를 담는 대형 그물주머니)
- 철사 옷걸이 1개
- 대나무 장대 또는 못쓰는 낚싯대
- 접착테이프
- 질긴 실과 바늘, 가위

잠자리나 나비, 매미 등 날아다니는 곤충을 채집하여 산 모습 그대로 관찰하고, 표본을 만드는 것은 즐거운 일이다. 시중에서 파는 포충망은 작고 사용이 불편하다. 올 여름에는 부모님의 도움을 받으며 스스로 포충망을 만들어 곤충채집을 해보자.

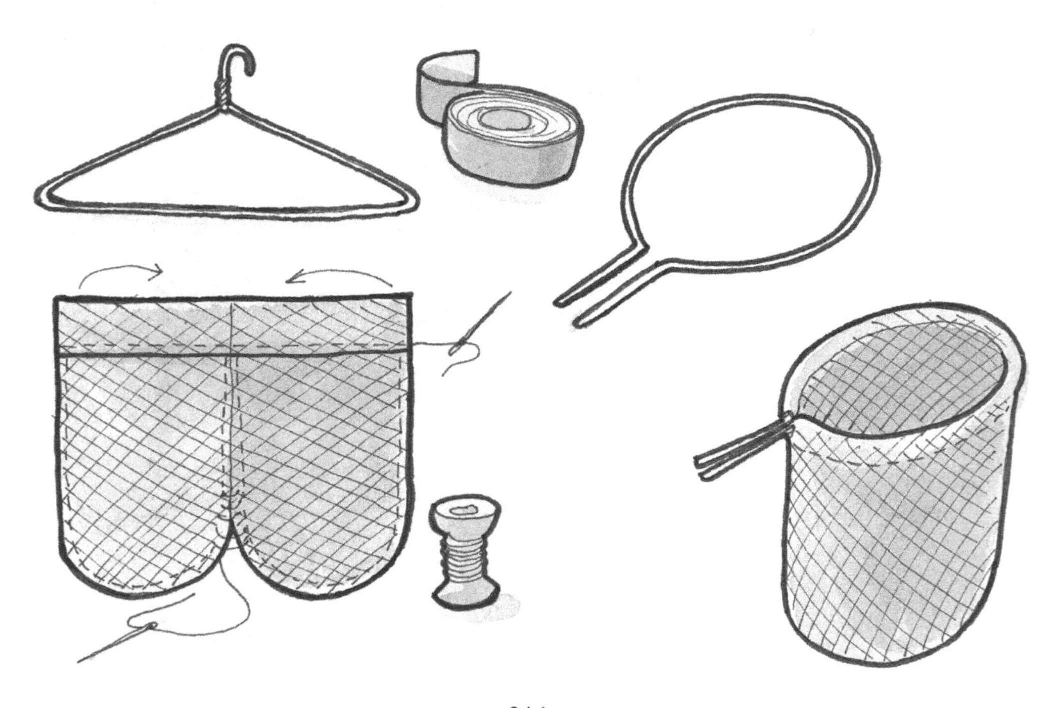

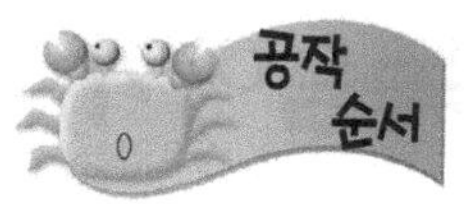

1. 모기장 천이나 양파주머니를 이용하여 그림과 같이 그물망을 만든다. 가위질을 하고 바느질하는 일은 부모님에게 부탁한다.
2. 철사로 된 옷걸이를 그림처럼 잘라 포충망 둘레 크기에 맞게 고리를 만든다. 이 일도 부모님에게 부탁한다.
3. 철사 고리에 포충망 가장자리를 끼운다.
4. 철사 고리의 두 끝을 장대 끝에 고정한다. 이때 접착테이프(종이테이프나 전선테이프)로 주변을 튼튼히 싼다.

이렇게 만든 포충망은 문방구 등에서 파는 작은 포충망에 비해 사용하기 편리하고, 곤충을 채집하기도 쉽다.

연구

못쓰게 된 낚싯대를 장대로 쓰면, 길이를 늘이고 줄일 수 있어 편리하다. 잡은 곤충을 2~3일간 산채로 관찰할 때는 포충망 안에 그대로 둘 수 있다. 채집한 곤충의 모양과 행동, 먹이 등을 관찰 한 후에는 다시 살려주도록 한다.

방안에서 야생동물의 소리 녹음하기

- 새가 자주 찾아와 노는 나뭇가지를 찾아라 -

준비물
- 마이크로폰(긴 선을 연결한 유선, 또는 무선)
- 라디오 녹음기
- 장대, 접착테이프

집안의 정원에도 계절에 따라 여러 종류의 새들이 날아와 나뭇가지 사이를 날아다니며 놀고 있다. 우리 집을 찾아오는 새들의 노래와, 꽃밭이나 뜰에서 울어대는 벌레들의 소리를 녹음해보자.

1. 새들이 자주 날아와 앉는 자리를 살펴두었다가, 근처 나뭇가지에 마이크로폰(마이크)을 접착테이프나 끈으로 묶어놓는다.
2. 마이크와 녹음기 사이를 긴 선으로 연결한다. 만일 무선 마이크가 있다면 더욱 편리하다.
3. 새들이 오기를 기다렸다가 녹음을 한다. 녹음이 끝나면 녹음한 날과 시간, 새의 이름을 자기 음성으로 녹음한다.
4. 지붕 위 같은 곳은 장대 끝에 마이크를 매달아 세워놓는다.
5. 꽃나무 사이에서 또는 담 옆에서 우는 벌레소리도 녹음해보자.
6. 녹음한 새의 모습을 사진으로 찍어보자.

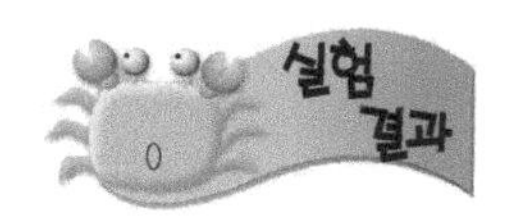

산이나 들이 아니라도 많은 종류의 새들이 마을을 찾아온다. 새들은 종류마다 다른 노래 소리를 낸다. 새들의 지저귐 속에 어떤 의미의 신호가 있는지 아직 잘 알지 못하고 있다.

새소리를 녹음할 때 바람이 심하면, 가지 사이에서 생겨나는 바람소리가 커서 녹음하기가 어렵다. 그러므로 바람이 없는 시간에 녹음해야 좋다.

새들이 나뭇가지 사이를 돌아다니며 노는 모습과 특징에 대해서도 노트에 기록해두자. 사진을 찍었다면 노트와 함께 보관한다.

곤충들이 우는 것은 대개 짝짓기 상대를 찾기 위해서이다. 벌레들은 계절에 따라 다른 종류가 활동하고, 밤과 낮 시간에 따라 서로 다른 종류가 노래한다는 것도 확인해보자.

동식물이 함께 사는 미니 환경 만들기

- 섬처럼 독립된 생물의 작은 세계 -

준비물
- 대형 플라스틱 물병
- 자갈, 숯, 흙
- 천 조각, 고무 밴드
- 약간의 이끼, 작은 식물, 지렁이 2~3마리

바다나 호수 속의 작은 섬은 동물과 식물이 사는 하나의 소규모 생물 세계이다. 플라스틱 음료수병 안에 동식물을 넣어 작은 생물의 세계를 만들어보자.

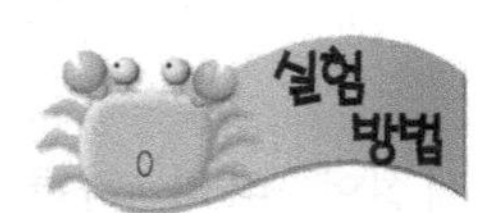

1. 플라스틱 음료수병을 그림과 같이 자른다. (* 이 일은 부모님에게 부탁한다.)
2. 플라스틱 병 바닥에 작은 돌과 숯을 섞어서 높이 6센티미터 정도 넣는다.
3. 그 위에 꽃밭의 흙을 파담아 전체 높이가 15~16센티미터 정도 되게 한다.
4. 흙 표면에 그늘지고 습한 곳에서 자라는 이끼와 고사리 그리고 몇 가지 작은 풀을 심는다.

5. 부서진 나무토막, 썩은 지푸라기 약간, 이끼가 낀 돌멩이도 하나 찾아서 위에 놓는다.
6. 지렁이 2,3마리, 청개구리나 달팽이가 있으면 한두 마리 넣는다.
7. 스프레이로 물을 뿌려 흙이 촉촉하게 한다.
8. 내부의 동물이 도망 나오지 못하고, 외부의 벌레 등이 안으로 들어가지 않도록 천으로 입구를 막아준다.
9. 병 내부의 습기가 빨리 마르지 않도록 병 윗부분을 약간 가리고, 이것을 직사광선이 비치지 않는 밝은 곳에 둔다. 햇볕이 직접 쪼이면 내부가 너무 더워져 생물이 살기 어렵다.
10. 병 안의 흙이 건조해 보일 때만 스프레이로 물을 뿌려주면서 몇 주일 또는 몇 달 동안 길러보자.

동물과 식물이 함께 사는 작은 세계가 완성되었다. 이 생물의 세계는 물과 공기만 적절히 공급해주면 그 안의 동식물은 대부분 죽지 않고 오래도록 산다.

연구

생물이 사는 환경은 습지라든가 숲지대, 초원, 사막 등 여러 가지 환경이 있다. 이 작은 생물 환경은 꽃집에서 만든 테라륨과도 같은 독립된 생물의 세계이다. 병 안에 퍼 담은 흙 속에는 눈에 보이지 않을 정도로 작은 하등동식물과 미생물도 수없이 살고 있다.

그러므로 병 안의 동식물은 따로 비료를 주지 않아도 탄소동화작용을 하여 영양분을 만들고, 죽은 것은 부패하여 비료가 되고, 서로 먹고 먹히면서 하나의 생태계를 이루게 된다. 이 미니 생물 세계에는 달팽이나 청개구리를 넣어주지 않더라도 생태계가 유지되는데 별다른 지장이 없다.

수족관을 만들어 수생동식물 기르기

- 수족관은 동식물이 함께 사는 작은 세계이다 -

준비물
- 큰 유리병 (또는 수족관에서 파는 작은 유리 어항)
- 자갈과 모래
- 수생식물 약간
- 천, 고무 밴드
- 금붕어, 우렁이

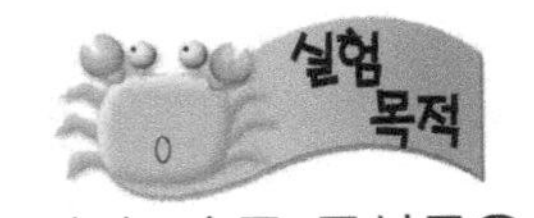

지구상의 동식물은 육상에 사는 것과 물에 사는 것으로 크게 구분할 수 있다. 실험101은 육상에 사는 동식물의 독립된 미니 환경을 만든 것이다. 수중 동식물을 키우는 미니 환경도 만들어보자.

1. 어항에 수돗물을 넣으려면, 소독약 성분이 없어지도록 3일 전에 미리 떠서 보관한다. (우물물, 냇물, 호수의 물은 그대로 쓸 수 있다)
2. 유리병 바닥에 작은 자갈을 3센티미터 정도 깐다.
3. 그 위에 깨끗한 물로 씻은 모래를 다시 3센티미터 정도 깐다.
4. 병의 주둥이 가장자리에서 5센티미터 정도 아래까지 준비한 물을 채운다.
5. 모래 속에 연못에서 채집한 수초를 조금 심는다.
6. 수족관에서 산 작은 금붕어와 논우렁이를 몇 마리 넣어준다.
7. 외부로부터 쓰레기나 벌레 등이 들어가지 않도록 천으로 입구를 막아준다.
8. 유리병을 직사광선이 직접 비치지 않는 밝은 곳에 둔다. 어항 속의 동식물이 살아가는 모양을 수시로 관

찰하고 기록하자. 먹이는 아주 조금만 주거나 주지 않아도 좋다.

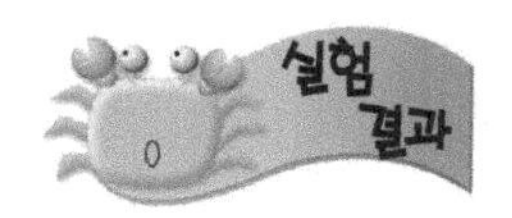

유리 어항 속에 만든 작은 수중 세계이지만, 동식물은 오래도록 잘 자란다. 붕어에게 먹이를 많이 주면 물에 미생물이 대량 번식하여 금방 변색되고 산소 부족으로 물고기와 우렁이는 살지 못하게 된다.

수족관에서 물고기나 수생동식물을 키우는 어항들은 하나하나가 독립된 작은 수중 환경이다. 식물은 산소를 만들고, 동물은 식물의 비료가 될 배설물을 내놓는다. 물속에는 눈에 보이지 않는 작은 동물과 식물과 미생물이 다량 번식하고 있다. 이들은 붕어나 우렁이의 먹이가 된다.

먹이를 많이 주면 오히려 물이 썩어(미생물이 대량 번식하여) 붕어가 마실 산소가 부족하게 된다. 붕어가 계속하여 수면에 입을 내놓고 있다면 산소가 부족한 것이다. 어항을 햇볕 드는 곳에 두면 수온이 오르고, 산소가 더욱 부족하게 된다. 그러므로 차라리 먹이를 주지 않는 것이 안전하다.

1. 물의 색이 혼탁해지면 새물로 갈아준다.
2. 수족관에서 파는 사각형 유리 수조에 수중 환경을 만든다면, 유리나 다른 적당한 재료로 뚜껑을 만들어 덮어두도록 한다. 집안의 먼지나 다른 벌레 등이 수조 안으로 날아들지 않도록 하기 위한 것이다. 야생 붕어라면 수면 밖으로 뛰어 나오기도 한다.

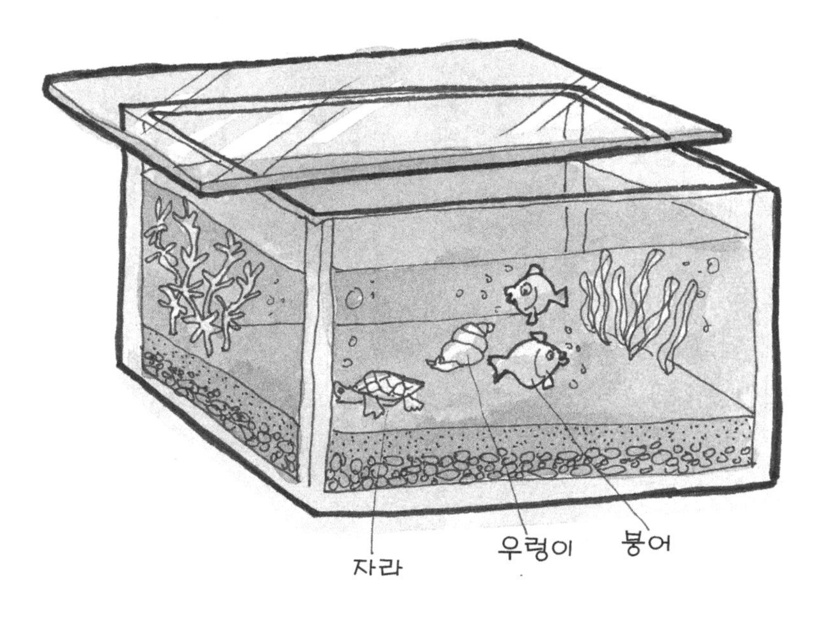

뿌리는 완전히 녹은 영양분만 흡수한다

- 빗물은 토양의 비료성분을 씻어 내린다 -

준비물
- 유리컵 3개와 반 컵의 물
- 정원의 흙 1숟가락
- 청색 수채화 물감
- 커피 필터(여과지)
- 깔때기

비가 내리면 흙에 포함된 비료성분이 씻겨 내려간다. 식물의 뿌리가 흡수할 수 있는 비료 성분은 어떤 상태일까?

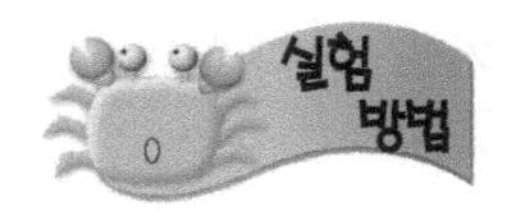

1. 유리컵에 정원 흙 1숟가락을 담는다.
2. 다른 유리컵에 반 컵 정도 물을 담고, 그 물에 수채화 물감(청색)을 진하게 탄다. (젖은 붓으로 물감을 진하게 문질러 컵의 물에 담그고 몇 차례 흔들어 씻으면 된다.)
3. 청색의 물을 흙이 담긴 컵에 모두 쏟아 붓고 잘 섞는다.
4. 깨끗한 유리컵 위에 깔때기를 놓고, 그 위에 원두커피를 거

를 때 쓰는 커피 필터를 깐다. 깔때기가 없으면 그림처럼 플라스틱 음료수병을 잘라 사용한다.

5. 청색이 된 흙물을 흙과 함께 커피 필터 위에 쏟는다.
6. 필터를 거쳐 나온 물에 청색 물감이 함께 빠져나오는가?
7. 필터에 남은 흙을 다시 깨끗한 컵에 쏟고 물 반 컵을 부어 뒤섞는다.
8. 깔때기에 새 필터를 깔고 이 흙물을 걸러보자. 이번에도 청색이 흘러나오는가? 처음처럼 청색이 진한가?
9. 같은 방법으로 다시 한 번 걸러보자. 청색은 얼마나 옅어졌는가?

청색 물감이 섞인 흙물을 커피 필터로 거르면 청색 물감은 필터를 빠져나온다. 다시 필터를 하면 물감의 색은 훨씬 옅어져 나온다. 그리고 세 번째, 네 번째 걸러보면 횟수를 늘일수록 청색은 더욱 희미해진다.

청색 흙물에서 청색 물감이 걸러져 나오는 것은, 빗물에 흙의 영양분이 녹아 씻겨 내려가는 것을 증명한다. 실제로 뿌리는 물에 완전히 녹아 필터를 빠져나올 수 있는 영양분만 흡수할 수 있다.

비가 땅 위를 흘러가면 표토의 양분도 녹아 씻겨 내려간다. 만일 밭이 경사져 있다면 흙은 빗물에 더 잘 씻겨나갈 것이다. 경사진 곳의 밭에서는 수평방향으로 골을 만들어 빗물에 표토가 쓸려나가는 것을 방지하고 있다.

토양을 관찰해보면 표면(상층토 또는 표토라고 말함)은 검은색이지만 깊이 들어갈수록 검은 색이 옅어진다. 토양이 검은 것은 동식물의 부스러기(유기물)가 많이 섞인 탓이다.

식물이 자라는 데는 비료분이 많이 포함된 표토가 제일 좋다. 표토 아래의 흙은 하토(밑흙) 또는 심토라고 하고, 보다 깊은 곳의 흙은 암반이라 한다. 암반흙은 비료 성분이 거의 섞이지 않은 바위이거나 아주 단단한 흙이다.

바위를 가르는 뿌리의 힘은 왜 큰가?

- 장구한 시간이 큰 힘을 나타내게 했다 -

바위틈에 자라는 나무의 뿌리, 보도의 벽돌을 들어올리는 가로수의 뿌리

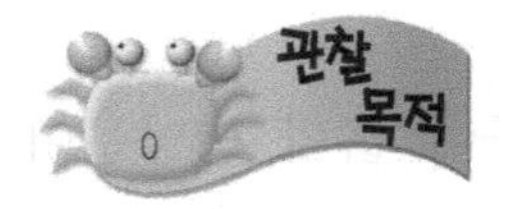

바위틈에 자라는 나무의 뿌리는 바위를 갈라놓는 엄청난 힘을 발휘한다. 그 힘은 어디에서 어떻게 나오는 것인가?

1. 나무뿌리의 힘을 볼 수 있는 곳은 어떤 장소인가?
2. 나무뿌리의 힘은 어디서 나오는 것인가?

관찰 결과

바위산에 오르면, 나무들이 바위틈에 뿌리를 내리고 자라는 것을 볼 수 있다. 이런 나무들은 수령이 수백 년이 되어도 크게 자라지 못한 대신 매우 단단하고 아름다운 모양을 가지고 있다. 길거리에 심은 오래된 가로수의 뿌리는 보도에 깔린 블록들을 들어올려 길을 울퉁불퉁하게 만들고 있다. 또 어떤 곳에서는 땅 위의 콘크리트나 계단을 깨뜨리기도 한다.

연구

이런 큰 힘을 발휘하는 나무는 수령이 수십 년 넘은 것들이다. 뿌리의 힘은 세포벽이 단단한 수많은 세포들에서 나온다. 얼핏 보면 뿌리가 아주 큰 힘을 가진 것처럼 생각되지만, 사실은 아주 작은 힘이다. 왜냐하면 그 힘은 뿌리세포들이 가진 작은 힘이 수십 년 또는 수백 년을 두고 나타난 것이기 때문이다.

나무뿌리는 바위를 갈라놓기도 하지만, 수없이 뻗은 잔뿌리들은 땅속의 흙과 돌들을 감싸 땅이 파이고 사태가 나는 것을 막아준다.

- 토막 지식 -

* 귀뚜라미를 사육할 때는 암수를 함께 키우도록 한다. 암수의 외모는 아주 비슷하지만, 암컷의 꽁무니에는 알을 낳는 긴 산란관이 뻗어 나와 있어 구별이 된다.
* 꿀벌이 1킬로그램의 꿀을 모으자면 꿀벌은 1백만 송이 이상의 꽃을 찾아가야 한다.
* 사마귀는 몸을 전혀 움직이지 않고 고개를 돌려 뒤돌아볼 수 있는 유일한 곤충이다.

유리컵으로 작은 글씨를 크게 보는 방법

- 볼록렌즈를 대신하는 둥근 유리컵 -

준비물
- 물이 가득 담긴 동그란 유리컵
- 포장지의 상품 설명서

상품 포장지에는 내용물에 대한 설명이 가득 적혀 있다. 그러나 글씨가 너무 작아 사람들은 잘 읽지 않는다. 유리컵을 사용하여 작은 글씨를 크게 보는 방법이 있다.

1. 둥근 유리컵에 맑은 물을 가득 채운다.
2. 작은 글씨 앞에 유리컵을 대보자. 글씨가 어떻게 보이는가?

유리컵은 표면이 둥글기 때문에 마치 볼록렌즈처럼 작용하여 작은 글씨가 크게 보이도록 해준다.

연구

둥근 어항 속의 금붕어는 아주 크게 보이기도 한다. 동그란 어항이 볼록렌즈 역할을 한 때문이다.

6
지구와 우주

우리 집에 세운 샛바람 기상관측소

- 바람 방향을 보고 기상을 예측해보자 -

준비물
- 기다란 천 한 조각
- 높이 1미터 20센티미터 정도의 막대 1개
- 망치
- 나침반
- 압침
- 질기고 밝은 색의 끈 10미터 정도
- 연필과 기록장
- 꼬챙이 4개

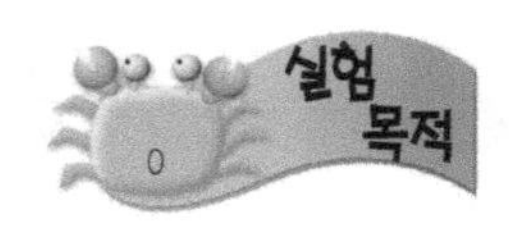

우리는 매일 기상예보 방송을 유심히 듣고 그에 대비하고 있다. 기상관측소에서는 온도, 기압, 습도, 풍향, 풍속, 구름의 레이더 사진과 같은 관측 정보를 여러 지역에서 수집하여 이것을 바탕으로 기상도를 그린다. 기상도를 일정한 시간 간격으로 계속 그린다면 기상의 변화를 어느 정도 예측할 수 있다. 오늘날은 이런 기상도를 컴퓨터로 작성하여 날씨를 예보하고 있다.
어른들은 "샛바람이 부는 걸 보니 비가 오겠구나!"라든지, "하늬바람이 불면 기온이 내리고 곡식이 여물어진다."는 등의 이야기를 한다. 샛바람과 하늬바람의 뜻은 무엇일까? 우리 집 마당이나 옥상에 간단한 풍향 측정장치를 준비하여 과연 샛바람이 불면 날씨가 흐려지는지 확인해보자.

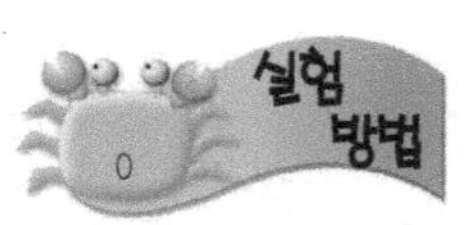

1. 바람이 잘 부는 마당(또는 옥상)에 망치를 이용하여 나무막대를 박아 세운다.
2. 막대의 꼭대기에 긴 천의 끝을 압침으로 눌러 바람에 잘 날리도록 한다.
3. 막대 아랫부분에 그림과 같이 가느다란 끈 4가닥을 매고, 나침반을 보면서 정확한 동서남

북 방향에 꼬챙이를 꽂는다. 거기에 끈을 잘 당겨 맨 다음, 동 서 남 북 표시를 해둔다.

4. 바람이 불면 막대 끝의 천이 바람에 날릴 것이다. 천이 날리는 방향을 아침저녁 두 차례 조사하여 기록한다. 동시에 그날의 기상을 맑음, 흐림, 비, 눈, 미풍, 강풍, 폭풍 등으로 2주일 이상 기록하자.
5. 장기간 조사한 관측기록을 보면서, 비나 눈이 오기 하루 또는 이틀 전의 풍향이 어떠했는지 확인해보자. 비가 오기 전에 주로 어느 쪽에서 바람이 불었는가?

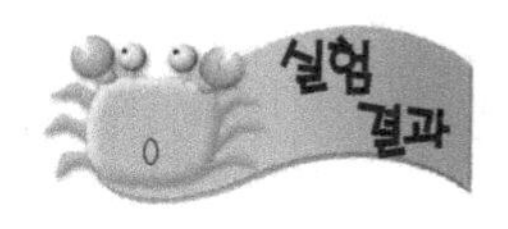

기상대에서는 풍향과 풍속을 동시에 재도록 만든 장치를 쓰고 있다. 풍향을 조사할 때 어떤 날은 바람이 이 방향 저 방향 계속 바뀌어 불어 관측이 어려울 때가 있다. 이럴 날에는 바람이 주로 불어오는 쪽을 풍향으로 한다.

연구 하늬바람이라든가 샛바람과 같은 말은 바다에서 생활하는 어민들이 주로 사용했다. 여름철에 동풍 또는 동남풍이 끊이지 않고 불어오면 이를 샛바람이라 불렀고, 이 바람이 불면 날씨가 흐려질 것을 예상했다. 반면에 여름철이 지난 뒤에 강한 북서풍이 연이어 불어오면 이를 하늬바람이라 하여, 맑은 날씨가 계속되면서 서늘해지고 곡식이 익어갈 것을 알고 있었다.

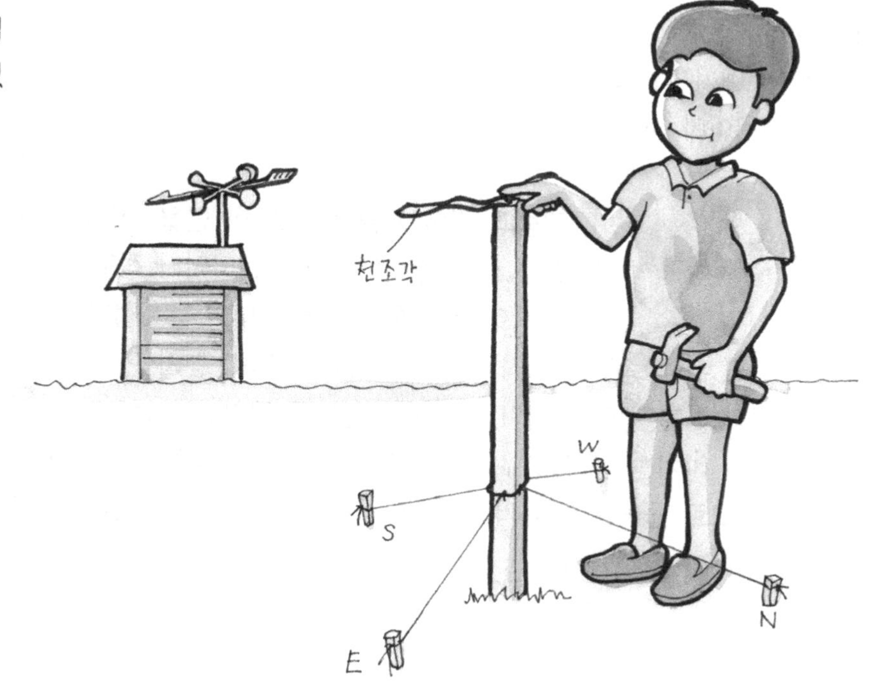

태양의 이동을 추적해보자

- 지구는 공전과 자전 두 가지 운동을 한다 -

준비물
- 라면 상자
- 흰 종이와 연필
- 종이 카드
- 접착테이프
- 벽돌
- 가위나 손칼
- 시계

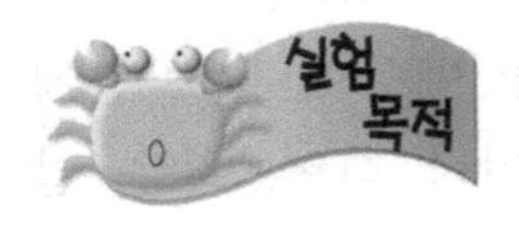

지구는 남극과 북극을 연결하는 축을 중심으로 하루에 한 바퀴씩 돈다. 이것을 스스로 회전한다 하여 '자전'이라 부른다. 한편 지구는 자전을 하면서 태양의 둘레를 1년에 한 바퀴 도는 운동을 하는데, 이를 '공전'이라 한다.

아침에 뜬 해가 저녁에 지는 것은 자전운동 때문이고, 여름과 겨울이 오는 계절의 변화는 공전운동 때문이다. 실험을 통해 자전을 확인해보자

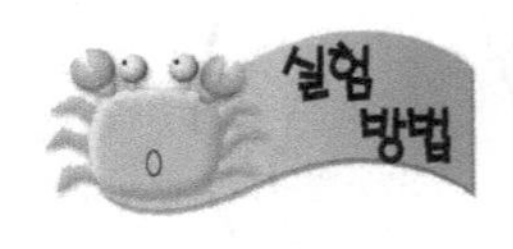

1. 그림과 같이 과일 상자의 한 면을 가위나 칼로 잘라낸다.
2. 상자 윗면 중앙에 직경 5센티미터 정도의 구멍을 뚫는다. 그 구멍 위에 종이 카드를 얹어놓고 테이프로 접착한다.
3. 종이 카드 위에 송곳으로 작은 구멍을 뚫어 햇빛이 상자 안으로 비칠 수 있도록 한다.
4. 상자 바닥에 흰 종이를 깔아 움직이지 않도록 테이프로 붙인다.
5. 태양이 잘 비치는 날 정오 10시 경, 이렇게 준비된 상자를 마당에 내놓는다.
6. 송곳구멍으로 들어온 빛이 바닥의 흰 종이에 비치는 곳을 연필로 표시하고 관찰 시간을 적는다. 이러한 표시를 1시간 마다 하여, 태양이 얼마나 빨리 움직이는지 (실제로는 지구가 그만큼 빠르게 자전하고 있다) 확인해보자.

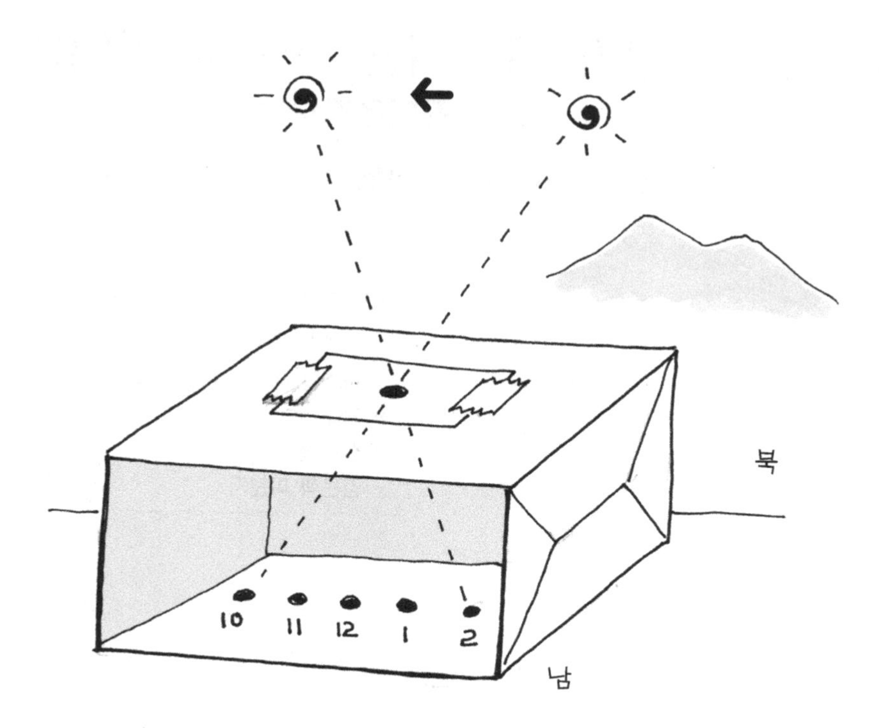

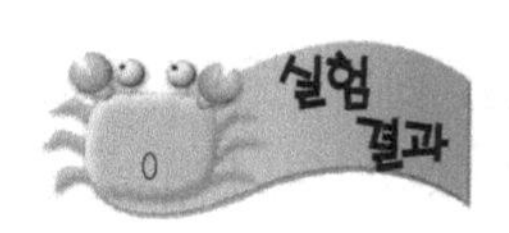

태양이 서편으로 이동하는 것처럼 보이는 것은 지구가 반대방향(오른쪽)으로 자전하고 있기 때문이다. 오전 10시경의 태양빛은 상자 바닥의 왼쪽을 비치다가 시간이 갈수록 오른쪽으로 이동한다.

지구는 24시간 동안에 360도 회전한다. 그러므로 1시간에 자전하는 각도는 15도이다.

1. 지구의(지구본)를 보면서 자전축이 기울어진 모습을 관찰하고, 밤낮의 바뀜과 계절의 변화가 일어나는 원인을 재확인해보자.

지구가 회전하는 증거를 보이는 푸코진자

– 흔들이가 왕복하는 방향은 왜 조금씩 변하는가? –

준비물

- 1.5리터 들이 대형 생수병
- 마스킹 테이프 (종이테이프)
- 모래
- 질긴 실
- 검은색 마분지
- 가위와 자
- 아기용 그네 틀
- 도움을 줄 어른

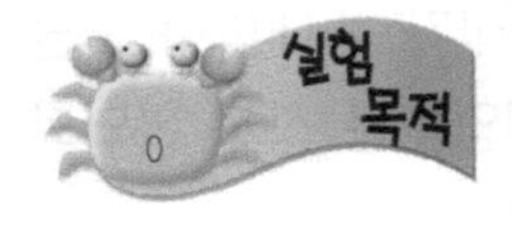

시계의 추처럼 한 곳에 매달려 오락가락 하는 것을 '진자'(振子) 또는 '흔들이'라 한다. 흔들이는 같은 방향으로만 오가는 것이 아니라, 진동하는 방향이 조금씩 이동하고 있다. 그것을 실험으로 확인해보자.

● **주의** - 이 실험은 바람의 영향을 받을 수 있으므로 집안에서 한다.

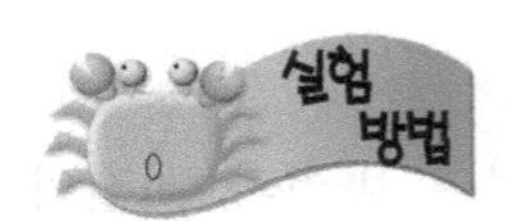

1. 플라스틱 생수병의 바닥에 대못 굵기의 구멍을 뚫는다. 구멍이 너무 작으면 모래가 흘러나오지 못하고, 반대로 크면 빨리 쏟아져 나오므로 적당한 크기로 만든다.
2. 구멍을 종이테이프 조각으로 잠시 막아둔다.
3. 생수병 안에 잘 마른 모래를 3분의 2 정도 채워 모래병을 만든다.
4. 모래병 주둥이에 길이 60~90센티미터 정도의 질긴 실을 맨다.
5. 그네 틀에 15센티미터 정도 길이의 끈을 또 하나 맨다.
6. 모래가 든 병의 실을 그네틀에 맨 끈에 풀리지 않게 잘 매단다.
7. 드리워진 모래병 바로 아래에 검은색 마분지를 깔고, 그것이 움직이지 않도록 네 귀퉁이를

종이테이프로 고정시켜둔다.

8. 모래병의 바닥 구멍을 막은 테이프를 뜯어내고, 병을 당겼다가 놓아 흔들리도록 해준다.
9. 모래병의 진자가 왕복하며 흔들리는 동안, 바닥의 구멍에서 새나온 모래는 검은색 마분지 위에 오가며 떨어질 것이다. 모래 자국은 언제나 일직선인가, 아니면 조금씩 변하고 있는가?
10. 진자가 도는 방향은 시계바늘이 도는 방향과 같은가 아니면 반대인가?

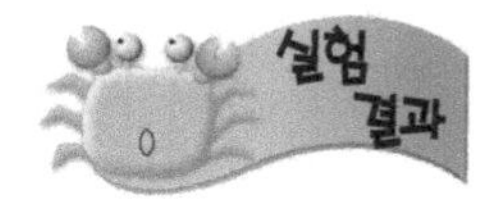

검은 마분지 위에 떨어지는 모래의 자국은 조금씩 방향이 바뀐다. 진자가 돌아가는 방향은 시계바늘이 도는 방향과 같다.

모래병의 진자가 그네틀에 매달려 흔들리는 동안, 그 아래의 지구가 돌아가고(자전하고) 있다. 그러므로 진자는 자전의 영향을 받아 조금씩 방향이 틀어지는 현상이 일어난다. 진자는 북반구에서는 시계와 같은 방향으로 돌아가고, 남반구에서는 반대방향이 된다. 물리학자 푸코는 1851년에 이 사실을 발견했으며, 우리는 이것을 '푸코진자'라 부른다.

멀리 있는 별은 희미하게 보인다

- 밝은 별은 대개 지구와 가깝다 -

준비물
- 손전등
- 쌍안경

우리 눈에 가장 밝게 보이는 별을 1등성이라 부른다. 하늘이 매우 맑은 날, 시력이 아주 좋은 사람이라면 1등성에서부터 6등성까지 약 6천개의 별을 맨눈으로 볼 수 있다. 그러나 대도시에서는 빛의 공해와 대기오염 때문에 1등성이나 2등성 정도의 별 수십 개만 겨우 보인다. 그 보다 더 어두운 별을 관찰하려면 망원경이 있어야 한다. 밝게 보이는 별은 지구와 거리가 가까운 별이고, 멀리 있는 것은 희미하게 보인다. 거리에 따라 별의 밝기가 달라지는 이유를 실험해보자.

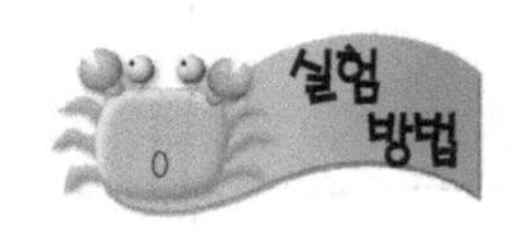

1. 어두운 방에서 손전등을

벽에 가까이 대고 비추어보자. 얼마나 밝은가?
2. 벽에서 점점 뒤로 물러나면, 벽에 비친 손전등의 밝기는 어떻게 변하나?
3. 맨눈으로 하늘의 일정한 곳을 주시하며 별을 찾아보다가, 쌍안경으로 같은 곳을 보자. 더 많은 별이 보이지 않는가?

1. 손전등의 빛은 벽에 가까이 다가가 비칠수록 그 불빛의 동그라미는 작고 밝다. 그러나 뒤로 물러나 멀어지면 불빛의 동그라미는 점점 넓게 퍼지면서 훨씬 어두워진다.
2. 맨눈으로는 겨우 몇 개의 별이 보이지만, 쌍안경으로 보면 많은 별을 확인할 수 있다. 쌍안경의 렌즈를 통해 희미한 별빛들이 집광되어 눈에 들어온 때문이다.

별들을 바라보면 서로 밝기가 다르다. 지구와 가까울수록 밝게 보이고, 멀수록 희미한 별이 되는 것이다. 하늘의 별들은 아무리 좋은 망원경으로 보아도 너무 먼 곳에 있기 때문에 크기가 없는 빛나는 점에 불과하다. 만일 좁쌀만하게라도 크기를 가진 천체를 보았다면, 그것은 금성이나, 화성, 목성, 토성과 같은 행성이다.

별의 밝기를 나타낼 때 1등성, 2등성 … 10등성 등으로 나타내는데, 수치가 높을수록 어두운 별이다. 지구에서는 희미하게 보일지라도, 우주선을 타고 그 별에 가까이 간다면, 접근할수록 밝게 보이다가 나중에는 태양처럼 보일 것이다. 별을 그려놓은 지도(성도)를 보면 별마다 그 위치와 이름과 지구에서 볼 때의 밝기를 표시해두었다.

1. 지구와 가까운 거리에 있다는 별들의 이름과 그 별까지의 거리에 대해 알아보자.
2. 쌍안경은 대물렌즈의 직경이 클수록 더 많은 별을 볼 수 있다.

정지위성은 왜 멈추어 있는 듯이 보일까?

- 지구와 함께 도는 위성은 멈추어 보인다 -

준비물
- 친구
- 길이 3미터 정도 되는 끈 (또는 로프)

날씨가 청명한 날 밤, 하늘을 우러러보면 별과 별 사이로 인공위성이 지나가는 것이 수시로 보인다. 한편 통신위성과 같은 인공위성은 별처럼 제자리에 머물러 있어 별들과 구분하기 어렵다. 한자리에 멈추어 있

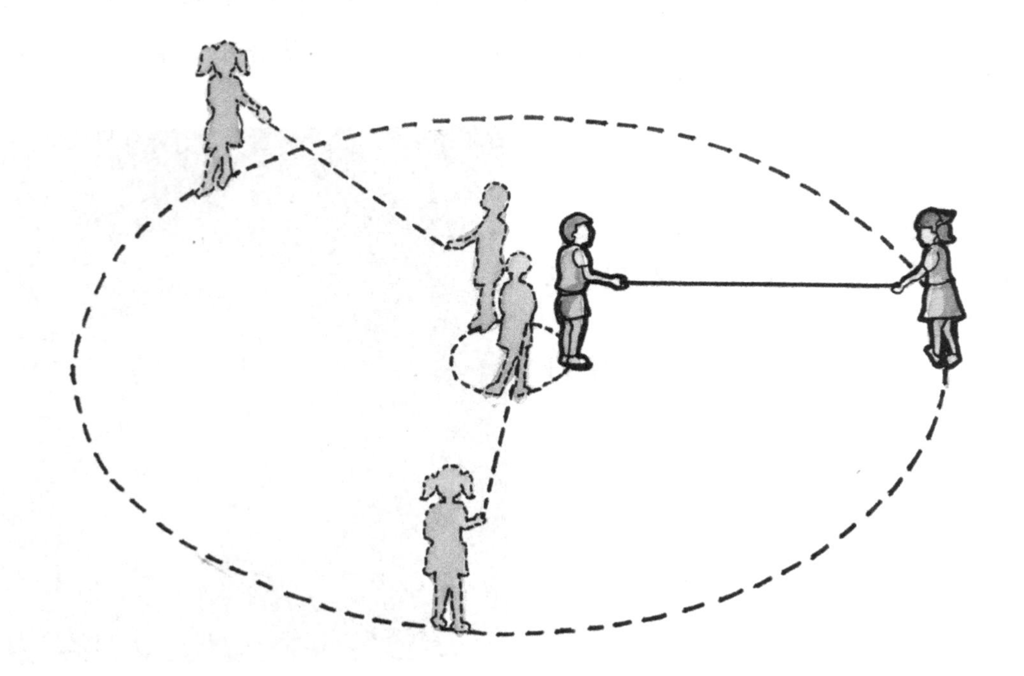

는 듯이 보이는 위성을 정지위성이라 부른다. 정지위성은 왜 꼼짝하지 않고 있는 것처럼 보일까?

1. 친구와 로프의 끝을 서로 맞잡고, 자신은 그 자리에서 맴돌기만 하고 친구는 자신을 바라보면서 둘레를 돌게 해보자.
2. 중앙의 사람이 맴도는 속도에 맞추어 바깥을 도는 사람이 이동하면, 둘은 언제나 서로를 바라보게 된다.

중앙의 사람은 지구이고, 바깥을 도는 친구는 인공위성이라 할 때, 서로 돌아가는 속도를 맞추면, 둘은 언제나 같은 방향에 있는 것처럼 보인다. 이와 마찬가지로 정지위성은 지구의 자전속도에 맞추어 지구 둘레를 회전하고 있기 때문에 한 곳에 머물러 있는 것처럼 보인다.

지구 주변을 회전하면서 지상에서 일어나는 현상을 조사하는 자원탐사위성이나 기상위성 등은 정지해 있지 않고 항상 이동하도록 한다. 그러나 우주 공간에서 전파를 중계하는 통신위성과 배나 비행기의 파일럿에게 항로를 알려주는 항해위성, 지구상의 어떤 한 지점을 계속해서 감시해야 하는 첩보위성은 정해진 자리에 머물러 있도록 한다.
지구의 자전속도는 항상 일정하다. 그러므로 지구와 인공위성 사이의 거리가 멀면 멀수록 정지위성은 더 빨리 지구 주변을 돌아야 정지해 있는 것처럼 보일 것이다.
지구의 자원을 탐사하거나 일기변화를 조사하거나, 지구 전체에서 발생하는 어떤 변화를 추적하는 위성은 대개 남북극 궤도를 돈다. 남과 북의 방향으로 빙빙 돌고 있으면, 그 아래로 지구가 자전하기 때문에 일정한 시간마다 지구표면 전체를 다시 볼 수 있게 된다.

태양의 표면에서 변화가 일어나는 이유

- 태양은 뜨거운 가스의 불덩어리 -

준비물

- 1.5리터 들이 큰 생수병 2개
- 포장된 녹차 봉지 1개
- 생수병 입구 크기의 와셔
- 휴지
- 폭이 넓은 접착테이프

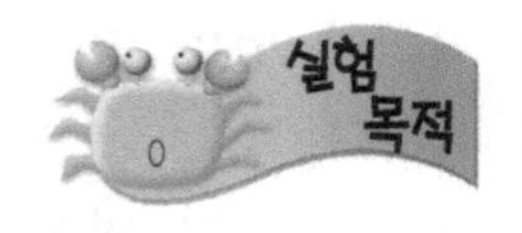

온 지구상에 빛과 열을 보내는 태양은 무엇으로 되어 있을까? 태양은 고체가 아니라 수소와 헬륨이라는 기체가 주성분인 거대한 가스 덩어리이다. 태양 표면에서는 여러 가지 현상이 일어나는데, 그 중에 검게 보이는 점(흑점)은 맨눈으로도 관찰할 수 있다.

흑점은 아주 작은 것에서부터 매우 큰 것까지 있다. 작은 것은 빨리 없어지지만 큰 것은 오래 간다. 흑점이 생기는 원인은 아직 불확실하다. 그것이 검게 보이는 이유는 다른 부분은 온도가 약 6천인데, 흑점은 약 4천도 정도로 낮기 때문이다.

크고 작은 여러 개의 흑점은 그 자리에 있지 않고 저마다 다른 빠르기로 이동하고 있다. 그 이유가 무엇인지 실험으로 알아보자.

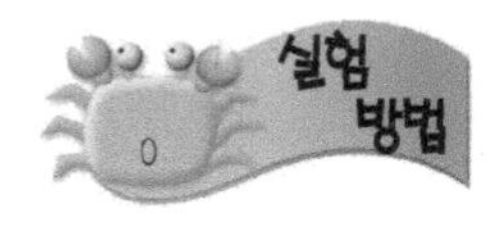

1. 생수병 하나에 물을 절반 정도 담는다.
2. 녹차 봉지를 열어 내용물을 병에 털어 넣는다.
3. 물이 담긴 생수병 입구 위에 와셔를 얹어놓고, 그 위에 빈 생수병을

엎어놓는다.

4. 상하의 생수병 입구 근처에 물기가 없도록 휴지로 잘 닦고 말린 다음,
5. 두 병의 입구가 연결되도록 넓은 접착테이프로 입구 주변을 몇 바퀴 감싼다. 마치 생수병 모래시계처럼.
6. 다음, 두 병을 양손으로 잘 잡고 상하 위치가 바뀌도록 뒤집어 세운 다음, 두 병을 함께 빙빙 돌려 생수병의 물이 소용돌이를 일으키며 아래의 빈병으로 흘러내리게 한다.
7. 생수 속에서 휘돌고 있는 녹차 잎의 운동 상태를 관찰해 보자. 모두 같은 속도로 물속을 돌고 있는가? 아니면 알맹이 마다 각기 다른 속도와 방향으로 움직이는가?

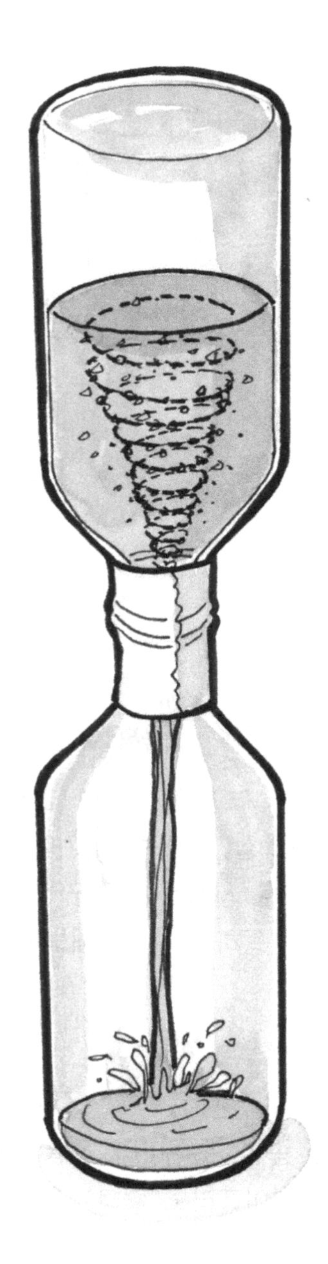

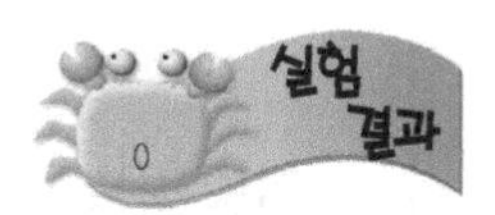

깔때기 모양으로 소용돌이치며 흘러내리는 물속의 녹차 잎은 물의 회전속도와 같은 속도로 운동하지 않고, 녹차 알맹이가 놓인 위치에 따라 각기 다른 속도로 도는 것을 관찰 할 수 있다.

태양은 거대한 기체의 덩어리이며, 정지해 있지 않고 자신의 축을 중심으로 회전하고 있다. 태양 중심부 표면에 놓인 흑점이 회전하는 것을 관찰해보면, 25~35일 만에 한 바퀴 돌고 있다. 흑점은 일출이나 일몰 때 맨눈에도 보이는 경우가 있다.

생수병 속에서 휘도는 물은 위치에 따라 운동하는 속도가 다르다. 따라서 녹차 잎 알갱이도 각기 다른 속도로 움직이게 된다. 태양 표면의 가스도 위치에 따라 회전하는 속도가 다르므로, 흑점 역시 그것이 형성된 위치에 따라 선회하는 속도가 다른 것이다.

지구는 얼마나 빨리 돌고 있을까?

- 별의 움직임을 보면 지구의 운동을 알 수 있다 -

준비물
- 종이 두루마리 원통 (직경 5~6 센티미터, 길이 40~60 센티미터)
- 테이블과 의자
- 시계
- 공작용 찰흙(점토)
- 연필과 기록장
- 실, 접착테이프

지구가 태양의 둘레를 돌고 있는 것은 모두 알고 있지만, 그것을 직접 확인하기는 쉽지 않다.

별이 잘 보이는 창가에서 간단한 도구를 사용하여 지구가 얼마나 빨리 운동하는지 관측해보자.

1. 종이 두루마리 원통 (플라스틱 파이프라도 좋다) 한쪽 끝에 실을 이용하여 십자(+) 조준경 (뷰파인더)을 만든다. 이때 실은 접착테이프로 고정하고, 십자는 중앙에서 서로 수직으로 교차하게 한다.
2. 창가에 테이블을 이동시켜 놓고,

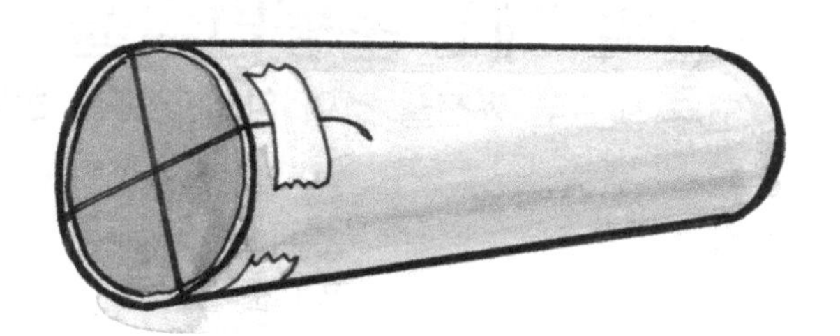

밝은 별 하나를 정면으로 향하도록 뷰파인더(조준경)를 설치한다. 이때 점토 덩어리를 적당하게 주물러 편한 자세로 별을 잘 볼 수 있도록 두루마리 조준경을 놓는다. 만약 집에 카메라 삼각대가 있으면 카메라 붙이는 자리에 원통 조준경을 접착테이프로 붙이고 손잡이로 관측 방향을 조절할 수 있으면 더욱 편리할 것이다.

3. 뷰파인더의 십자선 정중앙에 밝은 별이 오도록 설치했으면, 바로 시계를 보고 시간을 기록하자.
4. 뷰파인더는 움직이지 말고, 십자에 놓았던 별이 움직이는 모습을 지켜보자. 별은 예상 외로 빨리 바깥쪽으로 이동하고 있을 것이다. 별이 뷰파인더의 가장자리 밖으로 나간 순간, 시간을 잰다. 뷰파인더의 중앙에서 바깥으로 빠져 나가기까지 걸린 시간이 얼마인가?

십자선 중앙에 놓인 별이 뷰파인더 바깥으로 흐르듯이 나가는데 걸리는 시간은 두루마리 원통의 길이와 직경에 따라 다르다. 그러나 같은 뷰파인더로 관측한다면, 어느 별을 관측하더라도 별이 빠져 나가는데 걸린 시간은 모두 같다.

연구 맨눈으로 하늘의 별을 바라보면 전혀 움직이지 않는 것처럼 보인다. 그러나 이 실험을 하면서 뷰파인더 안에 있는 별을 관찰하고 있으면 빠르게 이동한다는 것을 알게 된다. 별이 움직이는 것처럼 보인 것은 실제로는 지구가 자전한 것이다. 이 실험의 내용을 기록할 때는 관측된 시간만 아니라 조준경으로 사용한 원통의 길이와 직경도 적어두자.

뉴턴의 제1 운동법칙을 실험해보자

- 고무 밴드로 동전을 쏘아 힘의 전달을 본다 -

준비물

- 나무판자 (폭 10, 길이 50, 두께 2센티미터 정도)
- 100원 동전 5개
- 못 2개, 망치, 가위
- 10원 동전 1개
- 고무 밴드 몇 개
- 종이 카드 1장
- 흰 종이 1장
- 마분지 조각

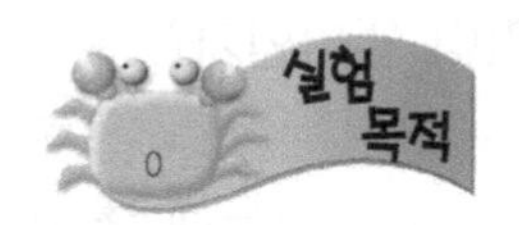

영국에서 1642년에 태어난 아이작 뉴턴은 "정지하고 있는 물체는 그대로 정지해 있으려 하고, 운동하는 물체는 같은 방향으로 운동을 계속하려 한다."는 '제1 운동법칙'을 발표했다. 세워 둔 자전거는 그대로 있고, 달리는 자전거는 페달을 밟지 않아도 한 동안 그대로 간다. 간단한 방법으로 뉴튼의 제1 운동법칙을 실험해보자.

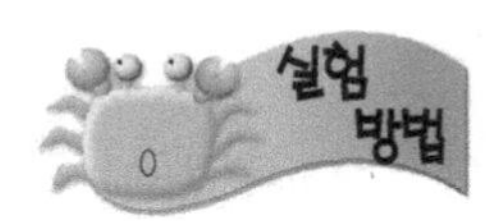

1. 빈 찻잔 위에 그림1과 같이 종이 카드를 놓고 그 위에 동전 1개를 올려놓는다. 손가락을 강하게 튀겨 카드를 탁! 치면, 그 위에 있던 동전은 어디로 가나?
2. 나무판자 위에 그림2와 같이 표면이 매끄러운 흰 종이를 깐다. 다음에 2개의 못을 5센티미터 간격으로

그림1

축구장 골포스트처럼 박아 세운다.

3. 두 못에 고무 밴드를 건다. 고무 밴드 중앙에는 마분지 조각을 조그맣게 접어 붙여(접착테이프 이용) 엄지와 검지로 집어 잡아당기기 편한 손잡이를 만든다.
4. 나무판자 중앙에 4개의 100원 동전을 포개 놓는다.
5. 1개의 100원 동전을 골포스트 중앙에 놓고 고무 밴드의 손잡이를 당겨 똑바로 쏘아 보낸다. 고무 밴드를 강하게 또는 약하게 쏘아보면서 여러 차례 실험해보자.

그림2

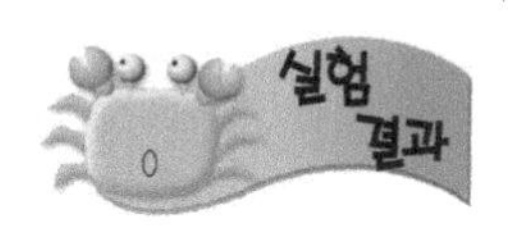

1. 그림1의 실험에서는 종이 카드만 앞으로 날아가고, 동전은 수직으로 컵 안에 떨어진다.
2. 그림2의 실험에서는 100원 동전을 쏘아 보낸 힘에 따라 여러 가지 현상을 관찰하게 된다. 맨 아래에 놓인 동전을 툭! 튕겨낼 정도로 고무 밴드의 힘이 강하면, 위에 놓인 동전 3개는 '움직이지 않은 상태로' 내려앉는다. 그러나 충돌하는 힘이 약하면 위에 놓인 동전은 여러 가지 모양으로 위치와 자세가 흔들리게 된다.

고무 밴드를 당기면 그 탄력에 의해 에너지를 가지게 된다. 에너지란 '어떤 일을 할 수 있는 저장된 힘'을 말한다. 고무 밴드의 에너지는 100원 동전에 전달되어 운동에너지가 되고, 100원 동전이 얻은 에너지는 제일 밑바닥에 있던 동전으로 다시 이동되었다.

절약해야 할 화석시대의 에너지

- 화석연료 석탄, 석유, 천연가스에 저장된 에너지 -

수억 년 전 고대에 살던 동식물이 땅속에서 변화되어 생긴 석탄, 석유, 천연가스를 화석연료라 한다.

1. 우리나라에서는 어떤 화석연료가 생산되고 있는가?
2. 내가 사는 고장에는 어떤 발전소가 있는가?
3. 우리나라의 원자력 발전소는 어디에 있는가?

지구상에 사는 동물과 식물 및 미생물은 모두 태양에너지를 받아 생장하고 불어난다. 수억 년 전 지구상에 살던 동식물 일부는 땅속에 파묻혀 열과 압력을 받은 결과 지금의 석탄, 석유, 천연가스가 되었다. 이들은 태양에서 받은 에너지를 저장하고 있으므로, 연소하게 되면 열에너지와 빛에너지로 변한다.

석탄, 석유, 천연가스를 '화석연료'라고 말하는 것은 이들이 고대에 살던 생물이 변질된 것이기 때문이다. 지구에 있는 화석연료는 그 양이 한정되어 있어, 과학자들은 그것을 대신할 에너지(대체 에너지)를 개발해 왔다. 대표적인 것이 원자력 에너지이다.

화력발전소는 땅속에서 파낸 화석연료를 태워 그 에너지로 전기를 생산하고 있다. 이들 연료의 값은 해마다 오른다. 그 이유는 매장된 양이 점점 줄어들고, 더욱 깊은 곳에서 파내야 하므로 생산비가 증가하기 때문이다. 그나마 이들 화석연료는 오래지 않아 거의 소모되고 만다. 미래의 부족한 연료는 어떻게 해결할 것인가?

우리나라만 해도 모든 전력의 절반 정도를 핵(원자력)발전소에서 얻고 있다. 원자력 에너지를 흔히 핵에너지라고 부르는 것은 우라늄과 같은 물질(핵연료)의 핵을 파괴하여 막대한 열을 얻기 때문이다. 핵물질이나 핵연료를 전문으로 연구하는 과학자를 '핵물리학자'라고 부른다.

과학자들은 연료나 전기를 절약하는 방법을 끊임없이 연구하고 있다. 예를 들면 자동차를 제조하는 사람들은 소량의 연료로 더 멀리 갈 수 있는 차를 만들고 있다. 다시 말해 1리터의 연료로 10킬로미터를 달리는 차보다, 같은 양의 연료로 15킬로미터를 가는 차를 '연료 효율'이 좋은 차라고 말한다. 연료 효율이 좋도록 개발하는 것은 자동차만이 아니다.

1. 에너지 절약을 위해 전기와 물을 아끼는 '절전, 절수 생활'을 해야 하는 이유를 생각해보자.
2. 가전제품 중에서 전기에너지를 특히 많이 소모하는 것은 어떤 것이며, 그 이유는 무엇인지 알아보자.
3. 화석연료를 대신할 미래의 연료로 핵에너지 외에 어떤 에너지가 있는지 알아보자.
4. 원자력 발전소가 필요한 이유를 이야기 해보자.
5. 기차나 선박, 비행기 등은 연료 효율을 높이기 위해 어떤 연구를 하고 있을까?

위로 올라가며 넘어지는 도미노 블록

- 에너지를 언덕 위로 전달하는 도미노 실험 -

준비물
- 직사각형의 장난감 블록 10여개
- 30센티미터 길이의 나무판

블록을 이용하여 에너지가 위로 전달되도록 도미노 실험을 해보자.

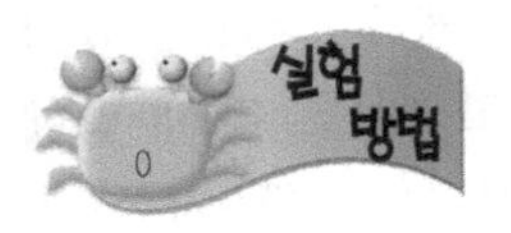

1. 그림과 같이 비스듬히 뉜 나무판자 위에 직사각형 장난감 블록을 줄지어 세운다. 나무판의 각도가 너무 경사지면 블록이 서지 못하고 넘어질 것이다.

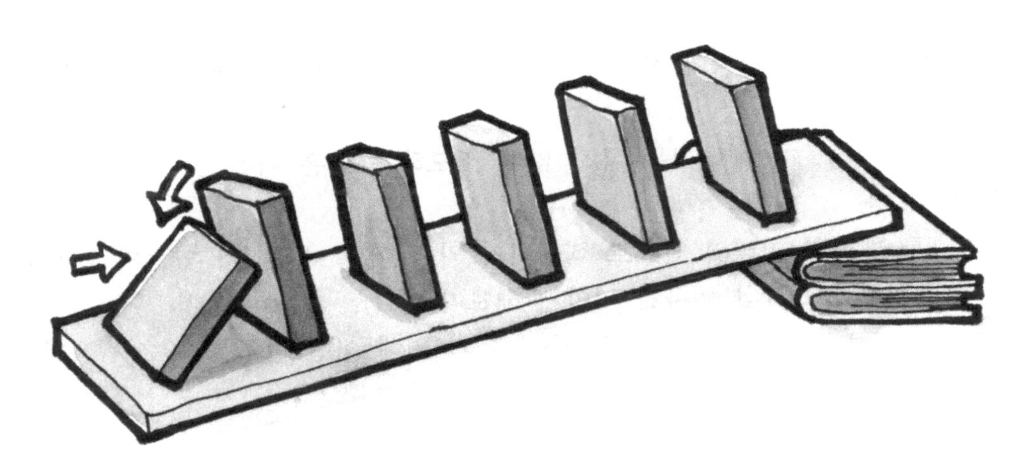

2. 맨 왼쪽의 블록 머리를 연필 끝으로 살짝 밀어 오른쪽으로 넘어지게 해보자.
   1) 도미노 현상이 잘 일어나는가?
   2) 두 번째 블록이 오히려 왼쪽으로 넘어진다면 그 이유는 무엇일까?
3. 나무판의 각도를 크게 하여 같은 실험을 해보자.

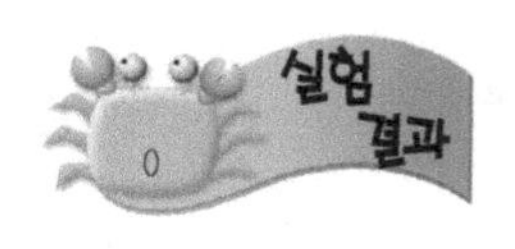

블록과 블록 사이의 거리가 적당하면 블록은 경사면을 따라 위쪽으로 차례로 넘어질 것이다. 그러나 블록 간의 거리가 블록 키의 2분의 1 길이보다 멀면, 블록의 중간보다 아래 부분을 밀게 되어 오른쪽으로 쓰러지지 않고 왼쪽으로 넘어진다.

나무판으로 만든 경사면(슬로프)의 각도를 차츰 높게 하면서 같은 실험을 해보자.

언덕 위로 도미노 현상이 잘 일어날 때의 블록 간격을 조사해보자.

호수의 물 온도를 측정해보자

- 호수 안과 호수가의 온도는 얼마나 다른가? -

준비물
- 몇 개의 작은 못이나 나사못
- 망치나 드라이버
- 길이 20센티미터, 폭 10센티미터 정도의 나무판자
- 나일론 줄이나 낚싯줄
- 긴 낚싯대
- 온도계 2개
- 저수지(호수)
- 보호자

낮에 태양이 비치면, 바다나 호수에서는 물 온도보다 주변의 육지 온도가 먼저 높아진다. 그러나 밤이 되어 식을 때는 물의 온도가 더디게 내려간다. 호수의 물 온도는 물의 깊이에 따라 다르다. 호수의 중앙 부분과 가장자리의 수온 또한 차이가 있다. 호수가의 땅도 표면과 깊은 곳의 온도는 차이가 있다. 각각의 온도가 얼마나 다른지 측정해보자.

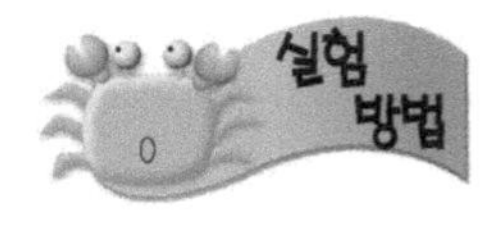

주의 - 이 실험은 해가 서쪽에 있는 오후 4 ~ 5시경에 하며, 안전을 위해 보호자와 함께 실험해야 한다.

1. 호수가의 땅 표면에 온도계를 3분 이상 꽂아두었다가 꺼내자마자 측정한 온도를 노트에 기록한다.

2. 호수가의 지면을 삽으로 30센티미터 정도 파고 그 안에 온도계를 꽂아 3분 이상 지난 뒤 지온을 잰다.
3. 발목이 잠기는 정도의 깊이에 온도계를 3분 이상 잠근 후 얼른 꺼내어 물의 온도를 잰다.
4. 호수 중앙부와 깊은 곳은 직접 잴 수 없으므로 그림과 같이 나무판자에 2개의 온도계를 매단다. 이때 온도계 하나는 수면 온도를 재도록 달고, 다른 하나는 1미터 깊이의 수온을 잴 수 있도록 끈에 매달아 드리운다. 온도계가 물속에서 빠져버리는 일이 없도록 확실하게 매단다.
5. 이 판자 한쪽 끝에 박은 못에 긴 낚싯줄(또는 가느다란 나일론 끈)을 연결한다.
6. 두 사람이 협력한다. 한 사람은 줄을 잡고 호수 주변을 이동하여 판자를 호수 깊은 곳으로 유도할 수 있는 위치로 가고, 다른 사람은 낚싯대로 판자가 깊은 곳으로 가도록 밀어준다. 이 작업은 줄이 걸리지 않게 바위나 장애물이 없는 곳에서 해야 하며, 줄을 손에서 놓치는 일이 없도록 조심한다.
7. 3분 이상 지난 뒤 줄을 얼른 당겨내어, 수면과 1미터 깊이의 두 온도계 눈금을 즉시 읽어 기록한다.

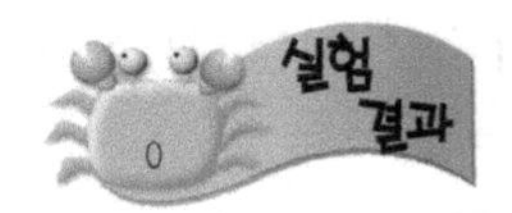

같은 호수가의 지면이라도 땅의 표면과 깊은 곳의 온도를 재면, 표면이 높다. 호수의 물 온도 역시 수심이 깊어갈수록 조금씩 낮다.

호수가의 땅이나 물이 깊을수록 온도가 낮은 것은 태양에너지를 적게 받은 때문이다.

호수에서 보트를 탈 수 있거나, 호수 안으로 설치된 잔교가 있으면 그 위에서 수온을 보다 쉽게 잴 수 있을 것이다. '잔교'란 발을 적시지 않고 보트를 탈 수 있도록 호수나 강 속으로 나무 등을 사용하여 작은 다리처럼 설치한 부두와도 같은 것을 말한다.

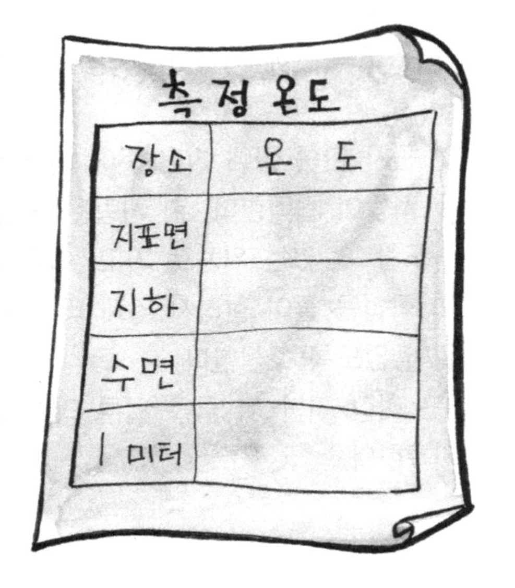

측정 온도

장소	온 도
지표면	
지하	
수면	
1 미터	

1. 아침과 저녁에 따라 호수의 물과 주변 육지의 온도는 어떻게 변할까?

- 해변의 풍향은 오전 오후에 따라 바뀐다 -

해변에서는 오전 오후에 따라 바람 부는 방향이 반대가 되는 경우가 많다. 일반적으로 오전에는 육지에서 바다 쪽으로 바람이 불고, 오후가 되면 반대로 바다로부터 육지로 바람 방향이 바뀐다.

오전에 태양이 비치면 바다보다 육지의 온도가 먼저 높아진다. 그러므로 육상의 따뜻한 공기가 팽창하여 바다 쪽으로 불어간다. 그러나 해가 기우는 오후가 되면 육지의 기온이 먼저 식어가기 때문에, 반대 현상이 일어나 바다의 바람이 육지 쪽으로 불어오게 된다.

수성, 목성, 해왕성의 공전 속도를 비교해보자

- 태양에서 멀수록 천천히 회전한다 -

준비물
- 대형 스케치북 도화지 3장
- 컴퍼스 (또는 직경이 크고 작은 둥근 접시 3종)
- 유리구슬
- 시계
- 연필, 가위, 접착테이프

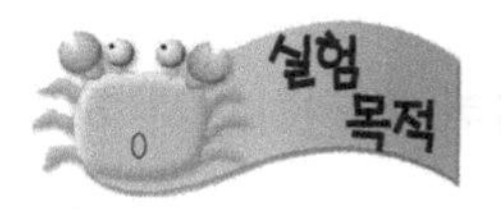

태양의 둘레에는 수성으로부터 명왕성까지 9개의 행성이 회전하고 있다. 태양과 제일 가까운 수성은 가장 빠른 속도로 태양 둘레를 돌고, 8

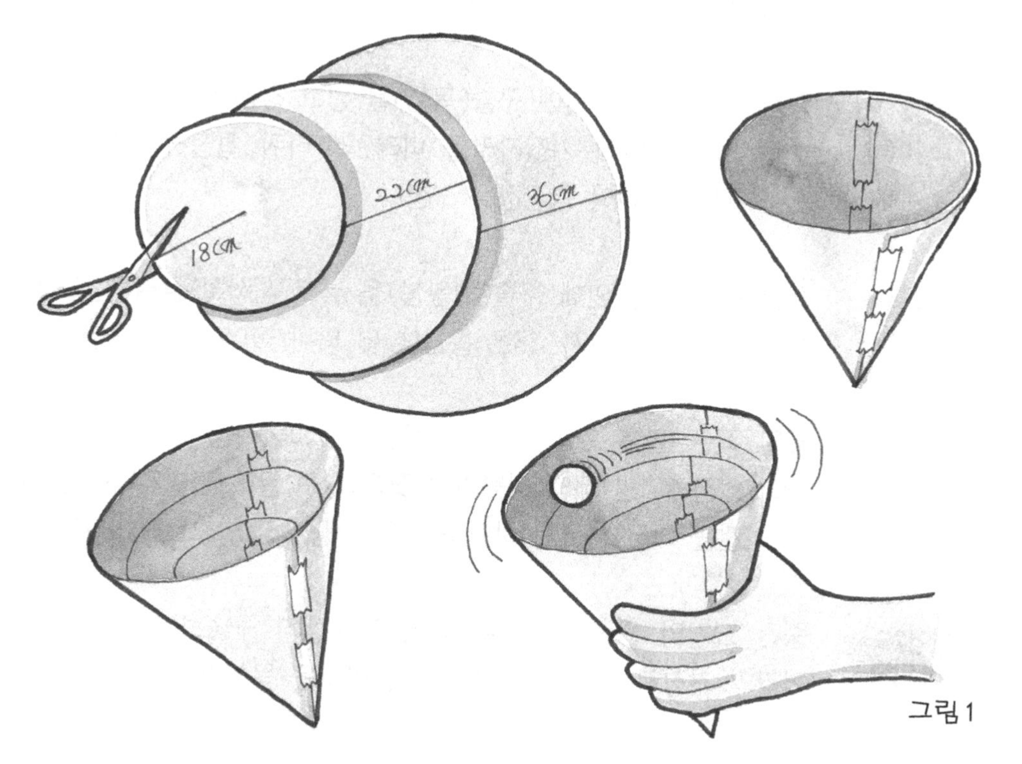

그림 1

번째로 먼 해왕성은 아주 느리게 회전한다. 그 이유를 직접 실험으로 알아보자.

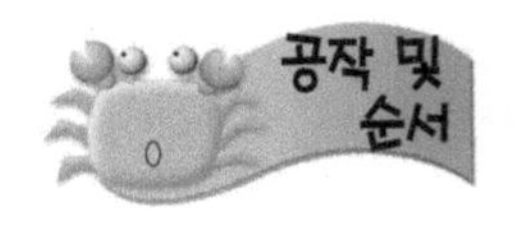

1. 스케치북용의 약간 두터운 도화지에 직경이 36센티미터, 28센티미터, 22센티미터인 3개의 원을 각각 그린다 (직경이 다소 차이가 있어도 무방하다).
2. 그림과 같이 원의 가장자리에서 중심으로 직선을 긋고, 직선을 따라 가위로 자른다.
3. 가장 큰 원의 가장자리를 감아서 접착테이프를 붙이면 원뿔 모양이 된다.
4. 두 번째 원뿔은 먼저 만든 큰 원뿔 안에 넣어 원뿔의 안과 밖이 서로 꼭 붙도록 만든다.
5. 같은 방법으로 가장 작은 원뿔을 만든다.

1. 원뿔의 꼭짓점은 태양이고 구슬은 행성이라고 생각하자. 가장 작은 원뿔 안에 구슬을 넣고, 손으로 잡고 서서히 흔들어 구슬(수성)이 원뿔 가장자리를 따라 계속하여 돌도록 해보자. 너무 빨리 돌리면 구슬은 어떻게 되는가? 반대로 너무 천천히 돌리면 어떻게 되나?
2. 시계를 준비하고, 15초 동안에 구슬이 원뿔 안 가장자리를 따라 몇 바퀴 회전하는지 헤아려보자. 이 실험은 3~4차례 하여 평균값을 구한다.

중간 크기의 원뿔 안에 구슬(목성)을 넣고 같은 방법으로 돌려보자. 구슬은 15초 동안에 가장자리를 따라 몇 바퀴 회전하는가? 마찬가지로 3~4차례 실험하여 평균값을 구한다.

제일 큰 원뿔통 안에 구슬(해왕성)을 넣고 서서히 돌려 원뿔 가장자리를 따라 돌게 해보자. 15초 동안에 몇 바퀴 돌아가는가?

제일 작은 원뿔 안의 구슬(수성)은 태양에 가장 가까이 있기 때문에 빨리 회전해야만 태양(원뿔의 꼭짓점)으로 굴러 떨어지지 않는다. 그러나 회전을 너무 빠르게 하면 구슬은 가장자리 밖으로 날아가버린다.

중간 크기의 원뿔 안 구슬(목성)은 수성의 구슬보다 느린 속도로 먼 거리의 가장자리를 따라 회전한다. 이것은 목성이 수성보다 먼 거리에서 천천히 공전하는 것과 같다.

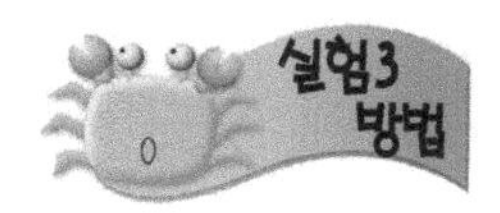

제일 큰 원뿔 안의 구슬(해왕성)은 가장 먼 거리를 제일 느린 속도로 공전한다.

연구 이 실험에서처럼 태양의 둘레를 도는 행성은 너무 빨리 공전하면 궤도 밖으로 탈출하게 되고, 느리면 태양의 중력에 끌려들어가게 된다. 태양 둘레를 도는 행성은 태양의 중력과 행성이 공전할 때 생기는 원심력이 균형을 이루고 있다. 그러므로 태양에 가까운 행성일수록 더 빨리 선회해야 하고, 반대로 먼 행성은 공전 속도가 느려야 한다. 태양의 가족들은 꼭 알맞은 공전속도로 태양의 둘레를 선회하고 있다.

지구보다 태양에 가까운 수성은 1시간에 약 172800킬로미터의 속도로, 88일마다 한 바퀴씩 태양 둘레를 돌고, 목성은 1시간에 약 47000킬로미터 속도로 12년 만에, 그리고 해왕성은 1시간에 약 19500킬로미터의 속도로 160년 걸려 한 바퀴 공전한다.

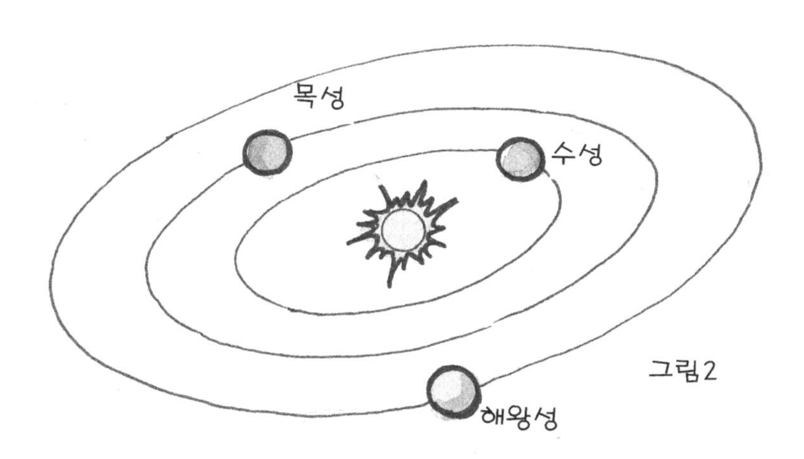

그림2

1. 같은 원뿔 통을 사용하여, 구슬의 무게가 다른 것으로 실험해보자. 무거운 것이 더 느리게 돌아야 하는가, 아니면 빠르게 회전해야 하는가? 그 이유는 무엇일까?

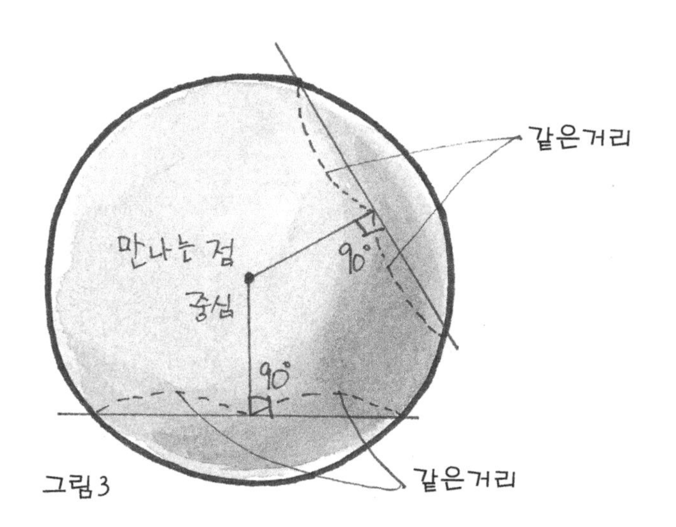

그림3

2. 컴퍼스로 원을 그리지 않고 큰 접시로 원을 그렸을 때는, 그림3과 같은 방법으로 원의 중심을 찾는다. 원둘레 두 곳에서 직선을 긋고, 각 직선의 중심에서 직각으로 선을 그렸을 때, 두 선이 만나는 점이 원의 중심이다.

마술보다 재미난 과학실험

실험·공작으로 배우는 과학의 원리 (과학문화총서 시리즈 2)

초판 2005년 04월 05일

5 쇄 2017년 02월 20일

지은이 윤 실

그 림 김승옥

편 집 전파과학사 편집부

펴낸이 손영일

펴낸곳 전파과학사

주소 서울시 서대문구 증가로18(연희빌딩) 204호

등록 1956. 7. 23. 등록 제10-89호

전화 (02)333-8877(8855)

FAX. (02)334-8092

홈페이지 www.s-wave.co.kr

E-mail chonpa2@hanmail.net

공식블로그 http://blog.naver.com/siencia

ISBN 978-89-7044-242-6 (63400)

파본은 구입처에서 교환해 드립니다.

정가는 커버에 표시되어 있습니다.